PANZER SCHLACHTEN

Eine illustrierte Geschichte der Panzerkriege von 1914 bis heute

CHRISTER JORGENSEN • CHRIS MANN

PANZER SCHLACHTEN

Eine illustrierte Geschichte der Panzerkriege von 1914 bis heute

tosa

Chrysalis Picture Library: 23. **Robert Hunt Library:** 69, 129. **TRH Pictures:** 6-7, 8, 9, 11, 12 (IWM), 14 (Bundesarchiv), 15 (oben) (Bundesarchiv), 15 (unten), 16 (Tank Museum), 17 (oben), 18-19, 20, 21, 24, 25 (Tank Museum), 26, 27, 28, 29, 31 (beide), 32, 33, 34-35, 36, 37, 38, 39, 40, 41 (beide), 42 (oben), 42 (unten) (US National Archives), 44 (IWM), 45 (IWM), 46 (oben), 47, 49, 50 (US National Archives), 51 (oben) (US National Archives), 51 (unten), 52, 53, 54-55 (Bundesarchiv), 56, 57, 58 (IWM), 59 (beide), 60 (beide), 62, 63, 65, 66, 67 (US National Archives), 68 (US National Archives), 70-71 (IWM), 72, 73, 75, 76 (beide), 77 (IWM), 78, 79, 80-81, 82, 83, 84, 85, 87 (beide), 88, 89, 90, 91, 92 (beide), 94, 95, 96, 97, 98-99, 100, 101, 102, 103, 104 (beide), 106 (beide), 108, 109 (IWM), 110, 111, 112 (Tank Museum), 113, 114 (US National Archives), 115, 116, 117, 118-119, 120, 121, 122, 123, 124, 125, 127 (beide), 128, 130, 131 (US National Archives), 132-133, 134 (beide), 136, 138, 139, 140, 142, 143, 144-145, 146 (oben), 146 (unten) (IWM), 147, 148, 149, 150, 151, 152, 153, 154, 155, 156, 157, 158-159, 160, 161, 162, 163 (US National Archives), 165, 167 (US MOD), 168 (USAF), 169 (US DOD), 171 (R. Stickland), 172, 173.

Grafiken von Patrick Mulrey

Die Übersetzung von „Strategy and Tactics: Tank Warfare" wurde 2001 in
Zusammenarbeit mit Amber Books Ltd. (* Datum der Erstveröffentlichung) herausgebracht
Aus dem Englischen von DIE TEXTWERKSTATT / Rudolf F. Kaspar

Printed in Italy - Nuova GEP, Cremona

INHALT

KAPITEL EINS

ERSTE ANFÄNGE

Wie Stacheldraht, Maschinenpistole und Flammenwerfer wurde der Panzer erstmals im Ersten Weltkrieg eingesetzt.

Seit der Mensch Kriege führt, sucht er nach der perfekten Kombination von Geschwindigkeit, Schutz und Feuerkraft. Die zweirädrigen Streitwagen der alten Ägypter wirkten sich auf ihre Feinde verheerend aus, die Inder setzten mit einigem Effekt gegen die Mazedonier Alexanders des Großen gepanzerte Elefanten ein. Tausend Jahre später verband der mittelalterliche Ritter die drei obigen Faktoren fast perfekt – er war der „Panzer seines Zeitalters". Panzerreiter beherrschten, wie später der Tank, das Schlachtfeld und siegten fast immer gegen Infanterieheere. Bei Crécy allerdings versanken sie im Schlamm (wie Panzer auf schwerem Gelände), und die englischen Langbögen in den Händen von Meisterschützen machten ihnen den Garaus.

Während des Ersten Weltkriegs ermöglichte es die Erfindung des Einspritz-Verbrennungsmotors in der zweiten Hälfte des 19. Jahrhunderts in Verbindung mit weiteren Erfindungen geschickten Technikern und Offizieren, den Tank zu schaffen. Damit wurde die Beweglichkeit auf dem Schlachtfeld, die durch die schreckliche Wirksamkeit des

LINKS: Das Kaiserlich Deutsche Eliteregiment „Jäger zu Pferde" zu Kriegsbeginn bereit zum Kampf. Doch der glänzende Aufzug von Männern und Pferden erwies sich als Anachronismus. Wegen der Entwicklung des Machinengewehrs als Verteidigungswaffe schlechthin konnte die Kavallerie nicht mehr ungestraft auf dem Schlachtfeld herumreiten. So fehlte den Generälen auf beiden Seiten eine wirkungsvolle Stoßwaffe. Bewegung in größerem Umfang kehrte erst wieder auf das Schlachtfeld zurück, als die Panzer aufkamen.

OBEN: Deutsche Infanterie wird auf Lastwagen zur Front gebracht. Diese Transportart, die auf dem Einspritz-Verbrennungsmotor beruht, war zu Kriegsbeginn eine Neuheit, wurde aber mit Fortschreiten des Kriegs ein normaler Anblick.

Maschinengewehrs als Verteidigungswaffe im Krieg beschränkt worden war, wiederhergestellt. Die neue mechanische Merkwürdigkeit, die man wegen ihrer Ähnlichkeit mit einem Wassertank „Tank" nannte, sollte die Schlachtfelder jahrzehntelang beherrschen. Wir wollen hier die wechselnden Rollen des Tanks in der Kriegsführung des 20. Jahrhunderts beleuchten und fragen, ob seine Zeit (wie die des Ritters) heute vorbei ist.

ERSTER WELTKRIEG, 1914–18

Als Europa im Herbst 1914 mit dem Krieg begann, rechneten die großen Massen wie auch politische und Militärexperten mit einem kurzen, scharfen Waffengang. So war auch der letzte große kontinentale Konflikt, der Französisch-Preußische Krieg 1870/71, verlaufen. Im Osten blieb der Krieg auch beweglicher, doch an der Westfront kam er in den Schlammfeldern von Flandern zum Stillstand. Die verheerende Wirkung von Maschinengewehren, Gräben, Mörsern, Schrapnellfeuer und Stacheldraht auf massierte Infanterieattacken auf offenem Gelände war offensichtlich. Sie blutete die Armeen auf beiden Seiten aus. Es musste etwas geschehen, um den tödlichen Stillstand zu überwinden.

Es gab schon vor Kriegsausbruch Entwürfe für eine gepanzerte, bewegliche Kriegsmaschine. Die Erfindung des Einspritz-Verbrennungsmotors durch Gottlieb Daimler (1885) ermöglichte es Technikern, 1914 einen Motor mit über 1000 PS zu entwickeln. Die Kriegsmaschine sollte schließlich einen Motor haben, der einen großen gepanzerten Aufbau auf Ketten in schwierigstem Terrain antreiben konnte. Die Briten waren bei der Entwicklung von Ketten für Raupenfahrzeuge führend, doch 1912 verkaufte eine englische Firma die Patente an die amerikanische Firma Holt. Holt hatte einen Traktor auf Raupenfahrzeug-Ketten entwickelt, und diese Idee wurde bei den meisten Kriegsmaschinen angewandt. Nun war noch Treibstoff nötig, der so raffiniert wurde, dass er in immer leistungsfähigeren Motoren benutzt werden konnte. 1907 wurde in Aldershot ein Kettenfahrzeug getestet, und im Mai 1908 nahm es an der königlichen Parade teil.

1911 baute der österreichische Techniker Gunther Burstyn ein kleines, 3,65 m langes und 1,21 m breites Kettenfahrzeug mit einer Querfeldein-Geschwindigkeit von 8 km/h, das Gräben überqueren konnte. Er legte die Pläne seines Geräts dem österreichischen Kriegsministerium vor. Dieses war sehr interessiert und sehr sparsam: Es schlug Burstyn vor, private Finanzierungsmöglichkeiten für den Bau zu finden. Im Bewusstein, dass ihm niemand in Friedenszeiten Kapital dafür zur Verfügung stellen würde, sandte Burstyn seine Pläne nach Berlin; er hoffte, Österreichs Verbündeter Deutschland würde mehr Interesse zeigen. 1906 hatte Deutschland zwar mit Panzerwagen experimentiert, doch nun war das deutsche Kriegsministerium desinteressiert. Burstyn gab auf, was die Deutschen später bereuen sollten. Doch ihre negative Haltung war typisch für jene Zeit, und englische Techniker fanden beim britischen War Office ebenso wenig Interesse.

NOT MACHT ERFINDERISCH

Erst die Schrecken des festgefahrenen Kriegs konnten die Räder der Bürokratie

UNTEN: Das Grunddesign des Tanks: Caterpillar-Ketten, oben ein gepanzerter Körper und hinten Räder zum Steuern und zur Stabilisierung. Dieser gepanzerte Prototyp, „Little Willie" genannt, sollte Vorbild für die meisten Tankmodelle im Ersten Weltkrieg werden. Die Ähnlichkeit mit einem Wassertank, die zu dem Namen führte, ist deutlich.

UNTEN: Die ersten von den Briten benutzten Mark-I-Tanks gab es in zwei Formen: „männlich" und „weiblich". Sie unterschieden sich nur in der Bewaffnung. Der „männliche" trug eine 6-Pfünder-Kanone, der „weibliche" Maschinengewehre. Dieses rautenförmige Design konnte am besten Gräben queren. Beachten Sie das Netz auf dem Dach, das vor Granaten schützen sollte.

etwas beschleunigen. Im Oktober 1914 sandte der unbesungene Held der Panzerkriegsführung, Lieutenant Colonel Ernest Swinton, ein Memorandum ans War Office und drängte auf finanzielle Unterstützung, um einen Holt-Traktor mit einem gepanzerten Aufbau auszurüsten. Seine Technikerkollegen wussten, dass ein „Armoured Machine Gun Carrier" (AMGC – gepanzerter Maschinengewehr-Träger) wie der von Swinton vorgeschlagene eine technisch machbare und wünschenswerte Waffe war. Der Generalstab und das Kriegsministerium blieben skeptisch. Sie vertrauten darauf, dass die erprobten Methoden der Kriegsführung bei richtiger Anwendung den Feind überwinden würden. Obwohl Swinton und andere „Radikale" das besser wussten, konnte das Projekt ohne Rückhalt durch ein politisches Schwergewicht nicht beginnen. Winston Churchill, der Erste Seelord, stellte sich entschlossen hinter das Projekt. Im Februar 1915, fünf Monate nach Swintons Memorandum, schuf Churchill das „Landship"-Committee (Landschiffs-Kommission) unter Eustace Tennyson d'Eyncourt, seinem Leiter für Schiffsbau. Endlich handelte auch die Armee, und General Sir John French schuf das „Erfindungs"-Komitee. Swinton, der diesem angehörte, definierte die Minimalkriterien für jedes AMGC: 10 Mann Besatzung, eine Querfeldein-Geschwindigkeit von 6,5 km/h, zwei Maschinengewehre, eine leichte Kanone und die Fähigkeit, einen 2,43 m breiten Graben zu überqueren.

Im August 1915 wurde mit dem Bau von Little Willie begonnen, und im Februar 1916 wurde der erste für den wirklichen Kriegseinsatz gebaute Panzer bei Hatfield einigen Härtetests unterzogen. Kitchener tat ihn als „hübsches Spielzeug" ab, doch der neue Rüstungsminister David Lloyd George gab den Auftrag, 100 Tanks zu bauen. Mit seinem Türmchen oben schien der Little Willie zu hoch, er wurde durch ein neues Design ersetzt. Der neue Panzer, der Mark I, war eine rautenförmige, gepanzerte Kiste mit Raupenfahrzeug-Ketten, die seinen Körper seitlich umgaben. Seine Bewaffnung befand sich in einer seitlichen Geschützplattform.

ERSTER EINSATZ

Die neue Waffe wurde erstmals 1916 während der fünfmonatigen Schlacht an der Somme getestet. Die Briten setzten den geheimnisvollen „Tank" bei Flers-Courcelette, zwischen Albert und Bapaume, zur Unterstützung der Infanterie ein. Die Tanks sollten paarweise operieren. Von 58 Stück schafften es nur 36 bis zur Startlinie, und von diesen wurden etliche von Artilleriefeuer ausgeschaltet, einige brachen einfach zusammen und andere blieben in Gräben und Schlammlöchern stecken. Der Anfangserfolg hielt sich also in Grenzen. Trotzdem waren diese aus dem Nebel auftauchenden gepanzerten Ungetüme für die Deutschen ein böser Schock. Die Infanterie war mit gepanzerter Kriegsführung nicht vertraut und floh in Panik. Doch ihre Offiziere bewiesen Nerven aus

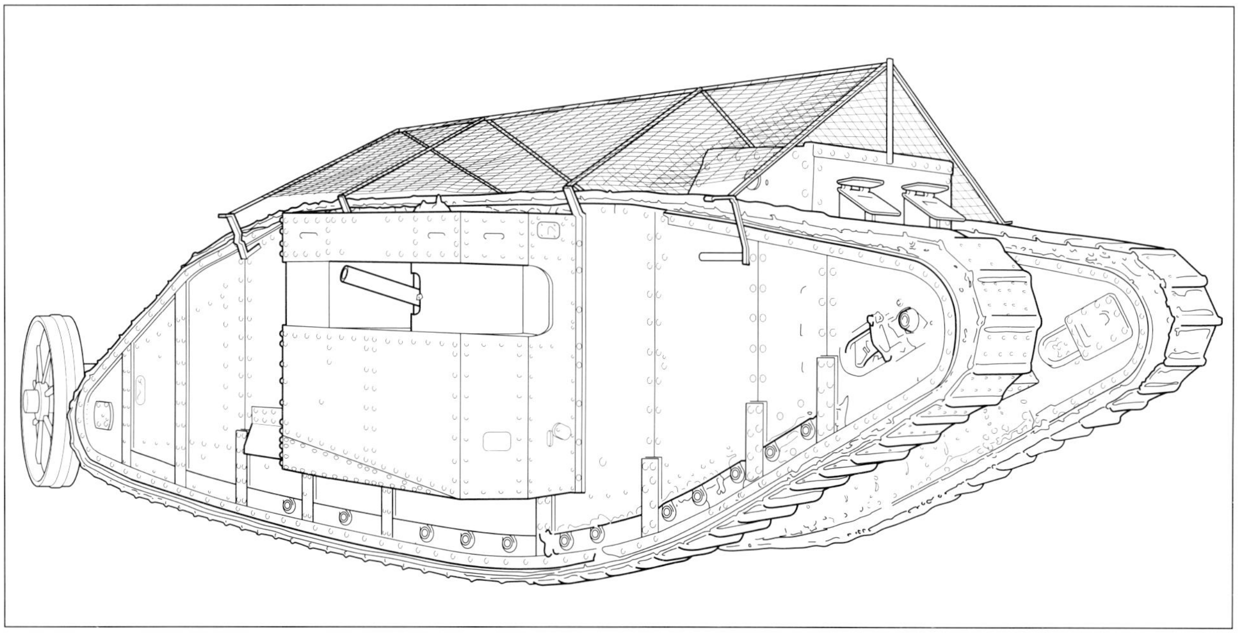

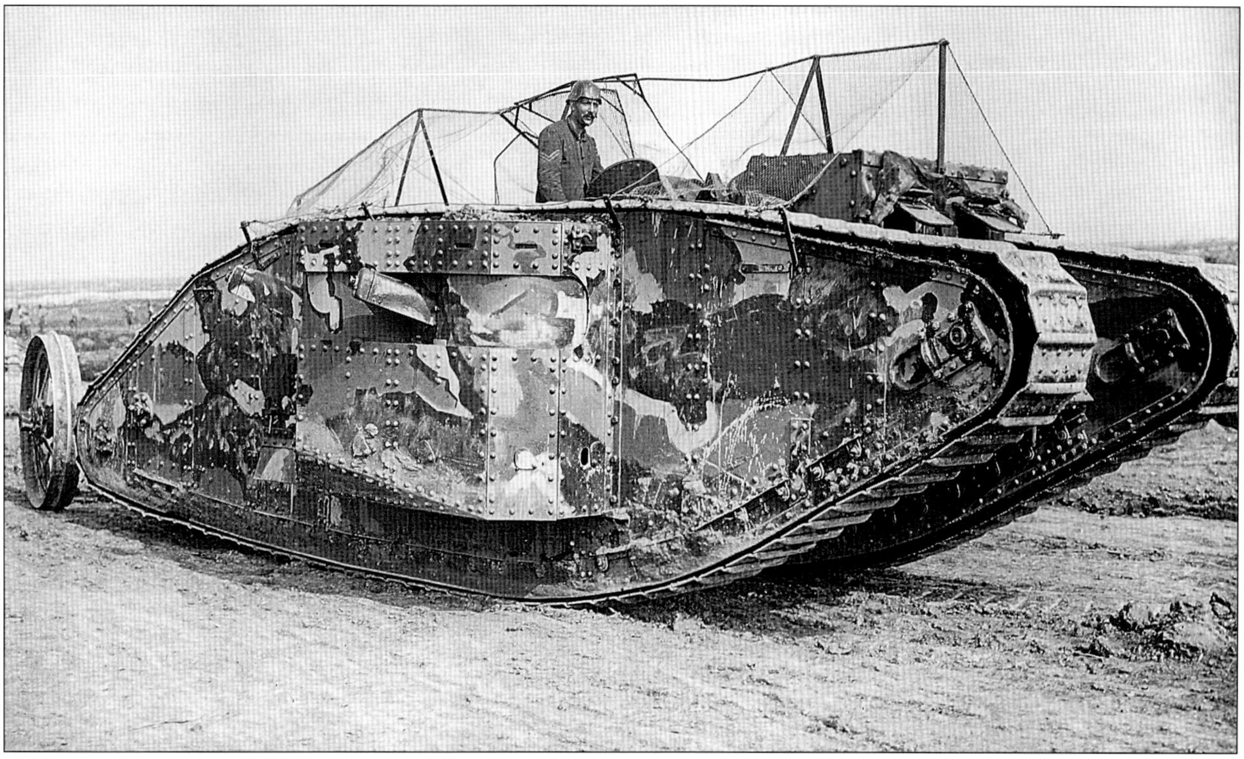

Oben: Erstes offizielles Foto eines Tanks, der erstmals in den Kampf geht. Dieser Typ, ein „weiblicher" Mark I, dessen eines Maschinengewehr man hier sieht, ging am 15. September 1916 bei Flers-Courcelette in die Schlacht. Der Kommandant trägt ein Metallkäppchen als einfachen Schutz vor vorstehenden Objekten im Inneren des Tanks.

Stahl und ließen Feldgeschütze in Stellung bringen, um die „grauen Monster" abzuschießen. Bis zu Mittag hatte der sich verstärkende deutsche Widerstand den britischen Angriff zum Stehen gebracht.

General Haig, der britische Oberbefehlshaber in Frankreich, war trotzdem genügend beeindruckt, um zu behaupten, der Tank werde dauerhaft bleiben und habe allein durch seine Anwesenheit an der Front den Krieg verändert. Tatsächlich hatte der Panzer die Kriegsführung zu Lande für immer revolutioniert. Die Frage war nicht, *ob*, sondern nur *wie* er eingesetzt werden sollte. Die meisten Offiziere der britischen Armee sahen im Tank nur eine vorübergehende Modeerscheinung, die speziell für die Bedingungen der Westfront geschaffen war und unter „normalen" Bedingungen wieder aufgegeben werden würde. Wenn er überhaupt eingesetzt würde, dann als bewegliche Festung zur Unterstützung von Infanterieangriffen. Sogar Swinton, der für seinen scharfen Geist bekannt war, hielt dies für die begrenzte Aufgabe des Panzers. Andere aber meinten, der Tank sollte als gepanzerte Kavallerie eingesetzt werden, die die Gräben durchschneiden und die dringend benötigte Beweglichkeit an einer versteinerten Front wiederherstellen könnte. Diese Diskussion dauerte die nächsten 20 Jahre, bis die deutschen Siege im Zweiten Weltkrieg den richtigen Kriegseinsatz des Panzers auch für die kurzsichtigsten Konservativen deutlich machten.

Neue Ideen

Im Oktober 1916 wurde Swinton trotz seiner Erfahrung als Kommandeur der britischen Tankeinheiten durch Colonel Hugh Elles ersetzt. Sein Brigade-Stabschef war Major John F. C. Fuller, der Handbücher über Panzertaktik verfasste. Fuller glaubte, der Tank würde die Kriegführung revolutionieren und der gegenwärtige Krieg könne durch Einsatz größerer Formationen gewonnen werden. Panzer sollten seiner Ansicht nach auch an einzelnen Punkten massiert eingesetzt werden. Traten sie wie bei Flers-Courcelette bloß paarweise auf, waren die Ergebnisse enttäuschend. Im November 1916 drängten Fuller und gleichgesinnte Offiziere das Oberkommando und die britische Regierung, tausende Tanks herzustellen und zu Brigaden, Divisionen, Korps und sogar Armeen verbinden. Doch im selben Monat gab es bloß genug Tanks, um die erste Panzerbrigade zu schaffen.

Im April 1917 setzten die Briten 26 (von 60 verfügbaren) Tanks bei Arras ein, wo sie Verwüstungen in den deutschen Linien anrichteten. Zur selben Zeit sandten die Briten acht Tanks an die Front in Palästina. Sie nahmen an der ersten Schlacht

OBEN: Der „männliche" Mark I geht an der Westfront in den Kampf. Man sieht an der seitlichen Plattform deutlich eines seiner 6-Pfünder-Geschütze und ein Maschinengewehr zur Bekämpfung der Infanterie. In dieser Kriegsphase hatte der Mark I keine gepanzerten Gegner, und seine schwere Panzerung wurde nur zur Unterstützung von Infanterieattacken oder zur Ausschaltung feindlicher Artillerie eingesetzt. Doch die frühen Tanks waren unzuverlässig – die meisten fielen aus, ehe sie den Feind erreichten.

von Gaza (April 1917) teil und zeigten bei den Türken die gleiche Wirkung wie zuvor auf die deutschen Infanteristen. Wenige Monate danach aber schienen sich die Befürchtungen der Gegner der Panzer zu bestätigen. In der Schlacht von Passchendaele verhaspelte sich ein massierter Angriff von 200 Tanks und scheiterte.

WEITERER ERFOLG

Die Kritik verstummte bald. Der Angriff bei Passchendaele ging wegen der Bodenbeschaffenheit schief. Bei der nächsten Schlacht, an der die Tanks teilnahmen, war der Boden trocken, flach und relativ offen. Es gab keine größeren Hindernisse, die einen Angriff stören konnten. Außerdem hatte Fuller die Tanks mit Faschinen (Ästen und langen Stöcken) ausrüsten lassen, die in Gräben gesenkt und deren Queren erleichtern konnten. Danach sollten die Tanks die Grabenlinie durch Feuer von hinten aufrollen und die Maschinengewehrnester einzeln ausheben. Weitere Tanks würden nachkommen und die angreifende Infanterie unterstützen.

Es war Zeit, einen massierten Panzerangriff zu erproben. Dazu wählten die Briten Cambrai. Am 20. November führte Elles 378 Panzer in einem massierten Stoß mit Unterstützung von fünf Infanteriedivisionen dahinter auf einer 9,6 km langen Front gegen die stark befestigte Hindenburg-Linie. Die Wirkung der massierten Formation war sehenswert. Bis zu Mittag hatten die Panzer vier aufeinander folgende „panzersichere" Grabenlinien in einer Tiefe von über 6,5 km durchbrochen und dabei 100 Geschütze erbeutet und 4000 Gefangene gemacht. Und Elles hatte dabei nur 1500 Mann verloren. Mit konventionellen Methoden hätte ein ähnlicher Vorstoß drei Monate gedauert und das Leben von 400.000 Mann gekostet. Allerdings konnten die Briten mangels Reserven den Anfangserfolg nicht richtig ausnutzen, und am 30. November kam die Schlacht in einem Unentschieden zum

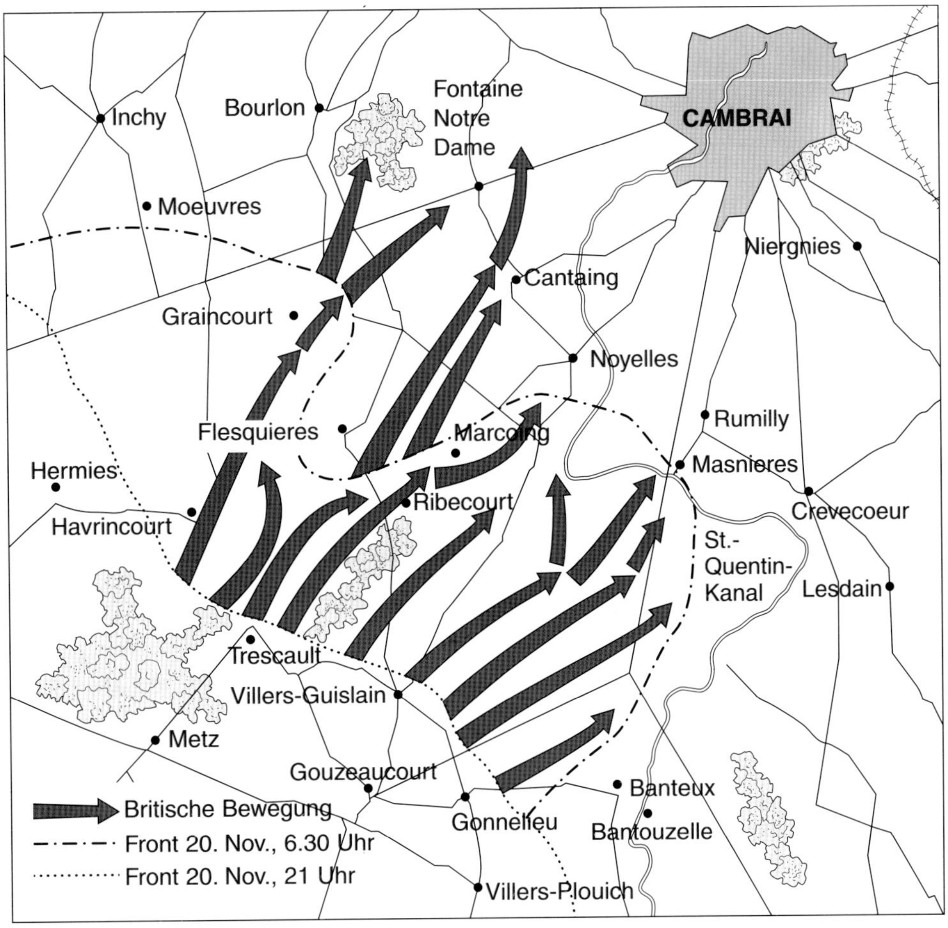

LINKS: Der erste massive Panzerangriff fand bei Cambrai statt und überraschte die Deutschen völlig. Allerdings überraschte der Erfolg die Briten ebenso sehr, und durch die Verzögerung beim Heranschaffen von Reserven, um den Durchbruch auszunutzen, kamen die Deutschen wieder auf die Beine. Die folgenden Gegenangriffe eroberten den meisten verlorenen Boden wieder zurück, doch hatte die Schlacht gezeigt, dass massierte Tankangriffe beträchtlichen Erfolg haben konnten.

Stehen. Von nun an wurden die Tanks beibehalten. Ihre Möglichkeiten waren bewiesen, Fuller und andere Enthusiasten waren in ihren Ansichten bestätigt.

FRANZÖSISCHE PANZER

Cambrai aktivierte die schon abklingenden Bemühungen der Franzosen, ihre eigene Panzertruppe zu entwickeln, erneut. Im Dezember 1915 hatte Oberst Estienne von der Artillerie das französische Armee-Oberkommando zum Bau von beweglichen Sturmfahrzeugen, ausgerüstet mit Maschinengewehren oder Artillerie, gedrängt. Diese Idee kam ihm, als er den britischen Einsatz des Holt-Traktors zur Bewegung von schwerer Artillerie beobachtete. Anfang 1916 folgte das neu gebildete französische Rüstungsministerium Estiennes Empfehlungen und orderte beim französichen Rüstungsbetrieb Schneider 400 *char d'assauts* (Angriffswagen). Estienne wurde später im selben Jahr zum General und Kommandeur der *Artillerie d'Assaut* befördert. Die Franzosen wussten nichts von den britischen Bemühungen, bis Flers-Courcelette deren Fortschritte im Feld bewies. Estienne ging nach England und schlug auf Grund dessen, was er sah, den Bau eines leichteren Tankmodells vor. Der Schneider (etwa 15 Tonnen) wie auch später der St. Chamond (24 Tonnen)

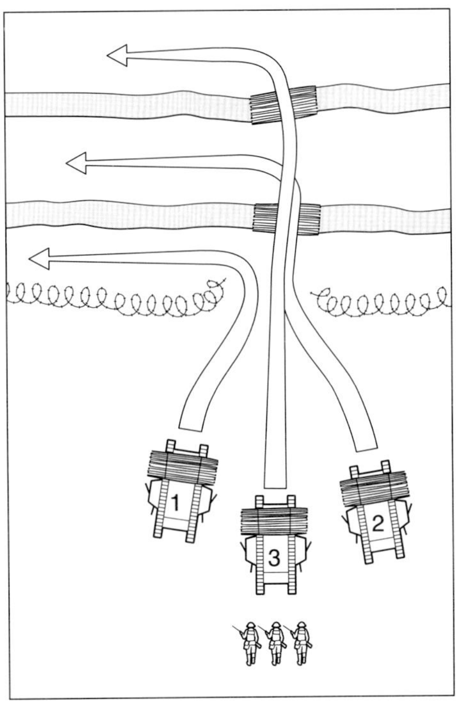

LINKS: Panzertaktik im Ersten Weltkrieg. Tank 1 durchbricht den Draht, folgt dann der Front zwischen Draht und erstem feindlichen Graben und säubert sie von Geschützen. Tank 2 benutzt Faschinen (mit Seilen zu einem runden Bündel gefasste Stöcke) zum Queren des ersten feindlichen Grabens, dreht dann in dieselbe Richtung wie Tank 1. Tank 3 überquert den ersten Graben mittels der Faschine von Tank 2, hierauf mittels seiner eigenen den zweiten feindlichen Graben, ehe er sich in dieselbe Richtung wie die anderen Tanks wendet. Dann schließt die Infanterie auf, um die Geländegewinne der Panzer zu sichern.

UNTEN: Der Tank überraschte die Deutschen total, und als Folge davon traten sie zu einem späteren Zeitpunkt (nach September 1916) ins „Panzerrennen" ein als die Alliierten. Nach anfänglichen Schwierigkeiten schufen sie den A7V *(Allgemeines Kriegsdepartment 7, Abteilung Verkehrswesen)*, der ein Jahr später in Dienst ging.

waren schwere, klobige Gefährte. Sie enttäuschten beim Test unter realen Kampfbedingungen. Der Autoproduzent Renault erhielt einen Produktionsauftrag für einen neuen, leichteren Panzer.

Am 16. April 1917 setzten die Franzosen acht mit Schneiders ausgerüstete Panzerkompanien zur Unterstützung des Sturms der 5. Armee auf Chemin des Dames ein. Artillerie- und Maschinengewehrfeuer forderten schwere Verluste, doch zwei Panzerkompanien querten drei deutsche Verteidigungslinien. Beim Angriff bei Malmaison am 23. Oktober hielten sich die Schneiders als Unterstützung der 6. Armee ganz gut, doch die St. Chamonds erreichten ihre Ziele nicht. Beide Modelle wurden im folgenden Jahr zu Gunsten der beweglicheren und leichteren Renault-FT-17-Tanks (7 Tonnen) aus dem Verkehr gezogen. Diese bewiesen ihren Wert während der deutschen Sommeroffensive von 1918, als über 100 von ihnen eingesetzt wurden, um den deutschen Vormarsch auf Paris zu stoppen.

Cambrai rüttelte nicht nur Englands Alliierte auf, es war auch eine Warnung für seinen Feind. Das deutsche Kriegsministerium hatte vor dem Krieg Panzer abgelehnt. Als man daher bei Flers-Courcelette und Arras auf Tanks traf, war das ein böser Schock. Wie konnte man dieser neuartigen Waffe begegnen?

DEUTSCHE GEGENMASSNAHMEN

Die Deutschen entschieden sich für die Verbesserung ihrer Artillerie und der Schaffung neuartiger Panzerabwehrwaffen. Am wirksamsten war die leichte 3,7-mm-Panzerabwehrkanone (Pak). Es gab zwar nicht genügend davon, doch in den Händen erfahrener deutscher Artilleristen war sie ein gefährliches Werkzeug. Die Briten setzten gegen sie Scharfschützen ein, um die Kommandeure der Pak-Einheiten auszuschalten. Man produzierte spezielle „Tank und Flieger"-Munition, um die Panzerung auf kurze Distanz zu durchschlagen, doch die stockende deutsche Rüstungsindustrie, überlastet und mit schlecht ernährten Belegschaften, stellte keine ausreichenden Mengen her. Auch produzierten die Deutschen nicht genügend Panzer. Das von ihnen erzeugte Mo-

OBEN: Ein A7V unterstützt einen Sturmtrupp der deutschen Infanterie auf offenem Gelände. Die Deutschen waren beim Einsatz von Panzern im Ersten Weltkrieg weniger erfolgreich als ihre Gegner. Sie waren mehr an der Entwicklung von Taktiken für die neuen Sturmtruppen interessiert. Wenn sie Tanks einsetzten, dann eher von den Alliierten erbeutete Mark I und Mark IV als ihre eigenen Modelle.

LINKS: Wegen des Fehlens spezieller Antipanzerwaffen in den frühen Kriegsphasen setzte man gegen die relativ leicht gepanzerten Tanks mit großer Wirkung Artillerie ein. Hier zieht britische Infanterie in einer späteren Kriegsphase an etwas vorbei, das wie ein ausgeschalteter Mark I aussieht.

dell, der A7V *(Allgemeines Kriegsdepartment 7, Abteilung Verkehrswesen)*, war zu schwer (32 Tonnen) und mit einer Besatzung von 16 Mann zu schwerfällig. Die Deutschen griffen daher stattdessen auf erbeutete britische Tanks zurück. Dies erwies sich aber als unzureichender Notbehelf, und die Deutschen hinkten für den Rest des Krieges ihren Gegnern hinterher. Fuller meinte, die deutsche Ausbildung sei ungenügend, und ihre Kommandeure misstrauten weiterhin dem Tank als Waffe. Die Engländer aber machten weitere Fortschritte bei der Bauart und Produktion.

PANZER GEGEN PANZER

Die erste Schlacht Panzer gegen Panzer der Geschichte fand im April 1918 bei Villiers Bretonneux statt. Ein neues Kapitel in der Geschichte der Panzerkriegsführung hatte begonnen. Einige Zeit danach warfen die Deutschen ihre Kräfte von der Ostfront westwärts (die Russen hatten den Krieg beendet). Mit frischen Truppen und zahlenmäßiger Überlegenheit setzten sie ab März 1918 alles auf eine letzte, massive Offensive, um die Briten und Franzosen zu besiegen, ehe die Amerikaner in großer Zahl eintreffen konnten. Der Tank spielte in den deutschen Plänen eine sehr geringe Rolle, und die Briten verloren beim Rückzug mehr als 180 von ihren 380 Panzern. Fuller meinte, allein das Gerücht, deutsche Tanks würden sich den britischen Linien nähern, löste bei der Infanterie Panik aus. Britische und französische Panzer spielten eine wichtige Rolle, zunächst beim Stoppen, dann beim Zurückschlagen der deutschen Offensive.

Um eventuelle Durchbrüche auszunutzen, entwickelten die Briten einen viel leichteren und schnelleren Tank, den „Whippet“, mit drei Mann, vier Maschinengewehren und nur 14 Tonnen schwer. Als die deutsche Frühlingsoffensive erst einmal gestoppt war, konnten die Alliierten ihre Linien durchbrechen und von der neue Beweglichkeit des Panzers profitieren. Im November 1918 besaß die britische Armee 25 Panzerbataillone. Fuller

UNTEN: Obwohl der Mark I, Mark IV und Mark V relativ erfolgreich waren, waren sie sehr langsam. Die Briten entwickelten daher einen schnellen Tank, den Medium A („Whippet“), hier auf einer Straße in Nordfrankreich bei der Offensive von 1918. Whippets wurden bei der ersten Schlacht von Panzern gegen Panzer bei Villers Bretonneux am 24. April 1918 eingesetzt.

meinte, das Potenzial des Tanks sei unbeschränkt und würde die Kriegsführung in den nächsten Jahrzehnten total verändern. Dies erwies sich als richtig, doch der Weg war lang und hart. Typisch war die zeitgenössische Auffassung, der Panzer sei keine verlässliche neue Waffe, sondern eine unwillkommene Erscheinung, die im Frieden wieder verschwinden würde. Aus falscher Sparsamkeit und anderen Fehlern war dies in der Zwischenkriegszeit fast so. Typisch für diese Haltung des „Zurück zum Üblichen" war der Offizier, der bei Kriegsende zu Fuller sagte: „Gott sei Dank ist das vorbei, jetzt können wir wieder zum echten Soldatentum zurückkehren!"

Oben: Der wohl beste Tank des Ersten Weltkriegs, der französische Renault F-17.

Unten: Der F-17 hatte eine Zwei-Mann-Crew. Der Fahrer saß vorne und der Kanonier im Geschützturm.

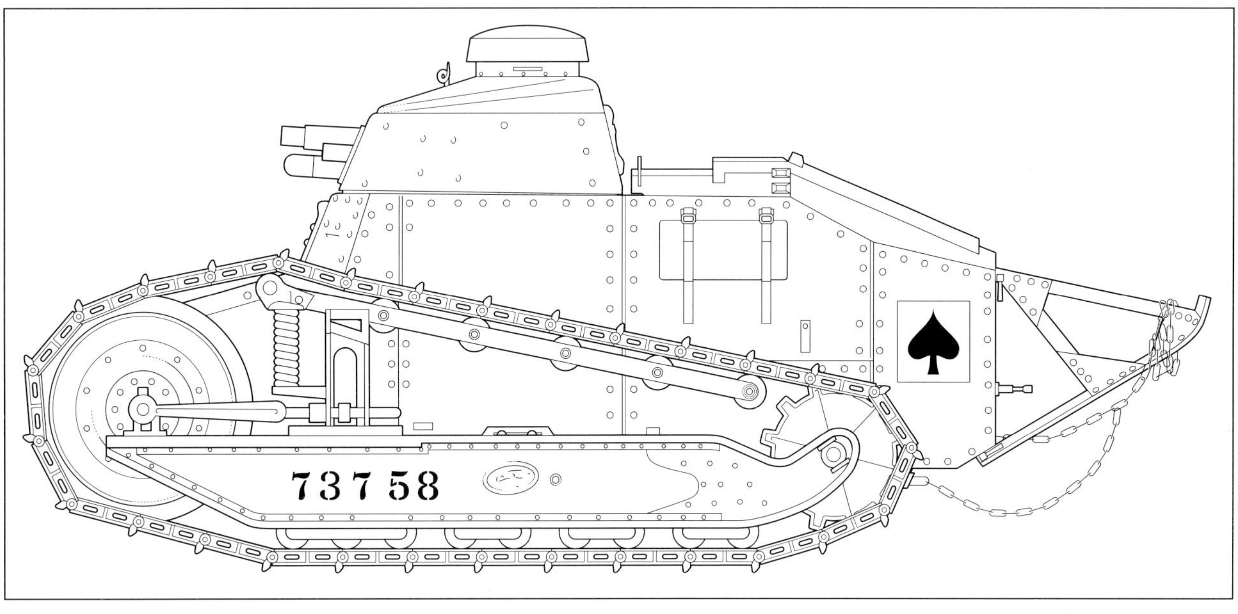

KAPITEL ZWEI

PRAXIS-TRAINING

In der Zwischenkriegszeit wurde jene Art von Kriegsführung entwickelt, die später Blitzkrieg genannt wurde.

Nach dem Blutvergießen des Ersten Weltkriegs verschwendeten die Europäer keinen Gedanken an die Planung des nächsten Kriegs. Die wenigen, die an einen neuen Krieg, in dem der Panzer die Schlüsselrolle spielen würde, dachten, wurden ignoriert. Gerade weil sie die Warnungen der Anhänger des Tanks ignorierten, sollten die Sieger des Ersten Weltkriegs von ihren Gegnern im Zweiten Weltkrieg geschlagen werden. Besonders England war äußerst sorglos. Obwohl die Briten die Waffe erfunden hatten, gaben sie sie wieder auf und kehrten zum „normalen" Militär zurück. Sogar ein so herausragender Mann wie Douglas Haig meinte 1925: „Manche Enthusiasten sagen, dass wahrscheinlich die Pferde verschwinden und das Flugzeug, der Tank und der Motorwagen das Pferd in zukünftigen Kriegen ersetzen werden. Ich bin durchaus für Tanks und Flugzeuge, doch sie sind nur Hilfsmittel für den Mann und das Pferd."

Haig fasste die Stimmung der militärischen Traditionalisten aller europäischen Armeen zusammen, die den Panzer als schwerfällige, langsame und unzuverlässige Plage sahen, die – hoffentlich! – verschwinden würde. Doch der Tank verschwand wie das Flugzeug und das Auto nicht mehr. Gemeinsam brachten sie das endgültige Aus der

LINKS: Leichte Panzer des 2. Bataillons des Royal Tank Corps rücken in den frühen 1930ern bei Manövern auf der Salisbury-Ebene in Formation vor. Die Einsparungen aufgrund der Deppression hatten ernste Folgen für die britischen Streitkräfte. Die britischen Panzertypen, die zuvor führend gewesen waren, gerieten in Rückstand und fanden erst zu Ende des Zweiten Weltkriegs wieder den Anschluss. Auch die Zahlen gingen zurück, sodass die Briten hastig Wiederbewaffnungsprogramme starten mussten, als in den späten 1930ern der Rüstungswettlauf begann.

Kriegsführung alten Stils. Doch diese Befürworter von „Pferd und Mann" waren keine isolierte Gruppe alter Starrköpfe, wie man denken könnte. Sie bildeten in der Zwischenkriegszeit die Mehrheit in den Offizierskorps aller europäischen Armeen.

In England kämpfte das Panzerkorps, das 1923 den Namen „Royal Tank Corps" (RTC) erhielt, angesichts einer überwältigenden Gegnerschaft einflussreicher Militärs ums Überleben. Nur eine kleine Minderheit glaubte wie Fuller an eine unabhängige Panzerwaffe mit einer Panzerdivision als Kern und voll motorisierter Infanterie und Artillerie als Unterstützung. Fuller verlor seine Stelle als Berater des CIGS (Chief of the Imperial General Staff – Leiter des Reichs-Generalstabs), und Elles verlor das Vertrauen in den Tank und legte 1934 das Kommando des RTC zurück.

1926 wurde für Übungen auf der Salisbury-Ebene eine „Versuchs-" oder motorisierte Streitmacht aus dem 3. und 5. Bataillon des RTC gebildet, die mit leichten Vickers-Tanks und Panzerkampfwagen ausgerüstet war. Als Unterstützung diente ein Bataillon der Somerset Leichten Infanterie in Lastwagen und motorisierte Artillerie. Dies zeigte den großen Wert einer gemeinsam operierenden Einheit aus Tankeinheiten und motorisierter Infanterie mit Artillerie. Die logische Folge wäre der Aufbau einer Panzerdivision gewesen. Doch in den 1920ern war Sparsamkeit angesagt, und man vermied „teure Experimente" wie Panzereinheiten. Zumindest aber motorisierte man im Jahr 1928 zwei Kavallerieeinheiten, die 11. Hussars (Husaren) und 12. Lancers (Ulanen), und drei Jahre darauf wurde in Salisbury die 1. Panzerbrigade mit 95 leichten und 85 mittleren Tanks gebildet. Die Tanks wurden über Funk koordiniert, um den Angriff der Einheit zu vereinfachen. Doch Ende des Jahres wurde die 1. Panzerbrigade wieder aufgelöst.

RECHTS: Training in Hampshire. Das Royal Tank Corps bei einer Übung basierend auf den Anfangsphasen der Schlacht an der Marne 1914 und unter Einsatz von Panzereinheiten. Auf diesem Foto sieht man, wie ein Panzerkommandant des 5. Bataillons gerade Eintragungen auf seiner Karte vornimmt.

Erst im November 1933 wurde eine dauerhafte Panzerbrigade mit 230 neuen, leichten Mark-II-Tanks gebildet. Das militärische Establishment fand den richtigen Mann für den richitgen Job zur richtigen Zeit: Colonel (Oberst) Percy „Hobo" Hobart. Hobart war den Panzersoldaten ein inspirierter Führer und Pädagoge. Er war leidenschaftlicher Anhänger der Tanks und besaß außerordentliches Wissen über sie, sowohl hinsichtlich ihres Einsatzes im Kampf als auch ihres theoretischen Gebrauchs und ihrer mechanischen Möglichkeiten. Obwohl ihn seine Männer vergötterten, fanden das Oberkommando und seine Vorgesetzten den Umgang mit ihm ebenso schwer wie zuvor mit Fuller. Wie Fuller vertrug Hobart keine auf Unwissenheit, Bosheit oder Dummheit beruhende Opposition. Und er sprach seine Meinung deutlich aus. Das schuf ihm Bewunderer, aber auch Feinde.

Wie alle Nationen besaßen die Briten in der Zwischenkriegszeit zu viele Panzertypen. Das behinderte die Produktion. Stets gab es das Problem ihrer bestmöglichen Verwendung. 1927 waren die Briten führend bei den Panzertypen, der Produktion und Anwendung, doch im folgenden Jahrzehnt hielten sie mit anderen Staaten nicht Schritt. Die neuen Modelle der 1930er wie der Mk I (A 9) und Mk II (A 10) waren mit 27 km/h schnell, doch zu dünnhäutig. Ein dritter Typ, der Mk III (A 13), hatte eine starke Panzerung vorn am Turm und war schnell, doch unzureichend bewaffnet (eine Zwei-Pfünder-Kanone und ein leichtes Vickers-Maschinengewehr). Der Mk IV, ein Aufklärungstank, erreichte 48 km/h, besaß aber nur zwei Maschinengewehre (ein leichtes und ein schweres), und seine Panzerung war zu dünn.

AUFRÜSTUNG

Die Ausrüstung des RTC war vielleicht nicht auf der Höhe, doch seine Männer waren es. Sie sollten als Kern der von den Briten im ersten Teil des Zweiten Weltkriegs aufgestellten neuen Panzerstreitmacht dienen. Die Briten mussten sich der Herausforderung durch die rapide Wiederaufrüstung Nazi-Deutschlands besonders ab 1935 stellen, wenn auch zögerlich und langsam. Die öffentliche Meinung war gegen Aufrüstung, und die Geldknappheit nach der großen Depression war eine bequeme Begründung dafür, den Streitkräften die dringend nötige finanzielle Unterstützung zu versagen. Doch nach der deutschen Besetzung des Rheinlands motorisierte man 1936 weitere acht Kavallerieregimenter. Gleichzeitig schuf Deutschland eine Reihe von Panzereinheiten. Drei Jahre später waren alle britischen Kavallerieeinheiten motorisiert und benutzten statt Pferden leichte Tanks oder Panzerkampfwagen.

Doch niemand im militärischen Establishment hatte sich mit dem Problem der Flugzeuge beschäftigt. Panzer konnten angesichts feindlicher Luftaktivität oder ohne Unterstützung durch ihre eigene Luftwaffe am Boden nicht erfolgreich operieren. In England waren die Waffenzweige eher wettstreitende Abteilungen als Teile einer einzigen Streitmacht. Die Royal Air Force (RAF – Königliche Luftwaffe), die zuvor der Armee und Marine unterstand, wollte ihren unabhängigen Status nicht verlieren. Sie konzentrierte sich auf Luftkampf und strategisches Bombardement. Nur wenige Piloten der RAF übten Tiefflugangriffe und Sturzflug-Bombardement, Dinge, die für erfolgreiche Panzerkämpfe des RTC notwendig waren.

So vernachlässigten die Briten einen wesentlichen Teil des motorisierten Kriegs des 20. Jahrhunderts: die enge Zusammenarbeit von Sturzkampfbombern und Tanks bei der Zerstörung feindlicher Panzer. Doch nicht nur bei der RAF gab es Chaos und Konfusion. Als der energische General Edmund Ironside, der be-

UNTEN: Auch die Franzosen üben mit Panzern für einen künftigen Krieg, den nur wenige für bald möglich halten. Hier überquert ein französischer Hotchkiss H-35 bei einer Übung Anfang 1939 ein natürliches Hindernis. Direkt verglichen waren die französischen Tanks ebenso gut oder beser als ihre deutschen Gegner, doch wurden sie auf eine Art eingesetzt, die sie im Kampf in Nachteil brachte.

züglich der Tanks etwas unternehmen sollte, im März 1938 schwerere Panzer forderte, erfuhr er, dass zwei getrennte Komitees, die nichts miteinander zu tun hatten, die Sache untersuchten. Im gleichen Jahr produzierten die Briten den Infanterie-Tank Mk I. Er hatte zwei Mann, wog wegen seiner leichten Panzerung nur 11 Tonnen und besaß ein einziges Vickers-Maschinengewehr, das gegen die neuen deutschen Panzer ziemlich wirkungslos war. Doch ein Jahr darauf hatten die Briten endlich einen beeindruckenden Tank: den Matilda, der die Deutschen herausfordern konnte.

Bei den Amerikanern stand es um Panzer und Panzertaktik noch schlechter. Im Ersten Weltkrieg hatten sie weniger Erfahrung in der Panzerkriegsführung als ihre Verbündeten sammeln können. Lieutenant Colonel George S. Patton hatte die erste US-Panzereinheit, die 304. Tankbrigade, in Unterstützung des Angriffs der 4. US Army auf St-Michel am 12. September 1918 angeführt. Pattons Brigade zerstörte ein deutsches Artilleriebataillon und machte 30 Gefangene. Die Aktion dauerte vier Tage. Sie zeigte dem Kommandeur der American Expeditionary Force (AEF – amerikanische Expeditionsstreitkräfte), General John L. Pershing den Wert der Panzer. Er forderte, es sollten fünf schwere Panzerbataillone (375 Tanks) und 20 leichte Bataillone (1500 Tanks) aufgebaut werden.

Doch bis Kriegsende wurden nur 100 Panzer produziert. Den ersten von den USA entworfenen und gebauten Tank, den Mk VIII mit 25 Tonnen, einer 75-mm-Haubitze und vier seitlichen Maschinengewehren, gab es erst 1917. Bei Kriegsende bestand das US-Tank-Corps aus 20.000 Mann, über 1000 Tanks waren produziert worden. In der Zwischenkriegszeit wurden diese Zahlen auf 154 Offiziere und 2508 Mann, die in Camp Meade in Maryland unter dem Kommando Brigadegeneral S. D. Rochenbachs stationiert waren, reduziert. 1920 war das Korps aufgelöst worden, und die beiden fähigen Panzeroffiziere Patton und Dwight D. Eisenhower suchten anderswo Karriere zu machen. Das US-Kriegsministerium gestand wie das britische dem Panzer keine unabhängige Rolle zu. Ältere Kavallerieoffiziere wie auch Kommandeure der Infanterie glaubten an die Zukunft ihres Heeresteils, während jüngere Veteranen des Ersten Weltkriegs meinten, der Motorisierung zu Lande und in der Luft gehöre die Zukunft. Die Konservativen setzten sich durch: Von 1920 bis 1935 wurden in den USA nur 35 neue Panzer produziert.

ENTWICKLUNGEN IN FRANKREICH

Mit einigen Ausnahmen war die Lage in Frankreich nicht viel besser. Die deutsche „Bedrohung" lag nicht wie für die Amerikaner und Briten jenseits des Meeres.

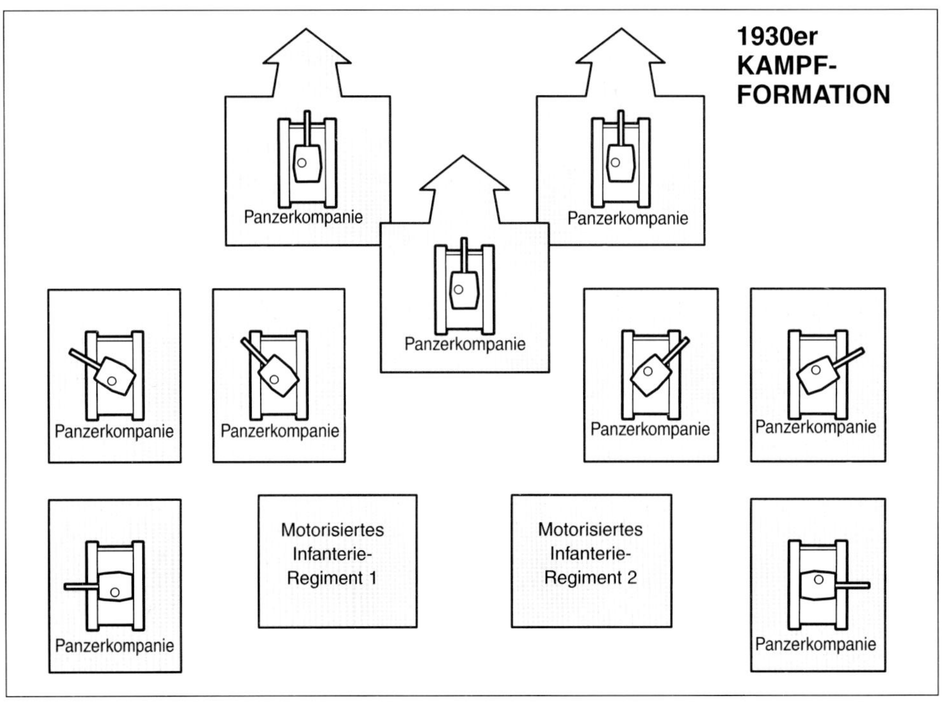

RECHTS: In der Zwischenkriegszeit entstanden vor allem auf Ideen von Personen wie J. F. C. Fuller und Heinz Guderian beruhende Taktiken. Vorausschauende Armeen versuchten motorisierte Infanterie und Panzereinheiten zusammenzuspannen, die als gepanzerte Speerspitze die feindlichen Linien durchbrechen konnten. Diese von den Deutschen entwickelte Formation konnte auf jede Bedrohung in einem Halbkreis von 180 Grad reagieren und der dicht hinter ihr vorrückenden Infanterie Schutz geben.

OBEN: Der Beginn der größten und vielgestaltigsten Panzerarmee der Welt. Ein sowjetischer Panzeroffizier inspiziert 1928 einen leichten, mit einer 37-mm-Kanone bestückten KS-Tank. Ohne jeden Ballast aus dem Ersten Weltkrieg konnten die für die Entwicklung von Panzertaktiken zuständigen Offiziere der Roten Armee neue Ideen einbeziehen, ohne erst die Auffassungen konservativer Kavallerie-Offiziere überwinden zu müssen.

Sie befand sich unangenehm nahe jenseits des Rheins. Deshalb behielten die Franzosen eine große Zahl Panzer guter Qualität in ihrer Armee. Doch wie ihre Kriegsverbündeten erkannen sie nicht den richtigen Einsatz und alle Möglichkeiten des Tanks. Dies eher als mangelnde Qualität ihrer Panzer führte zu ihren Misserfolgen im Zweiten Weltkrieg.

Als Churchill die Machtergreifung durch Hitler bedachte, meinte er: „Danken wir Gott für die französische Armee!" Viele andere Briten und Europäer teilten seine Meinung. Die französische Armee würde das Bollwerk gegen die doppelte Bedrohung eines neuen Kriegs und eines neuen „Kaisers" sein. Doch in den frühen 1930ern war sie nur noch ein Schatten ihrer selbst. 1931 forderte Estienne, nun General der Panzertruppen, die Einrichtung unabhängiger Panzereinheiten, worin ihn General Maxime Weygand unterstützte. Jene, die wie die Generäle Brécart und Dufieux an die Überlegenheit von Taktiken auf Infanteriebasis glaubten, stellten sich gegen sie. Sie setzten bei der Verteidigung Frankreichs ihr blindes Vertrauen auf die alten Infanteriedivisionen mit Artillerieunterstützung an der Maginot-Linie (fertiggestellt 1932). So erhielt die Panzerproduktion geringere Priorität. 1931 hatte Estienne die Pläne für den schweren und mächtigen Char B ausgearbeitet, der an Panzerung und Bewaffnung allem, was die Deutschen in ihren Arsenalen hatten, überlegen war. Doch erst 1935 wurde der erste Tank gebaut, und die Produktionsrate betrug nur 10 Stück pro Jahr.

De Gaulle

In Frankreich forderte ein Mann die „orthodoxen" Militärs mit seinem heute berühmten Buch *L'Armée de Métier* (Das Berufsheer) heraus. Er meinte, Frankreich müsse zur Verteidigung gegen eine künftige deutsche Invasion eine Panzerarmee aufbauen. Schon der Titel erzürnte das höhere Offizierskorps. Weder die britischen Panzerexperten (wie Liddell-Hart) noch die deutschen (von Thoma und Guderian) waren von dem Buch besonders beeindruckt. In seinem Erscheinungsjahr unterstützte der aufstrebende Politiker Paul Reynaud den Autor, Oberst Charles de Gaulle, in seinen Bestrebungen. Doch Frankreich war durch politische Spaltungen gehemmt und stell-

OBEN: Als Hitler 1933 an die Macht kam, hatte die Rote Armee bereits ein mächtiges Panzerheer und entwickelte neuartige Taktiken, um die Kapazitäten ihrer Panzermodelle auszuschöpfen. Diese vorrückenden Tanks (Modell BT-5) befinden sich auf einer Übung in der Gegend um Moskau.

te nicht genug Geld für das Projekt zur Verfügung. Das militärische Establishment hätte das Geld ohnehin nicht dafür ausgegeben. Es vertraute eher auf Marschall Pétains Behauptung, die Ardennen seien für Panzer unpassierbar, die Maginot-Linie undurchdringlich und die Kombination von Panzerabwehrminen und Artillerie würde jede motorisierte Armee stoppen. Keine dieser Meinungen war irgendwie gesichert, und sie erwiesen sich schließlich alle als falsch. Erst die Rote Armee konnte im Sommer 1943 zeigen, dass ein groß angelegter Panzerangriff mit Luftunterstützung durch eine Kombination von Panzergräben, Minen und Artillerie aufgehalten werden konnte (wenn auch mühsam), und auch dies nur mit massiver Luftunterstützung und dem Einsatz massierter Tankformationen.

Tatsächlich wurden die Theorien des totalen und motorisierten Kriegs nicht im Westen, sondern im neuen Staat der UdSSR (der nach der Revolution von 1917 entstand) in einem im Westen unbekannten Ausmaß angewandt und erprobt. Die Rote Armee (RKKA) aus Arbeitern und Bauern war von taktischen und strategischen Konzepten aus dem Ersten Weltkrieg nicht besonders belastet. Sie entwickelte sich wie jede gänzlich neue militärische Kraft nach modernen, kühnen Richtlinien, ungehemmt von alten Traditionen und bürgerlich-konventioneller Kriegsführung. Auch operierte sie innerhalb einer sozialistischen Planwirtschaft, die keine finanziellen Einschränkungen (wie die „dekadenten" westlichen Demokratien) akzeptierte. Für politisch und militärisch wichtige Ziele wurden gewaltige Mittel bereitgestellt. Man musste nur politische Unterstützung für eine Panzerwaffe finden. Die Rote Armee fand sie bei dem verschlagenen Georgier Josiff W. Stalin.

Die Rolle Stalins

Nachdem er die internen Parteikämpfe um Lenins Nachfolge erfolgreich bestanden hatte, wollte Stalin ab 1928 die modernste und stärkste Armee der Welt schaffen, um mit ihr bei Gelegenheit Eroberungen in Asien und Europa zu unternehmen. Den Schlüssel dazu sollten die Motorisierung der RKKA und der Aufbau einer mächtigen Panzerarmee darstellen. Erst die Industrialisierung der UdSSR mittels Fünfjahresplänen (1928–37) ermöglichte die Verwirklichung von Stalins Träumen. 1930 besaß die RKKA kaum moderne Panzer. 1932 hatte sie mehr Tanks als die mächtigste Armee der Welt, die französische. Schon drei Jahre davor hatte die fernöstliche Armee der RKKA unter dem Kommando des brillanten Generals Wassili Blücher die Fähigkeiten der Roten Armee bewiesen. Als Reaktion auf chinesische Provokationen eroberte Blücher durch den geschickten Einsatz kombinierter Kavallerie- und Panzereinheiten in vierzehn Tagen einen Großteil der Mandschurei.

In den folgenden zehn Jahren produzierte die Sowjetunion eine beispiellose Zahl und Vielzahl von Tanks, wie sie die Welt bisher nicht kannte. Wie andere Staaten teilten die Sowjets in der Zwischenkriegszeit ihre Panzer in verschiedene Kategorien mit ganz besonderen Aufgaben ein. Es gab leichte Tanks *(tanketka oder legkij)*, amphibische Tanks *(Plawainschtschiwa)* und mittelschwere *(sredni)* Tanks – doch am zahlreichsten waren die *Bystrotschodja Tank* (schneller Tank) und die schweren Tanks.

1927 baute man die A- und B-Serie des T-27-Panzers, die auf einem Carden-Lloyd-Träger ruhten und ein 7,62-mm-Maschinengewehr trugen. Dieser Tank wurde bis 1941 hergestellt. Am zahlreichsten und erfolgreichsten war die berühmte T-26-Serie, die ab 1931 als Infanterietank gebaut wurde. Der T-26 (A 4 und A 5) hatte zwei Türme. Nach dem Einsatz im Spanischen Brügerkrieg auf republikanischer Seite wurde der T-26 B 2 mit zwei Zwillingsscheinwerfern, einem geschweißten Turm und manchmal einem 7,62-mm-Maschinengewehr auf einem Kugelgelenk gebaut. Die Modelle T-26 C und E waren spätere, verbesserte Modelle auf Basis der ursprünglichen B-2-Serien.

Wegen der vielen Flüsse in Osteuropa und Russland (und des Mangels an Brücken, die einen Panzer tragen konnten) achteten die Sowjets sehr auf die Fähigkeit der Tanks, Flüsse zu queren, und bauten deshalb auch Amphibienpanzer. Der T-37 hatte eine leichte Panzerung und ein Steuerruder. 1936 und 1938 wurden verbesserte Versionen (T-38) eingeführt.

SOWJETISCHE MITTLERE TANKS

Der erste mittelschwere oder Durchbruchs-Panzer, der T-38, war mit einer 76,2-mm-Kanone und seitlichen Türmen mit Maschinengewehren bestückt. Er war trotz seines massigen Körpers schnell und wurde zur Unterstützung von Infanterieangriffen eingesetzt. Konstrukteure und Militärplaner erkannten das Potenzial des Tanks und entwickelten aus ihm den besten der mittelschweren Panzer, die schnelle BT-Serie. 1932 kamen zwei Typen: der BT-2 (37-mm-Kanone) und der stärkere BT-5, der eine 45-mm-Kanone und ein Maschinengewehr in einem verbesserten Turm und einen Funksender zur Kommunikation trug. Letzteres war für die Beherrschung größerer Panzereinheiten entscheidend. 1935 ging der berühmte BT-7 mit einem konischen Turm und einer 22-mm-Frontpanzerung (der BT-5 hatte 13 mm) in Produktion. Der beeindruckendste der ersten Tanks, der BT-7M (BT-8), kam 1936. Er hatte einen Dieselmotor, eine schräge Deckplatte und war mit einer theoretischen Höchstgeschwindigkeit (auf Straßen) von 100 km/h der schnellste sowjetische Panzer. Seine Aufgaben waren ausschließlich offensiv; er war für Operationen auf den guten deutschen Straßen in Zentraleuropa gebaut, sollte die RKKA je so weit vordringen können. Die sowjetischen Konstrukteure meinten, man könne diese Verbesserungen im Design vielleicht noch weiter entwickeln. In den späten 1930ern bahnte der A-20/A-30 den Weg für die Entwicklung des T-32, des Prototyps (basierend auf dem Modell BT-7M), der schließlich zur berühmten T-34-Serie wurde. Das Modell T-34 sollte im kommenden Krieg eine große Rolle bei der Vermeidung eines militärischen Desasters der UdSSR spielen und zur Speerspitze des Vorstoßes ins Dritte Reich werden.

SCHWERE PANZER

Für die Zerstörung starker Befestigungen brauchte man schwere Panzer. Dazu wurde der T-35 gebaut. Er hatte 50 Tonnen, 10 Mann, einen Haupt- und vier Nebentürme, eine verbesserte Aufhängung und ab 1935 Funk. Der SMK-(Sergei Mironowitsch Kirov-)Tank wurde als Ersatz für den sperrigen T-35 gebaut, ebenso der T-100, doch mit 56 Tonnen waren diese Kolosse noch schwerfälliger. Er wurde nie produziert. Stattdessen entwickelte man einen weiteren Prototyp: den Kliment Woroschilow. Die erste Type, der KV-1, kam im September 1939, drei Monate danach begann die Massenproduktion.

Allein die Zahl guter Modelle beeindruckt, doch sie verblasst noch gegenüber

UNTEN: Die Hauptstütze der Panzerwaffe der RKKA in den 1930ern: der in der Offensive schnelle und sehr behände BT-5. Hier sieht man die TU-Version mit zylindrischer Antenne für sein Funkgerät. Dies erlaubte den Kommandeuren die Lenkung großer Panzerformationen, die für die neuen Taktiken entscheidend waren.

der riesigen Anzahl von Panzern, die vor dem Krieg in der UdSSR gebaut wurden. 1938 besaß die Rote Armee etwa 9000 Panzer, vor allem T-26, BT-5 und BT-7: schwach gepanzert und leicht bewaffnet. Doch die überwältigende Menge glich die Qualitätsschwächen aus. 1939 verfügte die RKKA auch über 2000 Amphibienpanzer, und die Poduktion ging weiter. 1941 hatte die Sowjetunion über 21.000 Panzer, 75 Prozent davon BT-Modelle und T-26. Auch die Zahl der Flugzeuge stieg in den 1930ern.

Die bloße Ansammlung motorisierter Kraft, von welcher Qualität auch immer, bewirkt ohne Operationspläne, die auf einer Kombination von Waffen und Militärübungen großen Umfangs basieren, wenig. Schon 1924, als der Militärkommandeur und Theoretiker höchsten Rangs, General Michail Frunse, Kommissar für Verteidigung und General Michail N. Tuchatschewski sein Stellvertreter wurde, begann das Oberkommando der RKKA mit dem Aufbau einer neuen, modernen Armee. Die Kavalleriegeneräle Semjon Budjonni and Kliment Woroschilow stellten sich gegen diesen Trend. Frunse starb ein Jahr darauf unter mysteriösen Umständen, während Tuchatschewski als Kommandant in den Leningrader Militärbezirk (MB) versetzt wurde. 1931 holte Stalin, der von der Notwendigkeit, die Rote Armee zu motorisieren, überzeugt worden war, Tuchatschweski zurück und ernannte ihn zum Chef des Amts für Bewaffnung und Technologie der RKKA. In den folgenden fünf Jahren stieg die Produktion sprunghaft an. Tuchatschewski förderte die Modernisierung von Panzerfabriken in Tscheljabinsk und Charkow, aus denen bald ein beständiger riesiger Strom von hochwertigen, schnellen Tanks floss.

Um Tuchatschewski bildete sich eine Gruppe begabter Offiziere, darunter die brillanten Militärtheoretiker W. K. Triandafillow, N. N. Mortschin, B. Kalinowski und Isserson. Tuchatschewski förderte die Entwicklung von Ideen für motorisierte Kriegsführung. Beim Angriff auf feindliche Verteidigungslinien sollten motorisierte Infanteriedivisionen von Panzern, Selbstfahrlafetten und Sturzkampfbombern unterstützt werden. Sodann sollten Panzerbrigaden und Divisionen in einem massiven Stoß durchbrechen, abermals unterstützt von Sturzkampfbombern. Die

UNTEN: Deutsche Freikorps-Soldaten (halb offizielle rechte Gruppen) benutzen während der Unruhen in Berlin einen im Ersten Weltkrieg erbeuteten britischen Mark I bei der Niederschlagung gewalttätiger linker Opposition. Der Vertrag von Versailles (1919) verbot Deutschland den Bau oder Einsatz jedweder Tanks.

Panzer sollten nicht nur durch Frontalangriffe feindliche Einheiten mit purer mechanischer Kraft überwältigen, sondern den Feind auch einkreisen und umgehen. Deshalb wurden so viele sowjetische leichte und mittelschwere Panzer mit einem Ziel produziert: Geschwindigkeit und Beweglichkeit auf Kosten des Geschützkalibers und der Panzerung (welche die Tanks zu schwer und sperrig machten). Während der zerstreute und verwirrte Feind unter diesen Panzerschlägen schwankte, sollte ihn eine dritte Angriffswelle treffen, diesmal aus der Luft. Eine Attacke von Fallschirmjägern würde weit hinter seinen Linien stattfinden und strategische Punkte besetzen. Der Feind wäre gelähmt und an der Flucht gehindert, nicht so sehr durch einen direkten Angriff auf seine Formationen physisch vernichtet. Triandafillow meinte schon 1929, künftige Kriege würden durch große, motorisierte Armeen mit gut kombinierten Formationen und starker Unterstützung aus der Luft in lebhaften Schlachten gewonnen werden.

Die Luftwaffe wurde in der UdSSR als integraler Teil dieser neuen Art von „Tiefenkrieg" gesehen und ebenso rasch wie die motorisierten Verbände entwickelt. Die Luftwaffe der Roten Armee (RKKF) wuchs von 1100 Flugzeugen (1930) auf 3000 (1933), 5000 (1935), 10.000 (1939) und schließlich über 12.000 (1941). Sie war in Luftflotten strukturiert und wurde nie (wie in England und Frankreich) zum unabhängigen, strategischen Waffenzweig, dem der Kontakt mit den Heereskameraden fehlte, sondern blieb integraler Teil der Landstreitkräfte. Ihre Aufgabe war, als fliegende Artillerie die Panzerwaffe zu unterstützen. Deshalb wuchs die Luftlandetruppe (Fallschirmjäger und Fliegerangriffseinheiten) so schnell wie die RKKF. 1938 besaß die Sowjetunion 70.000 Luftlandesoldaten, ausgerüstet mit allen Arten von Bewaffnung, besonders gebauten leichten Tanks und gepanzerten Transportern. Damals waren die sowjetischen Streitkräfte dem Westen Jahre, wenn nicht Jahrzehnte voraus.

Wie würde all das in der Praxis funktionieren? Tuchatschewski und seine Verbündeten hegten keine Zweifel. Die Stalinisten in der RKKA erhofften und erwarteten ein totales Scheitern. Sie wurden enttäuscht. Die MB Leningrad, Kiew

UNTEN: Als Hitler seine Politik der Aufrüstung begann, nutzte die Wehrmacht die Chance, Panzer, die sie so lang entbehrt hatte, en masse zu erwerben. Diese Parade (1936) vermittelt ein falsches Bild deutscher Panzerkraft. Es handelt sich um leichte, mit zwei Maschinengewehren bewaffnete PzKpfw I.

und Minsk waren die stärksten in der UdSSR, defensiv, falls Polen angriffe, offensiv, sollte die RKKA westwärts losschlagen wollen. Die RKKA-Grundeinheiten für den Panzerkampf, die erprobt werden sollten: die Panzerbrigade mit vier Bataillonen – jedes mit einer großen Ergänzung leichter Tanks und mindestens 30 schweren T-28 – und die flexiblere Motorisierte Brigade, die aus fünf Bataillonen bestand (drei leichten Panzer-, einem Aufklärungs- und einem motorisierten Infanteriebataillon).

ERFOLGREICHE DEMONSTRATIONEN

General Ion Jakir, Kommandant des MB Kiew, zeigte bei einer Übung im Mai 1935, dass Flugzeuge erfolgreich in enger Zusammenarbeit mit Panzern operieren konnten und nicht von ihrer Hauptaufgabe, den Bodenkrieg zu unterstützen, abweichen sollten: Die Luftlandeeinheiten wurden abgesetzt und drängten „feindliche" Einheiten aus dem Schlachtfeld. Ein Jahr darauf bewies der weißrussische MB unter General Uborewitsch abermals, dass die Theoretiker Recht hatten. Er setzte 1300 Panzer und 630 Flugzeuge in enger Zusammenarbeit ein. Anwesende ausländische Militärbeobachter waren von der Übung beeindruckt.

Genau diese Bewunderung für Männer, die ihre Stellung nicht direkt ihm verdankten, sondern professionell eine ausgezeichnete Rote Armee aufbauten, sah der Diktator Stalin als Bedrohung. Diese richtete sich gegen die marxistische Reinheit des „Arbeiterstaats" und seine eigene Stellung, die wegen der mit der Politik der Kollektivierung der frühen 1930er verbundenen wirtschaftlichen und politischen Fehler keineswegs ungefährdet war. Auch kritisierte Tuchatschewski ohne Hemmung Nazi-Deutschland und wollte die sowjetische Verteidigung angesichts der offensichtlichen Gefahr stärken. Stalin war nicht überzeugt, dass Hitler so gefährlich war. Ab 1936 wurde daher Tuchatschewskis Gruppe an den Rand gedrängt. Im Juni 1937 wurden Jakir, Triandafillow, Uborewitsch und Tuchatschewski erschossen, Isserson verlor sein Leben in einem „Arbeitslager" im Osten. 1937 war die RKKA die modernste, bestgeführte Armee der Welt. Ein Jahr später war sie durch den Tod oder die Haft von 125.000 Offizieren und die Führung durch militärische Nieten wie Woroschilow und Budjonni geschwächt. Diese vertrauten auf eine Offensive, basierend auf Kavallerie und „proletarischem" Enthusiasmus.

LINKS: Deutsche Truppen 1935 vor dem Berliner Reichstag im Gedenken an die gefallenen Soldaten des Ersten Weltkriegs. Im selben Jahr hatte Deutschland seine ersten Panzereinheiten und konnte den langen Weg zur Vergeltung für die Niederlage von 1918 beginnen. Wie dieses Foto zeigt, baute die Wehrmacht stark auf Pferden (für den Transport) und Infanterie auf, obwohl sie ihre Panzerwaffe eifrig vergrößern wollte. Tatsächlich war 1939 die einzige völlig motorisierte Streitmacht in Europa das Britische Expeditionskorps in Frankreich.

Stalin hatte die Rote Armee zerstört und Deutschland die militärische Initiative überlassen. Die theoretische Basis des motorisierten Kriegs war nicht im Dritten Reich formuliert worden, doch wurde sie dort in den nächsten paar Jahren erfolgreich in die Praxis umgesetzt. Der Versailler Vertrag von 1919 verbot Deutschland Herstellung und Einsatz von Tanks. Dies versuchte der neue Chef der Reichswehr, General Hans von Seeckt, zu umgehen. 1926 gab es erste Entwürfe für einen Panzer. Ein Jahr darauf wurden sechs „Großtraktoren" mit 75-mm-Kanonen in voll schwenkbaren Türmen gebaut und zur geheimen deutschen Panzerschule in Kama (nahe Kazan in der UdSSR) verschifft. Im Oktober 1928 wurden in Kama zwei Panzer (6 Tonnen) mit 37-mm-Kanonen in einem voll schwenkbaren Turm gebaut und getestet.

HITLERS NEUE ARMEE

Aus der engen Sicht der deutschen Armee war die Machtergreifung Hitlers ein „Gottesgeschenk", da der neue Führer den Versailler Vertrag ignorierte. Am 1. November 1933, weniger als 10 Monate nach der Machtergreifung, wurde die erste Panzereinheit in Zossen bei Berlin gebildet. Ein Jahr darauf, am 1. September 1934, wurde General Otto Lutz der erste Panzerkommandeur. Er leitete im August 1935 bei Münster die erste richtige Übung. Fahrzeuge und Männer (angeführt von Kama-Veteranen) wurden getestet. Lutz zog daraus wichtige Schlüsse: Die beste Einheit für Panzer war eine ganze Division, und eine enge Zusammenarbeit von Panzern und Luftwaffe war nötig. Der Angriff musste auf beschränkter Front geschehen und Funk zur raschen und sicheren Kommunikation zwischen den Tanks installiert werden. Im Februar 1935 wurden mehrere Kavallerieeinheiten zu motorisierten Regimentern umgebildet, und bis zum 1. April 1936 waren die 1. und die 2. Panzerdivision einsatzbereit.

Lutz und sein dynamischerer Stellvertreter General Heinz Guderian betrachteten die Unterlassung, zwischen 1936 und 1937 mehr Panzerdivisionen aufzubauen, als großen Rückschlag. Doch die Schaffung einer solchen Division kostete über eine Million Reichsmark, und andere Teile der Streitkräfte benötigten Geld für ihre Aufrüstung. Der deutsche Generalstab schloss, Panzer seien zu teuer und sollten auf ihre eigentliche Rolle als Unterstützung der Infanterie beschränkt bleiben. Lutz war dagegen, musste sich aber für den Moment mit der Bildung von drei so genannten leichten Divisio-

OBEN: Die neuen Panzer schließen auf. Der PzKpfw IV war der schwerste der vier von Deutschland vor dem Krieg entwickelten Tanks. Ende 1938, Anfang 1939 wurde er weiter verbreitet. Der PzKpfw IV verlieh der Panzerwaffe wirkliche Stärke und Feuerkraft und war ein so gutes Grundmodell, dass er in modifizierter Form bis zum Ende des Zweiten Weltkriegs eingesetzt wurde.

nen (zwischen 1938 und 1939) begnügen. Diese hatten weniger und leichtere Panzer als eine echte Panzerdivision.

WENIGER TYPEN

Die Deutschen hatten weder die Zeit noch das Geld, um mit etlichen Bauarten zu experimentieren. Sie beschränkten sich daher auf vier verschiedene Modelle. Der leichte Panzerkampfwagen (PzKpfw) I hatte nur zwei Maschinengewehre in einem von Hand schwenkbaren Turm und gerade genug Panzerung, um seine Crew vor Kugeln zu schützen. Der PzKpfw II besaß eine 20-mm-Kanone und ein Maschinengewehr. Seine Panzerung war nicht besser als die des Modells I. Der PzKpfw III hatte eine 37-mm-Kanone (und sollte mit einer 55-mm-Kanone produziert werden), zwei Maschinengewehre und war zum Schutz vor schwererem Feuer dicker gepanzert. Das letzte Modell, der PzKpfw IV, war ein guter Panzer mit einer 75-mm-Kanone.

Nun musste sich zeigen, ob die deutsche oder die sowjetische Panzerarmee die bessere war. Beide konnten ihre Fahrzeuge und die Männer, die sie fuhren und anführten, im Kampf testen, als im April 1936 der Spanische Bürgerkrieg ausbrach. Die UdSSR unterstützte die Republikaner, Deutschland und Italien die Nationalisten Francos. Die Sowjets halfen der Republik mit 731 Tanks und über 1000 Flugzeugen, die Deutschen sandten 600 Flugzeuge (mit 16.000 Mann in der Legion Condor) und 200 Panzer (die „Gruppe Imker“) unter Generalleutnant von Thoma. Mussolini war großzügiger: Er sandte insgesamt 75.000 Mann, 660 Flugzeuge und 150 Panzer.

Sollte die Republik nicht an Franco fallen, musste der Vormarsch der Nationalisten auf Madrid gestoppt werden. Die Zeit drängte, und dies führte zu einer direkten sowjetischen Militärintervention. Am 29. Oktober führte Hauptmann Paul Arman einen massierten Panzerangriff mit T-26 gegen italienische Ansaldo-Tanks und nationalistische Kavallerie. Die stärker gepanzerten und bewaffneten sowjetischen Tanks schalteten ohne größere Probleme 11 Ansaldos aus. Eine Woche darauf scheiterten dieselben Panzer mit unerfahrenen spanischen Mannschaften gegen die Nationalisten. Der Kommandeur der sowjetischen Panzerbrigade in Spanien, Dimitri Pawlow, beschloss, selbst einzugreifen, und konnte am 10. Januar 1937 in massierten Formationen angreifen. Francos Versuch, die Hauptstadt zu nehmen, war gescheitert.

Einen Monat darauf unternahmen in der Schlacht von Jarama 25 von Pawlows T-26 einen erfolglosen Angriff auf die Linien der Nationalisten. Diese massierte Attacke wurde von einer Kombination von italienischen 27-mm-Panzerabwehrkanonen und stärkeren Antitankminen abgewehrt. Im März waren die Rollen vertauscht. Oberst Rodimtsew führte die sowjetischen Panzer in die Schlacht von Guadalajara und zerstörte, was die Italiener als Panzer ausgaben. Der Fiat-Ansaldo oder L3/1935 war kein richtiger Panzer. Er basierte auf dem britischen Vickers-Modell des leichten Panzers mit einem Maschinengewehr und zwei Mann und wog 3,8 Tonnen. Seine Höchstgeschwindigkeit betrug 42 km/h. Er war zu langsam und leicht gepanzert und bewaffnet, um ein richtiger Panzer zu sein, und war für die moderne Kriegsführung ungeeignet. Die Republik freute sich über einen Sieg über einen schwachen Gegner. Doch Guadalajara war für beide Seiten ein Beispiel dafür, wie ein Panzerkampf nicht geführt werden sollte. Panzer, Artillerie und Luftunterstützung arbeiteten kaum zusammen, und die Infanterieeinheiten konnten mit den Tanks nicht mithalten, was die Offensive schwächte.

Der Übermut der Republikaner führte zu General Rojos Mai-Offensive gegen die Nationalisten mit 80.000 Mann und 130 T-26, die verlustreich scheiterte. Eine weitere Offensive gab es am 6. Juli bei Brunete. Der republikanische Angriff scheiterte, weil sie ihre Tanks als Unterstützung der Artillerie einsetzten und so für die nationalistische Artillerie eine leichte Beute waren. Man hätte sie in angemessener Rolle als Speerspitze eines schnellen, massierten Tankangriffs verwenden sollen, der die feindlichen Linien durchbrechen konnte. Fünf Tage darauf meldete General Rudoft an Pawlow, er habe nur noch 38 Panzer übrig.

WEITERE LEHRSTUNDEN

Brunete endete am 26. Juli, und von da an spielte der Panzer in diesem Krieg nur noch eine untergeordnete Rolle. Nun konnten aus diesem Krieg Schlüsse gezogen werden. Deutsche wie Sowjets hatten ihn als Experimentierfeld für ihre Theo-

rien und Ausrüstung benutzt. Die sowjetischen Tanks waren ihren italienischen und deutschen Rivalen an Bewaffnung und Panzerung überlegen. Doch Pawlow zog aus seinen Erfahrungen die falschen Schlüsse. Er meinte, der Panzer sei eine reine Unterstützungswaffe für die Infanterie. Man solle alle größeren Panzereinheiten (Divisionen und Brigaden) auflösen und auf Infanterieeinheiten aufteilen. Sein deutscher Gegenspieler Thoma kam zum entgegengesetzten Schluss. Leichte Panzer wie der PzKpfw I und der Ansaldo blieben auf dem modernen Kampffeld wirkungslos. Wollte Deutschland einen künftigen Krieg gegen die UdSSR gewinnen, so musste es schwerere, modernere Panzer produzieren, die es mit dem T-26 und T-28 aufnehmen konnten. Auch hielt er größere Panzereinheiten für wirkungsvoller, falls sie in großer Zahl mit Artillerie- und Luftunterstützung eingesetzt wurden.

Nicht nur die Russen zogen aus dem Spanischen Bürgerkrieg falsche Schlüsse, die fast zu ihrem Untergang geführt hätten. Die Polen, die gefährdet zwischen den Deutschen und Russen saßen, hatten

OBEN: Verwundete werden im Juli 1937 an der Zentralfront vom Schlachtfeld bei Brunete weggebracht. Im Hintergrund sieht man den erfolgreichsten Tank des Spanischen Brügerkriegs, den sowjetischen T-26. Deutsche und sowjetische Panzerkommandeure erwarben vor dem Zweiten Weltkrieg auf den Schlachtfeldern Spaniens entscheidende Erfahrung.

LINKS: Polnische Ski-Soldaten werden bei einer Winterübung 1936 von einer Tankette, dem TK-3, gezogen. Der TK-3 war bloß mit einem Maschinengewehr bestückt und daher drei Jahre später kein Gegner für die Panzer. Polen erkannte seine mangelnde Bereitschaft für einen Panzerkrieg in den späten 1930ern, doch der Krieg brach aus, ehe es seine Panzerwaffe aufbauen konnte.

erkannt, dass sie bei der Entwicklung von Panzern hinter ihren Nachbarn nachhinkten. Doch das polnische Oberkommando, das für die fünftgrößte Armee der Welt verantwortlich war, weigerte sich, seine Kavallerie (etwa 70.000 Mann mit Pferden) zu motorisieren, und zog dieselben Schlüsse wie Pawlow: Tanks waren keine Bedrohung, da sie durch Antipanzerminen und Artillerie gestoppt werden konnten. Die Polen besaßen daher nur wenige Tanks. Die Infanteriedivisionen besaßen 18 Panzerkompanien (zwei Züge mit je 13 Tanketten), die motorisierten Brigaden zwei Aufklärungsstaffeln. Im September 1939 hatte die polnische Armee 887 Tanks, darunter 293 unzulängliche TKS-Tanketten und 300 veraltete TK-Tanks. Keines der Modelle konnte es mit den deutschen oder sowjetischen Tanks aufnehmen. Die Polen hatten nur einen guten Tank: den 7TPjw mit 37-mm-Kanone in einem einzelnen Turm, einem starken 110-PS-Motor und einer Geschwindigkeit von 37 km/h. Doch von diesen gab es nicht genug.

Schukows Sieg

Etwa zur Zeit, als Hitler seine Aufmerksamkeit Danzig (Gdansk) und dem Polnischen Korridor zuwandte, fand in Ostasien an der Grenze zwischen dem japanischen Marionettenstaat Mandschurei und dem sowjetischen Satelliten Mongolei ein wichtiger Kampf statt. Im Mai 1939 verletzte mandschurische Kavallerie die Grenze zur Mongolei, und der Zwischenfall eskalierte bald zum richtigen Krieg. Anfang Juli traf der neue sowjetische Kommandeur Georgi Schukow an der Front ein. Seine Streitmacht (die 1. Heeresgruppe) umfasste 13.000 Mann,

UNTEN: Krieg in Fernost: Japanische Truppen rücken im Dezember 1937 in den Straßen von Chapei im Kampf gegen sich zurückziehende chinesische Truppen hinter einem Panzerwagen vor. Die Japaner hatten nur wenige Panzertypen, die alle geringere Qualität hatten als jene der UdSSR und der künftigen Gegner Japans im Zweiten Weltkrieg.

185 Panzer und reichlich Luftunterstützung. Seine Gegner fühlten sich mit 40.000 Mann, 135 Tanks und 225 Flugzeugen stark genug für den Angriff. Doch dieser scheiterte am 2. und 4. Juli kläglich. Schukow hielt sie durch kombinierte Luftschläge, Artilleriebeschuss und massierte Panzerangriffe auf.

Nun hätten die Japaner die Gefahr, in der sie schwebten, einsehen sollen. Doch weiterhin traf Verstärkung für einen Entscheidungskampf ein. Einen Monat darauf umfasste die japanische 6. Armee (unter General Ogisu Rippo) 80.000 Mann, 180 Tanks und 450 Flugzeuge. Schukows Heer besaß nun 35 Infanteriedivisionen, 500 Panzer und 600 Flugzeuge, war also an Männern und Fahrzeugen den Japanern leicht überlegen, besonders bei der Zahl und Qualität ihrer Panzer. Doch Schukow war der weit bessere Kommandeur als Rippo und überzeugte den Gegner, dass er in der Defensive bleiben würde, indem er als Deckung seiner Angriffsvorbereitungen Befestigungen errichten ließ. Die Japaner wiegten sich in falscher Sicherheit, als in der Dämmerung des 20. August 150 sowjetische Bomber einflogen und auf die japanischen Linien losschlugen. Unter Deckung massiven Artillerie-Sperrfeuers, das sofort danach einsetzte, umgingen Schukows 6. und 11. Panzerbrigade die japanischen Flanken. Beim Dorf Nomonhan schlossen sie sich zusammen. Die gesamte japanische 6. Armee war nunmehr eingeschlossen. Schukow verstärkte den Druck, und am 31. August ergab sich der Feind.

Die Russen verloren 10.000 Mann, die Japaner aber mehr als fünfmal so viel: 55.000 Tote, Verwundete oder Gefangene. Die Japaner lernten eine wichtige Lektion: sich nicht mit der stark motorisierten und mächtigen Roten Armee anzulegen und aus Sibirien wegzubleiben. Die UdSSR hatte die Gefahr eines Zweifrontenkriegs beseitigt, und Schukow hatte Tuchatschewski bestätigt: Nur mit Hilfe moderner Panzerarmeen in enger Zusammenarbeit mit Luft- und Artillerieeinheiten konnte man einen modernen Krieg gewinnen. Der sowjetische Sieg beruhte nicht nur auf Schukows Führung und den guten Taktiken und Strategien der RKKA, sondern auch auf überlegenen Panzern. Der BT-5 und mehr noch der BT-7M (BT-8) waren gute Offensivtanks: leicht, beweglich, flink im Angriff und durch die schräge Panzerung fähig, der japanischen Artillerie zu widerstehen. Der japanische leichte T-95-Tank (37-mm-Kanone und 12-mm-Panzerung) dagegen wurde im Kampf gegen die BT-Tanks in Stücke geschossen. Der bessere mittelschwere T-97-Tank (57-mm-Kanone, 25-mm-Panzerung) kam in Nomonhan in zu geringer Zahl zum Einsatz, um das Kampfgeschick zu wenden. Diese auf offenem Gelände ausgetragene Panzerschlacht hatte gezeigt, dass Heere, die die Offensivkraft des Tanks ignorierten, dem Verderben geweiht waren.

OBEN: Der sowjetische Erfolg im Ostteil der Mongolei bei den Kämpfen um Nomonhan (Chalkin-Gol) im August 1939 mit Tanks wie dem schnellen BT-7 (mittelschwer), den man oben sieht [1942], brachte die Japaner 1941 von einem Angriff auf Sibirien, zugleich mit den deutschen Verbündeten, ab. Der Krieg in Fernost machte Schukow berühmt. Er führte dann im Zweiten Weltkrieg die sowjetische Offensive gegen Deutschland an.

KAPITEL DREI

BLITZKRIEG

Als sie schließlich im September 1939 losgelassen wurden, schienen die deutschen Panzer nicht zu stoppen.

Die später als Blitzkrieg bekannte Art des Panzerkampfs wurde zwar in der Sowjetunion unter Tuchatschewski entwickelt, doch die Deutschen perfektionierten sie und wandten jene Theorien in der Praxis tödlich an. Hitlers erstes Opfer sollte Polen sein, das trotz seiner guten Armee auf diese neue Art des mobilen Kriegs völlig unvorbereitet war. Die polnische Armee umfasste 30 Infanteriedivisionen und 11 Kavalleriebrigaden, doch nur eine leichte Panzerbrigade. Polen hatte sieben Armeen zur Verteidigung der langen Grenzen zu Deutschland und der Slowakei mobilisiert. Ostpreußen und Pommern ragten in polnisches Gebiet hinein – Deutschland war so in der strategisch günstigeren Lage und auch noch zahlenmäßig und technisch überlegen. Insgesamt standen dem deutschen Invasionsheer 40 Infanteriedivisionen, vier motorisierte Divisionen, vier leichte Divisionen und vor allem sieben Panzerdivisionen zur Verfügung. Die Heeresgruppe Süd (7., 10. und 14. Armee) besaß den Löwenanteil der Panzer, die Heeresgruppe Nord (3. Armee in Ostpreußen und 4. Armee in Pommern) den Rest.

Am 1. September 1939 schlugen die Deutschen mit dem Bombardement der Flugplätze los und nahmen so den polnischen Bodentruppen die Deckung aus der Luft. Guderian (XIX. Panzerkorps) führte die Front an, zog durch den „unpassierbaren" Tuchola-Wald und konnte so bis zum 5. September den Polnischen Korridor spalten. Die 10. Armee schaffte bis zum selben Datum den halben Weg nach Warschau. Sie rückte entlang von Linien letzten Widerstands wie „unpassierbaren" Sümpfen und Wäldern vor. Oberst Thomas' 2. Panzerbrigade etwa bereitete den Polen eine böse Überraschung, indem

LINKS: 1939 besaß Polen die fünftgrößte Armee der Welt, doch war diese jämmerlich knapp an Panzern. Hier sieht man bei einem Manöver vor dem Krieg polnische Tanks, eine massierte Formation von mittelschweren 7TP mit 37-mm-Bofors-Kanonen in den Türmen. Der 7TP war der einzige Tank im Besitz der Polen, der es mit den deutschen Panzern aufnehmen konnte, doch die Geschwindigkeit des deutschen Vorstoßes erwischte die polnischen Panzer auf dem falschen Fuß, und sie wurden zerstört oder erbeutet, ehe sie eingesetzt werden konnten.

OBEN: Der PzKpfw I erwies sich im Polenfeldzug als für den Frontkampf völlig ungeeignet und wurde rasch ausgemustert. Auch erkannten die Deutschen unter Verlusten, dass sich Panzer, wie hier in Warschau Mitte September, überhaupt nicht für Straßenkämpfe eigneten.

sie den Jablunka-Pass mied und auf beiden Seiten über die dicht bewaldeten Kämme zog. Es erwies sich als vorteilhaft, mit wenigen Tanks auf unerwarteten Routen anzugreifen.

STARKER WIDERSTAND

Nicht überall hatten es die Deutschen leicht. Im Norden hatte erst Guderians Eintreffen und Unterstützung der gelähmten 3. Armee das Vorrücken ermöglicht. Die Polen leisteten heftigen Widerstand und setzten ihre spärlichen Mittel gut ein. Der anfängliche Schock war überwunden, und das polnische Oberkommando befahl der nicht gebundenen Posischen Armee, gemeinsam mit Resteinheiten der Pomorze-Armee die Flanke der deutschen 8. Armee am Fluß Bzura anzugreifen. Am Morgen des 9. September attackierten die Polen mit gewohnter Kühnheit. Die deutsche Infanterie wurde in alle Himmelsrichtungen zerstreut, die Polen hofften, das Kriegsgeschick wenden zu können. Bei Warschau hatten die Deutschen eine der Grenzen des Panzers kennen gelernt: Er konnte keine Städte unterwerfen. Am selben Tag zerstörten die polnischen Verteidiger unter General Czum in drei Stunden Straßenkampf mit Panzerabwehr-Artillerie und „Molotow-Cocktails" 57 Panzer. Wütend über seine Unfähigkeit, die Hauptstadt einzunehmen, zog Reichenau die 1. und 4. Panzerdivision von Warschau ab. Sie wurden an die Bzura-Front verlegt, wo die Polen geschlagen wurden.

Die Legende, polnische Kavallerieeinheiten seien in geschlossener Formation gegen deutsche Panzer geritten, ist falsch. Doch trotz ihres Mangels an Tanks hemmten die Polen die Panzer oder lenkten sie ab. Während der Grenzkämpfe stoppte Oberst Maczecks motorisierte Brigade den Vormarsch einer deutschen leichten Division völlig. Dies überzeugte das Oberkommando des Heeres (OKH), dass diese Verbände wirkungslos seien und zu Gunsten richtiger Panzerdivisionen aufgelöst werden sollten. Ein weiteres Beispiel, das zeigt, dass die Polen den Panzern nicht passiv gegenüber standen, ist der dreitägige Kampf (1.–3. September) der Wolynska-Kavalleriebrigade gegen das Vorrücken der 1. und 4. Panzerdivision. Die Polen hofften noch, dass sie eine tiefe Verteidigungslinie entlang von Flüssen im Südosten und Osten des Landes errichten könnten und dass die Franzosen (mit 99 Infanteriedivisionen und 2500 Panzerfahrzeugen) im Westen eine Offensive starten würden.

OBEN: Polens breite und zahlreiche Flüsse stellten für die eindringenden Deutschen kein ernstes Hindernis dar. Hier durchquert eine Panzereinheit ohne sichtbaren polnischen Widerstand einen der vielen Flüsse, indem sie dem von deutschen Pionieren mit Stangen markierten Weg folgt.

Frankreich griff nicht ein, die Verteidigungsstrategie erhielt durch Guderians blitzschnelles Vorrücken nördlich und östlich der Weichsel ihren Todesstoß. Am 14. September sahen die Bewohner der strategisch wichtigen Stadt Brest Litowsk erstaunt Guderians Panzer auf ihren Straßen. Dieser hatte in 14 Tagen 182 km zurückgelegt und dabei eine der wenigen Panzereinheiten der polnischen Armee zerstört, als sie auf einen Zug verladen wurde. Südlich von Brest Litowsk verband sich Guderian mit Panzereinheiten der Heeresgruppe Süd und erfuhr, dass die UdSSR von Osten her in Polen eingedrungen war.

Invasion der Sowjets

Im Kreml hatte Stalin auf einen langsamen Krieg gesetzt, der ihm Zeit zur Vorbereitung der Invasion geben würde. Nun musste er rasch handeln oder sein deutscher „Verbündeter" würde sich den Löwenanteil an Polen nehmen. Am 10. September hatte das NKO (Volkskommissariat für Verteidigung) die Mobilisierung von anderthalb Millionen Soldaten angeordnet, und vier Tage darauf wurden der Militärkreis Kiew (General Semjon Timoschenko) und General M. P. Kowalews weißrussischer Militärbezirk „aktiviert". Timoschenko stellte eine „mobile Frontgruppe" (25. Panzerkorps mit zwei Panzerbrigaden) als Speerspitze des Stoßes nach Polen auf, während Kowalew ein „motorisiertes Kavalleriekorps" (ein motorisiertes Korps, eine motorisierte Division und eine schwere Panzerbrigade) unter General V. I. Boldin bildete, insgesamt etwa 750.000 Mann in sieben Armeen mit 12 Panzerbrigaden. Am 17. September zwischen 2 und 4 Uhr überschritt die Rote Armee in einem schlecht koordinierten Vormarsch die polnische Grenze. Die Polen unter Brigadegeneral Orlik Ruckemann hatten 18 Bataillone und eine unterbesetzte Brigade (etwa 30.000 Mann) für die Verteidigung einer über 1400 km langen Grenze.

Kein Wunder, dass sich der sowjetische Vormarsch in Polen ebenso rasch wie der deutsche im Westen vollzog. Bis 20. September waren Kowalews gepanzerte Einheiten bis jenseits von Wilna gezogen, während Oberst S. M. Kriwoschein Brest Litowsk erreichte, wo sowjetische und deutsche Diplomaten einen Rückzug ausarbeiteten, während Kriwoschein und Guderian eine Panzerparade beobachteten. Am 22. September meinte der polnische General Lagner in Lwow, es sei besser, sich slawischen Kameraden

UNTEN: „Der weiße Tod": So schwach es auch an Panzern und moderner Ausrüstung war, Finnland glich dies durch reine Moral, Disziplin und Enthusiasmus seiner mobilen Infanterieeinheiten aus. Das Gelände in Finnland war für Panzer oft ungeeignet. Scharfschützen, wie der hier gezeigte, richteten unter den auf den winterlichen Straßen Ostfinnlands ziehenden sowjetischen Kolonnen Verheerungen an.

zu ergeben als den hassenswerten Deutschen. Timoschenko fragte ihn nach der Verwendung der Panzer durch die Deutschen aus. Dann wurde er nach Moskau geflogen, wo ihm der sowjetische Stabschef Marschal Schaposchnikow weiter das Hirn zerpflückte. Lagner hatte Fragen über seine eigene Armee erwartet, stattdessen bombardierte man ihn mit solchen über den Verbündeten der UdSSR. Die Sowjets wollten eben so viel wie möglich über ihren Nachbarn wissen. Die Stawka erkannte den großen Leistungsunterschied zwischen den deutschen Panzern (angesichts starken polnischen Widerstands) und den eigenen Kräften. Die deutschen Panzer waren nun zurückgezogen, da die Brechung des verbleibenden polnischen Widerstands auf der Halbinsel Hel und bei Warschau nun der Job von Luftwaffe, schwerer Artillerie und Infanterie war. Nur 25 Prozent der Panzer waren wegen mechanischer Probleme ausgefallen, doch alle konnten repariert werden. Die Deutschen konnten gegen die wenigen veralteten polnischen Tanks Erfahrungen für die schwierigere folgende Aufgabe sammeln: die Invasion Frankreichs. Die Koordination mit der Luftwaffe und den Infanterieeinheiten musste noch verbessert werden, ehe der Sieg sicher war. Insgesamt aber hatten die Panzer zufrieden stellende Leistung gezeigt.

STALIN IST ZUFRIEDEN

Auch der Verbündete im Kreml war zufrieden. Während die Deutschen in einem harten Kampf 217 Panzer verloren hatten, verlor die UdSSR keinen, und der Zuwachs von über 123.500 km^2 neuen Landes und 13 Millionen Menschen kostete Stalin nur 3000 Mann. Gestützt auf „seine" Siege gegen Japan und Polen glaubte der sowjetische Diktator, er könne mit den Finnen genauso umgehen. Gebietsverhandlungen der beiden führten zu nichts. Also arrangierte Stalin durch den NKWD einen militärischen Zwischenfall an der Grenze als Vorwand für eine Invasion in Finnland. Im falschen Glauben, die Finnen würden nur symbolischen Widerstand leisten, plante die Rote Armee einen kurzen Feldzug. Wieder vertrauten die Sowjets stark auf ihre Tanks, um einen technisch schwächeren Gegner zu besiegen. Die Stärke der Finnen betrug insgesamt nur 300.000 Mann, eine Hand voll altertümlicher Vickers-Tanks und eine schwache Luftwaffe. Der sowjetische General Meretskow hatte 600.000 Mann und tausende Panzer und Flugzeuge. Jede sowjetische Division besaß dreimal so viel Feuerkraft wie eine finnische und hatte ein Panzerbataillon mit 40 bis 50 Tanks. Die sowjetische 7. und 8. Armee hatten sechs Panzerbrigaden, die Finnen keine einzige.

Auf der Karelischen Landenge hielten 20.000 Finnen an der Mannerheim-Linie tage- und wochenlang 180.000 Sowjets (in zwei Armeen), unterstützt von 1000 Panzern und 1000 Flugzeugen, auf. An der nördlichen Front war der sowjetische Durchbruch einer einzigen Panzerbrigade zu verdanken. Sowjetisches Vorrücken auf der Landenge gelang nur durch Panzereinsatz. Nördlich des Ladogasees brachen die Finnen bei Suvilahti einen geplanten Gegenangriff ab, als die Sowjets Panzer in massierter Formation einsetzten. Einige Tanks durchbrachen die Linien, worauf sogar die zähen Finnen in Panik gerieten und ins Hinterland flohen.

OBEN: Die Erfahrungen im Finnischen Krieg lehrten die Sowjets eine wichtige Lektion: Langsame Tanks mit mehreren Türmen hatten keine Zukunft. Ihre Produktion wurde zu Gunsten leichter und schnellerer Modelle eingestellt. Hier sieht man eines der vor 1939 in der Sowjetunion beliebten Modelle mit mehreren Türmen: einen ausgeschalteten schweren T-35. Der Soldat, der ihn untersucht, vermittelt eine Vorstellung von der Größe dieses Panzers.

Bis zur sowjetischen Invasion hatten die Finnen wenig oder keine Erfahrung mit Panzern. Doch nach dem Anfangsschock wurde wie bei den Polen ihre Furcht geringer, und sie fügten dem Eindringling zwischen dem 10. Dezember 1939 und dem 17. Januar 1940 bei Tolvajärvi eine schwere Niederlage zu. Mit der berühmten Einkreisungstaktik schalteten sie zahllose Tanks aus und erbeuteten weitere 60 Stück. Auch setzten sie sehr wirkungsvoll die zuvor erbeuteten, leichteren sowjetischen Panzerabwehrkanonen ein. Ihre eigenen Geschütze waren zu schwer, während ihre Vickers-Tanks das umgekehrte Problem hatten: Sie waren zu leicht und manövrierten daher nur schlecht im Schnee. Die finnische Panzerwaffe spielte daher im Krieg nur eine marginale Rolle.

STALIN IN WUT

Stalin tobte wegen der erbärmlichen Leistung der Roten Armee und warf bei einem Essen im Kreml Woroschilow das finnische Fiasko vor. Dieser reagierte gekränkt. Sein Schützling General Kyril Meretskow verlor das Kommando, und Timoschenko, der sich durch seine Leistung in Polen empfahl, ersetzte ihn. Ende Februar, Anfang März unternahm Timoschenko gewaltige Panzer-, Luft- und Artillerieangriffe auf die Mannerheim-Linie, bis er durchbrach. Nun strebten die Sowjets nach Viborg, rollten die Ladoga-Front auf und zwangen die Finnen am 20. März, Karelien an die Sowjetunion abzutreten.

Die Sowjetunion hatte einen zweifelhaften Sieg über Finnland errungen. Dieses Land war nun äußerst feindlich eingestellt und würde sich bei erster Gelegenheit rächen. Es würde jede künftige deutsche Offensive gegen die UdSSR unterstützen. Und Hitler glaubte auf Grund des Kriegs, die Rote Armee sei im Kern verrottet und werde von militärischen Dummköpfen geführt. Angesichts der gediegenen Qualität der Soldaten, Timoschenkos Fähigkeiten und der Vorkriegsverfassung der RKKA war dies völlig unangebracht. Auch die Sowjets zogen aus dem Krieg einige falsche Schlüsse. Sie stellten die Panzerproduktion auf schwerere, langsamere Modelle um, die durch befestigte Linien brechen konnten, und beachteten nicht die besonderen Umstände des Winterkriegs. Erst nach dem Fall Frankreichs 1940 produzierten sie wieder mehr beweglichere Panzer.

Seit Oktober 1939 plante das OKH der Wehrmacht die Invasion Frankreichs. Die Maginot-Linie, die entlang der Grenze zu Deutschland vom Rhein bis Sedan reichte, 1931 fertig gestellt war und Milliarden Francs kostete, bereitete den Deutschen Kopfzerbrechen, da sie praktisch undurchdringlich war. Nördlich der Maginot-Befestigungen lagen die bewaldeten Ardennen, die nicht nur Belgien Schutz boten, sondern auch Nordfrankreich vor einem deutschen Angriff abschirmten. Angesichts dieser beiden Hindernisse holten die Planer im deutschen Generalstab einfach den alten Schlieffen-Plan von 1914 wieder hervor, nämlich mit einer gemischten Streitmacht von Panzern und motorisierten Truppen durch Nordbelgien und Holland zu stoßen. Nach dieser ersten Welle sollten von Pferden gezogene Artillerie und Infanterie in gewaltiger Zahl langsamer nachfolgen.

OBEN: Frankreichs Unheil und Deutschlands Panzergenie: Heinz Guderian, der die gepanzerte Speerspitze nach Polen und Frankreich führte. Guderian errang große Erfolge, indem er seine Panzer an der Front anführte. Hier sieht man ihn während des Frankreich-Feldzugs.

HITLER ZWEIFELT

Hitler war von der Güte dieses Plans nicht völlig überzeugt. Schließlich war Frankreich 1914 damit nicht besiegt worden. Er fürchtete einen Zweifrontenkrieg, der wie im Ersten Weltkrieg stecken bleiben würde. Zu Recht nahm er an, die Kombination von massierten Panzerangriffen und Luftwaffe würde Frankreich ausschalten und ein militärisches Patt an der Westfront vermeiden.

General Erich von Manstein wagte es, die Logik seiner Kollegen in Frage zu stellen, und forderte eine radikale, drastische Lösung des Invasionsproblems. Anstatt mit einer Panzermasse durch die Niederlande zu schwenken und zu versuchen, die Franzosen vom Osten her einzukreisen, sollten die Panzer (verstärkt durch die Umwandlung der leichten Divisionen in die 6., 7., 8. und 9. Panzerdivision) an einer Stelle konzentriert einen Hammerschlag gegen die französische Verteidigung ausführen.

Anders als seine Kollegen hatte Manstein keine Ehrfurcht vor der französischen Armee und hielt die Ardennen nicht für ungeeignet für Panzerkriegsführung. Im Gegenteil: Der Wald würde den Zug der Panzer durch die „undurchdringlichen" Ardennen tarnen. Zwei weitere Faktoren sprachen für dieses Gebiet: Erstens wurde es von einer der schwächsten französischen Armeen, der 9. Armee General Coraps, gehalten, die aus unzufriedenen, demoralisierten Reservisten bestand, und zweitens erwarteten die Franzosen hier keinen Angriff.

Manstein wurde wegen seiner Unverblümtheit und kühnen Pläne an die Luft gesetzt, doch Kopien seines Plans *Sichelschnitt* erreichten Guderian und Hitler. Dem Führer und dem Panzergeneral gefiel Mansteins Idee. Dieser wurde im Frühling 1940 zurückgerufen und seine Vorstellungen in den stark überarbeiteten Plan Gelb, den Invasionsplan, aufgenommen. Immer noch sollte Feldmarschall Bocks Heeresgruppe mit einem großen Teil der deutschen Kräfte an der Westfront nach Belgien und Holland einfallen, doch dies war nur ein Ablenkungsmanöver. Es sollte die Alliierten davon überzeugen, der deutsche Hauptschlag

OBEN: Als Ersatz für ältere, schwerfällige schwere Panzertypen entwickelten die Russen 1940 den KV-(Kliment Woroschilow-)1. Er wurde in Finnland erprobt und als Sturmpanzer zum Durchbrechen feindlicher Linien eingesetzt. Er war mit einer 76-mm-Kanone bestückt.

LINKS: Auch die Briten bauten schwere Tanks zur Unterstützung der Infanterie. Dieses Modell ist der Infanteriepanzer Mk II „Matilda“, der bis 1942 für alle italienischen und deutschen Panzerabwehrkanonen undurchdringlich war. Doch war er nicht schnell, und seine Zwei-Pfund-Kanone war gegen die verstärkte Panzerung der Deutschen bald wirkungslos.

OBEN: Gestelltes Foto, das Verbrüderung und enge Zusammenarbeit der Alliierten zeigen soll. Die britische Crew des leichten Vickers-Tanks scheint besorgt.

würde in Belgien erfolgen, und sie dazu bringen, dorthin zu ziehen. Doch die Hauptaktion sollte weiter südlich mit sieben Panzerdivisionen und 34 Infanteriedivisionen unter Rundtstedt stattfinden. Die Panzerwaffe bestand aus vier Panzerkorps: Hoeppners XI., Hoths XV., Reinhardts XLI. und dem XIX. unter Guderian. Jedem Korps war mindestens eine motorisierte Infanteriedivision zugeordnet, eine Folge der in Polen gemachten Erfahrungen. Panzer konnten erobertes

RECHTS: Die Belgier hatten 1940 auf alliierter Seite nach Holland die kleinste Panzerwaffe. Dieser Tank, ein belgischer AMC 35 (mit 47-mm-Kanone), wurde von Antipanzergranaten ausgeschaltet (beachten Sie die Löcher im Turm) und wie ein Großteil der Ausrüstung beim Rückzug der Alliierten über den Kanal zurückgelassen.

Gebiet ohne Infanterieunterstützung nicht halten, und die Infanterie musste motorisiert sein, um mit den Panzern Schritt halten zu können.

Das konservative OKH sorgte sich weiterhin wegen des Voranstürmens der Tanks durch die Ardennen, wo sie beim Eintreffen an der Meuse für einen französischen Gegenschlag verwundbar wären; es sorgte sich sogar wegen belgischen Widerstands in der Region selbst. Guderian wischte diese nicht ganz unbegründeten Befürchtungen beiseite. Die alliierten Armeen seien anderswo in Bereitschaft. Er fragte sich nur, ob seine Panzer, sobald sie die Meuse gequert hatten, nach Paris oder nach Amiens ziehen sollten. Ersteres einzunehmen würde die Franzosen politisch und militärisch lähmen, Letzteres würde die alliierten Armeen in zwei Teile spalten.

Auf der anderen Seite waren die Alliierten von seliger Ahnungslosigkeit, was die deutschen Pläne betraf. Sie erwarteten bloß, die Deutschen würden in Einsatz und Handhabung der Panzer ebenso einfallslos sein wie sie selbst. Den Belgiern war eine Kopie des ursprünglichen „Plan Gelb" in die Hände gefallen, als ein deutscher Stabsoffizier knapp jenseits der Grenze notlanden musste. In seiner Aktentasche waren die Pläne versteckt. Das konnte eine Falle sein, war es aber nicht, und die Alliierten glaubten, was sie lasen. Sie hatten aus dem Polenfeldzug nichts gelernt und meinten, am polnischen Debakel sei unzulängliches Material, nicht falsche Taktik und Organisation schuld gewesen. Die Polen hatten keine Maginot-Linie und nicht so viele gute Panzer wie die Franzosen. Anfang 1940 hatten die Franzosen entlang der nordöstlichen Front 63 Infanterie-, sieben motorisierte, drei leichte motorierte und drei Panzerdivisionen konzentriert. Die französische 7. Armee (General Giraud) besaß eine Panzerdivision, die beiden anderen waren der strategischen Reserve der Heeresgruppe 1 (General Bilotte) zugeteilt.

Die Alliierten fühlen sich sicher

Die Alliierten fühlten sich stark. Tatsächlich waren ihre Tanks an Qualität und Anzahl denen der Deutschen überlegen.

Die Deutschen hatten erst später mit der Produktion begonnen. Ihre Panzer waren leichter und schwächer an Panzerung und Bewaffnung als die der Alliierten. Von insgesamt etwa 3000 Panzern waren nur 627 die neueren Modelle III und IV, 381 waren tschechische 38t. Der Rest, etwa 2060 Fahrzeuge, waren schache Modelle I und II. Diese hatten sich im Krieg gegen Polen als anfällig für Mörser- und Artilleriefeuer erwiesen. Die Franzosen besaßen über 3000 Tanks und zusätzlich eine große Zahl veralteter Panzer aus dem Ersten Weltkrieg in Reserveverbänden. Die besten Tanks waren in den DLM und DCM (Divisions Cuirasée) konzentriert. Die Briten hatten 210 leichte und etwa 100 schwere Tanks (darunter 23 brandneue Matilda). Die Char B und die britischen Mark I konnten es mit den besten deutschen Panzern und Panzerabwehrkanonen aufnehmen.

Unglücklicherweise ging das alliierte technische und zahlenmäßige Übergewicht nicht Hand in Hand mit dem klaren Verständnis dafür, wie man Panzer wirksam einsetzt. Die alliierten Tanks waren um Infanteriedivisionen herum verstreut, um sie zu unterstützen, und wurden nicht als eigenständige Waffe, die das Kampffeld beherrschen konnte, benutzt. Die Deutschen hatten die Panzerformation, die Kommunikation zwischen den Tanks und ihr Zusammenspiel mit den Stuka-(Sturzkampfbomber-)Staffeln, die sie als Artillerie aus der Luft benutzten, perfektioniert. Sie hatten alle ihre Panzer mit Funk ausgerüstet (auf Guderians fachmännischen Rat hin) und die Zusammenarbeit zwischen Panzern und Luftwaffe verstärkt.

Die Kombination von Tank und Sturzbomber war ein Geheimnis des Erfolgs des deutschen Blitzkriegs. Ein Weiteres war, dass die deutschen Panzerkommandeure nach Guderians Vorbild in Polen ihre Einheiten an der Front leiteten, während ihre alliierten Gegenspieler Kilometer von ihren Männern entfernt in ihren Hauptquartieren saßen. Das heißt nicht, dass die französische Armee keine guten Kommandeure oder Einheiten besaß. Sie hatte sie, doch die Routine der Friedenszeit hatte ihren Elan und neue Ideen vertrieben. Eine Ausnahme bildete, wie wir schon sahen, General de Gaulle.

Auf deutscher Seite war man nervös, ob der Panzerschlag gegen die meistgerühmte Armee der Welt gelingen würde. Der bevorstehende Kampf würde dem zwischen einem schwer bewaffneten und erfahrenen Ritter auf einem mächtigen

Reittier und einem jungen Emporkömmling mit einem schnellen Pferd und flinken Speer ähnlich sein. Ein falscher Zug des Herausforderers, und er konnte fallen. Alles hing nun von den 200.000 jungen Männern in den Panzerkorps und ihren 3000 Kameraden in der Luftwaffe ab. Würden sie Frankreich besiegen und dem Vaterland einen raschen Sieg schenken können? Nur die Invasion selbst konnte diese Frage beantworten.

Nach dem Einfall in Skandinavien und sechs Monaten fieberhafter Vorbereitungen war die Wehrmacht bereit zum Losschlagen. Am 10. Mai begann „Plan Gelb" gegen die heutigen Beneluxstaaten zu laufen. Die 1. Panzerdivision half bei der Eroberung Hollands (trotz starken holländischen Widerstands) in nur vier Tagen, und zwei Panzerdivisionen fielen in Belgien ein. Die restlichen drei Panzerkorps führten den Zug durch die Ardennen an, wo das Hauptproblem der Deutschen in endlosen Verkehrsstaus und der Logistik für diesen gewaltigen Aufmarsch auf den Straßen bestand.

UNTEN: Der „Preis von München": Ein guter Teil der „deutschen" Panzerarmee von 1940 bestand aus schnellen, guten tschechischen 38t, die nach der Besetzung der „Resttschechoslowakei" im April 1939 in beispielloser Zahl übernommen worden waren. Diese hier gehörten zu Rommels 7. Panzerdivision in Frankreich.

An der Meuse waren die Tankverbände der französischen Kavalleriedivisionen (DLM), obwohl sie über überlegene Somua-S-35-Tanks verfügten, nur in winzigen Gruppen der Infanterie zugeteilt, und die deutschen Stukas schlugen pausenlos auf die Panzer ein, bis sie sich zurückziehen mussten. Bis zum 13. Mai hatten alle drei Panzerkorps die Meuse erreicht. Im Norden war das XVI. Panzerkorps am Zurückdrängen und Besiegen der belgischen Armee beteiligt. Nach dem Fall des Befestigungskomplexes Eben Emael herrschte bei der belgischen Verteidigung Chaos. Dies war als Ablenkungsmanöver wichtig, doch das Hauptereignis fand weiter südlich statt.

Guderian forderte und erhielt Luftunterstützung. Die Stukas arbeiteten mit der Panzerwaffe zusammen und schlugen die französischen Stellungen westlich des Flusses in Stücke. Bis zur Dämmerung des 13. Mai hatten alle Panzereinheiten den Fluss gequert. Nun hätten die Franzosen, wie in der Vergangenheit, ihre Stellung halten müssen, viele Opfer es auch gekostet hätte. Doch General Corap, der selbst nicht an der Front war, sondern sich auf allzu pessimistische Meldungen stützte, gab den verheerenden Befehl, sich von der „nicht zu verteidigenden" Flusslinie zurückzuziehen. Doch sie hätte gehalten werden können, da Reinhardts Korps einen unsicheren Brückenkopf bei Monthèrme gerade noch aufrechterhielt. Als die Franzosen ihren Rückzug begannen, drangen die Panzer wie eine Flutwelle durch die Linien: Am 14. Mai stand die 1. Panzerdivision 24 km westlich. Der Kommandeur der 7. Panzerdivision, General Erwin Rommel, meinte, die Franzosen hätten nicht den Mumm zum richtigen Kampf, und raste vorwärts. Am selben Tag stand er als Speerspitze von Hoths Panzerkorps bereits 42 km westlich der Meuse.

Bis zum Abend des 15. Mai sorgte sich das Oberkommado, auch Hitler und Rundstedt, über einen möglichen Gegenschlag der französischen Tanks und Infanterieeinheiten auf die Flanken der Panzer. Als Kleist, der Panzerskeptiker, dem quecksilbrigen Guderian, der noch schneller vorstoßen wollte, zu halten befahl, weigerte sich dieser und bot seinen Rücktritt an. Rundstedt musste eingreifen. Er erlaubte Guderian vorzurücken, so schnell er konnte. Rommel raste ungeachtet aller Befehle voran und hatte am 17. Mai Le Cateau eingenommen.

OBEN: Die französischen Panzer waren von guter Qualität. Einer der besten war die Char-B-Serie mit 76-mm-Panzerung. Er trug eine 75-mm-Kanone, die aber nicht auf dem Turm, sondern dem Rumpf montiert war, sodass der ganze Panzer in Zielrichtung ausgerichtet werden musste. Dieser Char B-1 wurde in einem gescheiterten Gegenangriff bei Les Croisettes nahe der Somme abgeschossen.

Es gab keine französischen Gegenangriffe mit Tanks. Südlich Sedans griff die französiche 3. Panzerdivision (DLM) mit großem Schwung an, doch die 10. Panzerdivision wischte sie beiseite. De Gaulle organisierte seine Kräfte schleunigst um und eilte mit seiner neu gebildeten 4. DLM zur Front. Bei Laon unternahm er einen entschlossenen, doch erfolglosen Gegenangriff. Die 1. Panzerdivision hielt ihn auf und stürmte weiter. Immer mehr wurde Frankreich in zwei Teile gespalten, und der beste Teil der alliierten Armeen (der nach Belgien zog) wurde vom Rest des Landes abgeschnitten. In der nördlichen „Tasche" befand sich die gesamte BEF (British Expeditionary Force – britisches Expeditionsheer), die Belgier und die besten Teile der französischen Armee. Südlich der Trennlinie (dem Fluss Scape) versuchten die Franzosen verzweifelt, eine Verteidigungslinie zum Schutz von Paris aufzubauen.

Der Kanal in Sichtweite

Am Abend des 20. Mai sahen die Männer der 2. Panzerdivision in der Ferne den britischen Kanal. Die 1. Panzerdivision nahm Amiens ein, während sich die 6. und 8. zwischen Le Boisle und Le Bassé erholten. Die 7. Panzerdivision, die Rommel unter Einsatz seines Lebens führte, stieß Richtung Arras, wo sie eine böse Überraschung erleben sollte. Am 21. Mai prallte Rommel auf das britische 7. Royal Tank Regiment (RTR – Königliches Panzerregiment). Das RTR besaß 58 Tanks, darunter 16 brandneue Matilda II mit einer Zwei-Pfünder-Kanone, 78-mm-Panzerung und einem Gewicht von 26 Tonnen. Für die Verhältnisse von 1940 war die Matilda ein Monster von einem Tank. Als sich ihnen diese polternden Riesen näherten, fielen die deutschen Panzer und die unerfahrene Infanterie der SS-*Totenkopf*-Division in Panik. Ihre Panzerung war für die Geschütze der Matildas viel zu dünn, und die existierenden Panzerabwehrkanonen für deren Panzerung bessere Knallbüchsen. Die schweren Tanks töteten 600 Mann und schalteten 40 deutsche Panzer aus. Dann improvisierte Rommel und setzte erfolgreich einige 88-mm-Fliegerabwehrkanonen gegen die Briten ein. Daraufhin zogen sich diese zurück. Die Deutschen

RECHTS: Der Mann, der zum Schicksal Frankreichs wurde: Oberst Charles de Gaulle hatte vor den Folgen gewarnt, falls das Land bei der Entwicklung von Tanks nicht mit anderen Staaten Schritt halten würde, konnte aber das politische Establishment nicht zur Modernisierung und Ausweitung der Panzerstreitkräfte überreden. Hier sieht man de Gaulle im März 1938 bei Manövern; an seiner Seite General Delestraint.

RECHTS: In der Schlacht von Arras holte sich Rommels 7. Panzerdivision eine blutige Nase. Sie erlitt durch die Matilda I und II der 4. und 7. Royal Tank Regiments (RTR), die eigentlich gleichzeitig mit einem französischen Angriff von Süden her angreifen wollten, ihre schwersten Verluste im Feldzug. Erst der Einsatz von 88-mm-Fliegerabwehrkanonen als Antipanzerwaffen konnte die Briten stoppen.

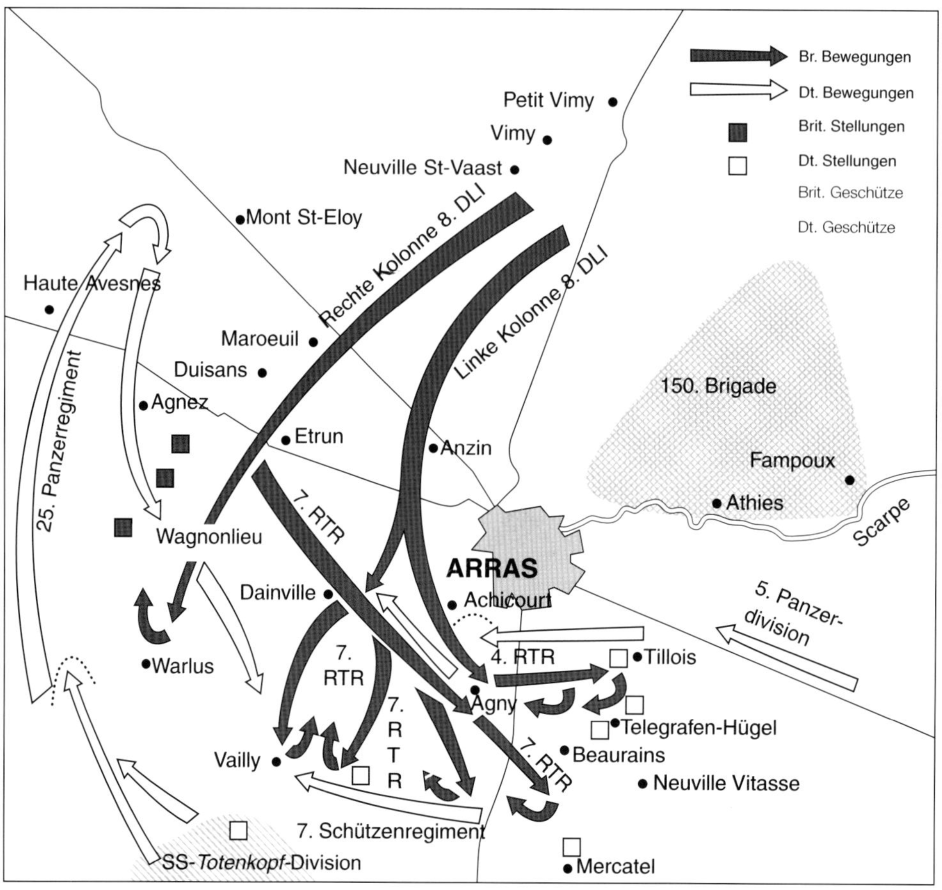

mussten erkennen, dass ihre Maschinen einigen alliierten Tanks schwer unterlegen waren. Auch Rommel lernte etwas Wertvolles: Eine Kombination von Panzern und Fliegerabwehrkanonen stellte eine furchtbare Verteidigungsbarriere gegen einen massierten Tankangriff dar. Diese Lektion erwies sich auch als hilfreich, als das 25. Panzerregiment von Panzerabwehrkanonen übel zugerichtet wurde. Später wandte Rommel diese Erfahrungen im Wüstenkrieg an.

Guderian und die anderen deutschen Kommandeure wollten die alliierten Stellungen um die Kanalhäfen angreifen, doch Hitler fürchtete, sie würden dabei wie bei Warschau wertvolle Panzer und Mannschaften verlieren. Er meinte, die Luftwaffe könne die abgeschnittene BEF allein erledigen, und gab am 24. Mai Befehl, anzuhalten, sodass die Briten über den Kanal entkommen konnten, während die Luftwaffe den Brückenkopf ziemlich ineffektiv angriff und bombardierte. Guderian war wütend, dass man ihn gehindert hatte, einen totalen Sieg zu erringen.

Doch der Gegner fasste sich von neuem ein Herz. Angesichts der Lähmung an der Spitze der französischen Armee war es höchste Zeit, dass General Gamelin durch den energischen Maxime Weygand ersetzt wurde. Dieser litt keineswegs an jener Mutlosigkeit oder dem Pessimismus, die zu den Niederlagen der vergangenen Wochen beigetragen hatten. Seine Ernennung schien zu spät zu kommen; der Großteil der Armee im Norden war verloren. Doch die Weygand zur Verfügung stehenden Reste wurden von Patriotismus und Entschlossenheit beflügelt, die bisher auf französischer Seite so gering gewesen waren. Sie sahen nun, dass ihre Niederlage bevorstand, falls sie ihren gnadenlosen Feind nicht mit ihrem traditionellen Elan bekämpften.

RADIKALE IDEEN

Weygand gab das lineare Frontdenken zu Gunsten einer radikalen Lösung auf. Die französischen Einheiten sollten mit Artillerie und den übrig gebliebenen Tanks an strategischen Stellen aufgestellt werden und alle Zugänge und nahe liegenden Straßen beherrschen. Eine verbundene Linie so genannter „Igelstellungen" entlang der neuen Frontlinie nördlich von Paris war die „Weygand-Linie". Weygand sagte zu seinen Soldaten, sie würden die

UNTEN: Die Briten hatten 1940 keine richtige Panzerdivision (wie die Franzosen), doch einige ihrer Tanks wie der Matilda waren sehr gut. Die deutsche Luftwaffe zwang die Alliierten zur Tarnung ihrer Tanks und hinderte sie am richtigen Einsatz gegen die eigenen Panzer. Der Matilda sollte später im Wüstenkrieg zum Einsatz kommen.

„Schlacht um Frankreich" kämpfen und müssten standhalten oder fallen. Es gebe keine Flucht. Die Deutschen ihrerseits gruppierten vom Norden aus zum Angriff auf das Zentrum Frankreichs („Plan Rot") um. Wie zuvor sollten die Panzer als Speerspitze des Angriffs die Hauptlast tragen, die Weygand-Linie attackieren und ein Loch in sie stoßen. Das XV. Panzerkorps (5. und 7. Panzerdivision) wurde an der Küste stationiert, das XIV. Korps (9. und 10. Panzerdivision) bei Amiens, gefolgt vom XVI. Korps (3. und 4. Panzerdivision), und schließlich einem neuen, größeren Korps (1., 2., 6. und 8. Panzerdivision) unter Guderian.

OPERATION ROT

Hoths XV. Panzerkorps sollte als erstes losschlagen und am 5. Juni die Operation Rot beginnen. Doch diesmal gab es keinen Corap, der überstürzt einen Rückzug befahl. Die Franzosen leisteten mit Artillerie und ihren verbliebenen Tanks heftigen Widerstand. Die Deutschen, die an die „Schlaffheit" der französischen Verteidigung im Norden gewohnt waren, sahen sich überrascht einem Feind gegenüber, der neuen Mut gefasst hatte und Kampfeswillen zeigte. Die Franzosen hatten ihre Lektion in Panzerkriegsführung erstaunlich rasch gelernt. Sie hatten Minenfelder gelegt, massierten ihre Tanks, um ihren Panzereinheiten Schlagkraft zu verleihen, und kaschierten ihre Artillerie, um die Panzer mit gebührendem Feuer zu empfangen. Sogar Guderian mit seiner mächtigen Panzergruppe brauchte über fünf Tage, um die Aisne und die französischen Verteidigungsstellungen zu queren. Hätten die Franzosen in Paris einen entschlossenen Kriegsführer (wie Charles de Gaulle) am Ruder und mehr Gebiet, um verlorenes Gelände auszugleichen, gehabt oder mehr Flugzeuge und Panzer, dann hätten sie im Juni 1940 die Deutschen vielleicht zum Halten bringen können. Doch weil all dies fehlte, Munition knapp war und die Deutschen durchbrachen, brach die französische Verteidigung zusammen. Am 13. Juni floh die Regierung aus Paris, das zur offenen Stadt erklärt wurde. Drei Tage darauf hatte Guderian Zentralfrankreich in weniger als einer Woche durchquert und erreichte die Schweizer Grenze. So wurde General Prételats 2. Heeresgruppe mit 43 Divisionen vom Maginot-Sektor abgeschnitten.

UNTEN: Der Blitzkrieg in Aktion. Links durchstoßen deutsche Panzer alliierte Verteidigungsstellungen, während eine Panzergrenadiereinheit in Halbkettenfahrzeugen die Verteidigung umgeht und eine vitale Brücke einnimmt. So konnten Brückenköpfe auf der gegenüberliegenden Seite der Meuse, Somme und Seine ausgebaut werden. Hätten die Alliierten die Brücken gesprengt, so hätten die Deutschen Panzergrenadiere in Gummi-Schlauchbooten über den Fluss geschickt, während sie von Panzern vom Ufer aus mit Feuer unterstützt worden wären.

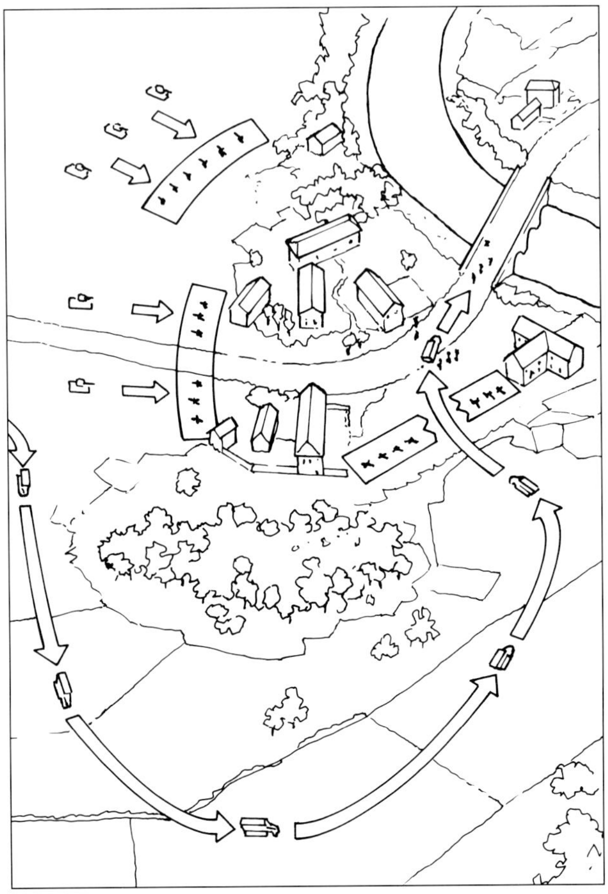

OBEN: Ein deutscher PzKpfw IV beim Vorrücken südwärts nach der Evakuierung Dünkirchens im Kampf mit französischen Verteidigern. Der PzKpfw IV hatte sich als ausgezeichneter Tank erwiesen, doch mangelte es ihm etwas an Feuerkraft. Gemeinsam mit dem PzKpfw III bildete er in den nächsten drei Jahren die Hauptmasse der deutschen Panzerwaffe.

ENTMUTIGUNG

Bis dahin gab es Zuversicht, doch nun begann sich im französischen Hauptquartier Entmutigung auszubreiten. Immer öfter hörte man das Argument, so könne es nicht weitergehen. Churchill drängte und unterstützte, doch die Franzosen (sogar Weygand) ärgerten sich über die Einmischung ihres Alliierten. Um die französische Moral zu stärken und seine uneingeschränkte Hilfe zu beweisen, sandte Churchill eine zweite BEF nach Frankreich, darunter die britische 1. Panzerdivision mit 174 leichten und 156 schweren Tanks. Eine lobenswerte Geste, doch konnte sie am Ausgang der Schlacht um Frankreich nichts ändern.

Am 19. Juni erreichte der unwiderstehliche Rommel, der durch die Normandie gestürmt war und französische Einheiten zerschlagen hatte, Cherbourg, wo die britische 1. Division kapitulieren musste. Dies war eine unter vielen üblen Nachrichten, und die Franzosen wandten sich nun wie 1917 an den Mann, dem sie vertrauten: Marschall Pétain. Doch der General des Ersten Weltkriegs war leider zum überzeugten Pessimisten geworden und gab den Briten die Schuld an Frankreichs Unglück. Er wollte einen „ehrenhaften“ Frieden mit Hitler, und am 25. Juni 1940 war die „Schlacht um Frankreich“ vorüber.

Beide Seiten waren über ihr Geschick verblüfft: Die Franzosen über ihre rasche, erniedrigende Niederlage, die sie benommen machte, die Deutschen über ihren Erfolg. Was dem Kaiser in vier Jahren Kampf nicht gelungen war, hatte Hitlers tödliche Kombination aus Panzern und Stuka-Geschwadern in etwas mehr als vier Wochen geschafft. Vor allem die modernen Panzertaktiken hatten den überraschenden Erfolg erzwungen. Die Tanks hatten nicht nur das Schlachtfeld dominiert, sondern auch einen überwältigenden Sieg über Deutschlands alten und gefährlichsten Gegner errungen.

Hitler war nun der Herr Europas und hätte sogleich seine Aufmerksamkeit der Sowjetunion, seinem verbleibenden kontinentalen Hauptfeind, zuwenden können, wäre nicht die Unfähigkeit seines Verbündeten Mussolini gewesen. Die besiegten Briten konnten auf Grund der Absage der Operation „Seelöwe“ (der Invasion Englands) Ende 1940 in Rekordgeschwindigkeit die Lektionen aus ihrem Debakel in Frankreich verarbeiten und mit dem Aufbau von zehn neuen Panzerdivisionen beginnen.

Auch die Deutschen lernten aus dem Feldzug. Ihre Verbündeten und die Feinde sahen eine tadellose Militärmaschinerie, die scheinbar Siege aus dem Hut zaubern konnte, doch die deutschen Komman-

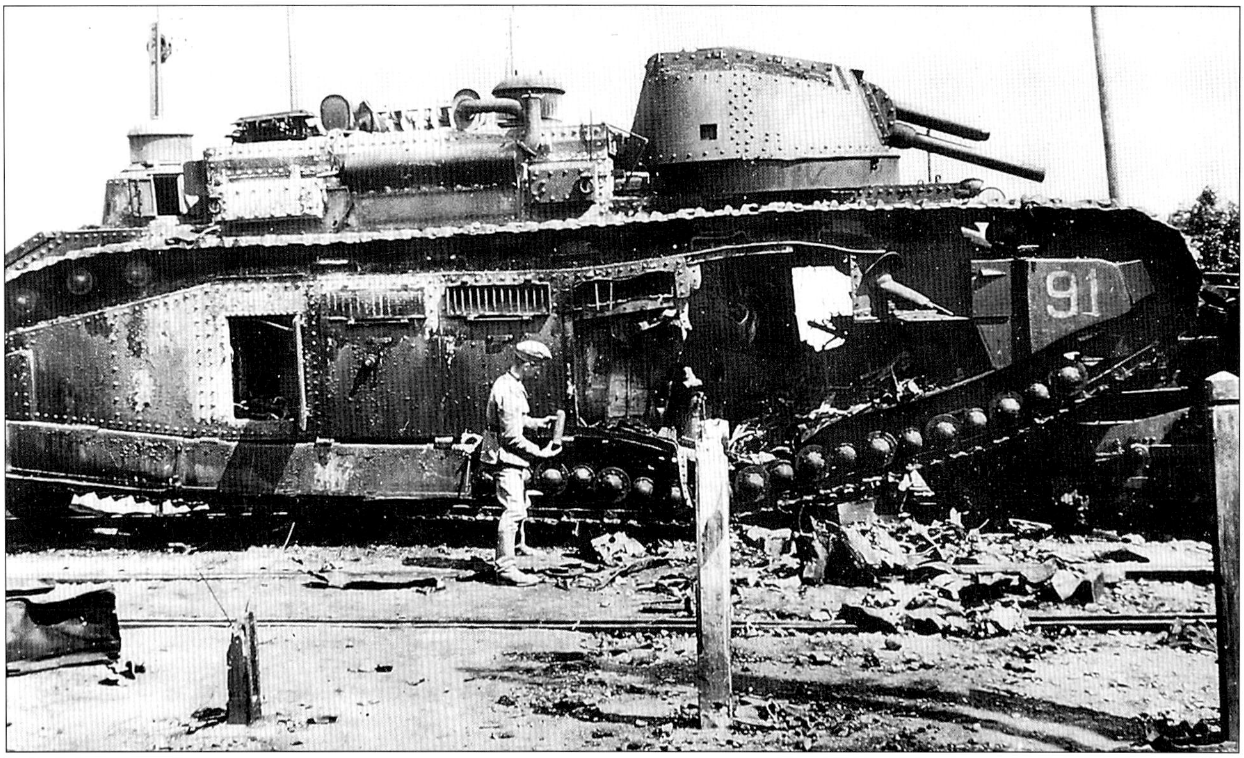

OBEN: 1919 stoppten die Franzosen die Produktion dieses gigantischen schweren Tanks, des Char 2C. Nur zehn davon wurden jemals fertig gestellt. 1939 waren diese beim 51. Panzerbataillon immer noch im Dienst. Keines der Ungetüme nahm jedoch am Kampf teil, da die Einheit von Stukas ausgeschaltet wurde, als sie auf Plattformwagen zur Front transportiert wurde.

deure erkannten die Schwäche hinter der Fassade. Die deutschen Panzer waren zu leicht gepanzert und bewaffnet. Daher erhielten einige Panzer III und IV neue, langrohrige 50-mm-Kanonen, um die Durchschlagskraft zu erhöhen. Das Problem, dass die langsamer vorrückende Infanterie mit den Tanks nicht Schritt halten und sie so nicht genügend unterstützen konnte, hatte die Invasion Frankreichs ständig begleitet. Man steigerte daher die Produktion von Halbkettenfahrzeugen, und mehr Infanterieeinheiten wurden motorisiert.

ARTILLERIE-UNTERSTÜTZUNG

Auch brauchten die Panzer dringend Artillerie-Unterstützung. Daher wurden erbeutete französische Tanks in mobile „Sturmgeschütze" mit Artillerie-Mannschaften umgewandelt, die den Panzerdivisionen zugeteilt wurden. Der Mangel an kraftvoller Antipanzer-Artillerie wurde nicht richtig gelöst, doch die „88er" hatten sich gegen Panzer als wirkungsvoll erwiesen. Ihre Produktion wurde daher aufgestockt. Doch wegen Hitlers Weigerung, dem deutschen Volk die Opfer eines totalen Kriegs abzuverlangen (anders als Churchills „Blut, Schweiß und Tränen"), wurden bloß 1000 Panzer pro Jahr erzeugt. Die Panzereinheiten hatten daher nicht mehr und bessere Panzer, als sie ein Jahr später dem gewaltigsten Feind gegenüberstanden: den Panzerkräften der Roten Armee

Hitler war von der UdSSR besessen, musste aber Pläne einer Invasion im Oktober 1940 auf Frühling 1941 verschieben. Ehe er an einen solchen Zug, der den Krieg ostwärts ausdehnen würde, auch nur denken konnte, musste der Balkan – die Südwestflanke der Sowjetunion – gesichert werden. Mussolinis Kriegserklärung gegen Griechenland am 28. Oktober und die folgende Invasion des Landes hatte sich als böser Fehlschlag erwiesen, der sich auf die Achsenmächte insgesamt auswirkte. Und in Nordafrika waren die Italiener gegen die Briten gleichermaßen erfolglos.

Deutschland beherrschte bereits Ungarn, Rumänien und Bulgarien. Durch die Allianz mit Jugoslawien am 25. März war Hitlers Dominanz des Balkans vollständig. Doch seine Euphorie über den billigen Sieg verflog rasch. Zwei Tage darauf unternahm der Zweite Kommandant der jugoslawischen Luftwaffe, General Bora Mirkovic, in Belgrad einen Militärputsch und widerrief den Pakt mit Deutschland. Der Führer hielt die Nachricht am selben Abend noch für einen schlechten Scherz. Doch sein Humor wurde schnell zum rasenden Wutausbruch, wie man ihn noch nie erlebt hatte.

LINKS: Die Deutschen konnten auf den ausgezeichneten französischen und belgischen Straßen enorm schnell vorrücken. Diese Crews bewaffnen ihre tschechischen 38t, ehe sie weiter ins Herz Frankreichs vordringen. Die schwarzen Uniformen und Mützen der Panzermannschaften wurden in den späteren Phasen des Kriegs aufgegeben.

Am 30. März waren die Anordnungen für die „Operation Bestrafung“, die Invasion Jugoslawiens, fertig. Die 9. Panzerdivision würde, unterstützt von der motorisierten Infanterie der SS-Division *Leibstandarte Adolf Hitler,* als Speerspitze Generalfeldmarschall Lists 12. Armee (die von Bulgarien aus operierte) beim Angriff auf Skopje, die Hauptstadt des jugoslawischen Mazedonien, anführen. Von Rumänien aus würde Kleists XIV. Korps mit drei Panzerdivisionen gegen Nis und Belgrad stoßen. Und General Weichs 2. Armee sollte auf ihrem Weg nach Zagreb in Slowenien einfallen.

JUGOSLAWIEN WIRD BESIEGT

Jugoslawien war der bisher schwächste Gegner Hitlers. Es war weder militärisch noch politisch in der Lage, einem derartigen Panzerschlag zu begegnen. Wie die Polen hatte Jugoslawien eine schwache Armee. Sie bestand aus 28 Infanterie- und drei Kavalleriedivisionen, die 932 km Grenze verteidigen mussten. Wie die Polen erledigte das jugoslawische Ober-

LINKS: Ein weiterer guter französischer Tank in Bewegung: der Hotchkiss H-39. Er erschien erstmals 1939 und leistete im Feldzug von 1940 gute Dienste, obwohl er schwach bewaffnet war – er trug nur eine 37-mm-Kanone. Wie alle französischen Panzer wurde er im Kampf durch die schwache französische Taktik behindert.

kommando seine Probleme, indem es seine schwächere und veraltete Armee entlang der Hauptteile der Grenze verteilte, ein vergeblicher Versuch, alles zu halten. Frankreichs politische Probleme waren im Vergleich mit denen Jugoslawiens gleich null, wo sich Kroaten und Serben wegen der Führung in dem Vielvölkerstaat in den Haaren lagen. Der Grad der Motorisierung und das Verständnis für Panzerkriegsführung lag in Jugoslawien weit hinter dem französischen. Ein General versicherte dem Staatschef, den Tanks würde bloß das Benzin ausgehen, Pferde und sogar Ochsen seien ein zuverlässigeres, wenn auch langsameres Transportmittel! Sie hatten keine Panzerdivisionen, nicht einmal Panzerbrigaden, nur Regimenter und Kompanien mit Tanks, von denen 80 Prozent veraltete leichte Vickers aus den 1920er Jahren waren. Hitler hatte die Invasion der Sowjetunion aufgeschoben, um eine unnötig große Zahl von Einheiten gegen einen schwachen Gegner zu schicken.

Für die Deutschen war der Balkanfeldzug ein Lehrbeispiel für Panzerstrategie in einem Blitzkrieg gegen einen viel schwächeren, von politischen Problemen gehemmten Feind. An der gesamten mazedonischen Front hatten die Jugoslawen kein einziges Panzerabwehrgeschütz, und die Deutschen griffen von allen Seiten her an. Skopje fiel am 7. April an Lists Speerspitze. Am Tag nach dem Fall von Nis nahm Weichs Armee Zagreb ein, wo 15.000 kroatische Soldaten ohne einen Schuss kapitulierten. Ungarn, das einen Freundschaftspakt mit Deutschland hatte, drang nur zögernd in Jugoslawien ein – unter dem Vorwand, seine Landsleute im Banat (ein Gebiet nördlich Belgrads) zu schützen. Am 11. April querten ungarische Tanks die Grenze. Sie waren weniger versiert als die Deutschen: Das Benzin ging ihnen aus. Sie feilschten darum mit lokalen Chemikern, da es in Jugoslawien keine Tankstellen gab. Am folgenden Tag fiel Belgrad an die 8. Panzerdivision. Am 16. April fiel Sarajevo, der letzte jugoslawische Stützpunkt, an vorrückende deutsche Panzer, und am nächsten Tag kapitulierte der letzte kleine Rest der jugoslawischen Armee.

UNTEN: Im März 1941 wurde Bulgarien „überredet", der Achse beizutreten. Einen Monat darauf querten die Deutschen die jugoslawische Grenze, um den letzten Gegner am Balkan zu schlagen. Diese PzKpfw III queren eine Woche darauf die griechisch-bulgarische Grenze.

Weiter südlich durchschnitt die 2. Panzerdivision Mazedonien und umging die „Mataxas"-Linie Griechenlands, die den (wirtschaftlich vitalen) Nordosten des Landes schützte. Das Vertrauen der Griechen in eine befestigte Linie ohne richtig organisierte, moderne Feldarmee erwies sich wie in Frankreich als trügerisch. Die Panzer durchbrachen die dünnen Verteidigungsstellungen entlang der Grenze zu Jugoslawien und konnten zwei der stärksten griechischen Armeen (in Albanien und im Nordosten) voneinander trennen. Wie ihrem nördlichen Verbündeten fehlten den Griechen Panzereinheiten und Erfahrung in der Panzerführung. General Papagos, der griechische Oberbefehlshaber, befahl der 19. Motorisierten Division, den Vormarsch der 2. Panzerdivision aufzuhalten, doch dies funktionierte nicht. Sie erreichte angesichts der Überlegenheit der deutschen Panzereinheiten wenig, und kurz darauf fiel Thessaloniki. Wie in Frankreich folgte eine schlechte Nachricht der nächsten. Am 10. April verband sich das deutsche XL. Motorisierte Korps bei Monastir mit der italienischen Armee in Albanien. Die zwei stärksten griechischen Armeen (eine an der albanischen Grenze und die „mazedonische" vor Bulgarien entlang der „Mataxas"-Linie) mussten am 16. April kapitulieren.

WEITERE ALLIIERTE NIEDERLAGEN

Nun lag die Last beim bitischen Expeditionskorps, das Churchill nach Griechenland gesandt hatte, als ihm die deutschen Pläne klar wurden. Es bestand hauptsächlich aus Australiern und Neuseeländern (eine anerkannt harte und zähe Truppe).

Die Briten hofften die Küstenebenen zu halten, während die griechische Armee das gebirgige Innere des Landes

halten sollte. Doch sie mussten den Plan ebenso wie die Hoffnung aufgeben, den Fluss Aliakmon zu halten. Der Vormarsch der deutschen Panzer machte es unmöglich. Als die Briten den Thermopylen-Pass blockierten wie die Spartaner Jahrhunderte zuvor, entspann sich ein klassischer Panzerkampf. Die 2. Panzerdivision war inzwischen vom Norden her rasch vorgerückt und wurde zeitweilig am Pass von britischen Tanks am Erreichen Athens gehindert. Gemeinsam mit britischen Panzerabwehrgeschützen erledigten diese in heftigen Scharmützeln 19 Panzer. Die Stockung wurde erst durchbrochen, als die motorisierte Infanterie, die die Panzer begleitete, abstieg und die alliierten Stellungen umging. Die Briten mussten zurück und einige Wochen darauf aus Griechenland abziehen.

Der Balkanfeldzug war hastig geplant worden, doch die Professionalität und Improvisationskunst der Wehrmacht hatte großartige Erfolge gezeitigt. Hitler und anderen deutschen Militärplanern schien es nun so, als könnten die Panzer jeden Gegner auf jeder Art von Gelände und in jedem Klima besiegen, wann immer der Führer es befahl. Dies war eine höchst gefährliche Meinung. In Wahrheit wurde der Balkanfeldzug von einer großen Streitmacht gegen viel schwächere und schlecht ausgerüstete und organisierte Gegner gewonnen, die keine Hoffnung hatten, der deutschen Militärmacht zu widerstehen. Doch dies war erst der Anfang, und am Balkan gab es den letzten glatten Sieg im Blitzkrieg. Im Osten würden es die Panzer mit einem weit gefährlicheren Feind zu tun haben.

OBEN: Als sie die Ebenen Griechenlands erreicht hatten, zerschlugen die Deutschen die alliierten Kräfte. So hofften sie es auch in der Sowjetunion zu tun. Wieder fügte die deutsche Panzer-Speerspitze den Alliierten eine erniedrigende Niederlage zu. Doch die Sowjetunion sollte ein härterer Gegner sein, und man würde neue, stärkere Panzer wie diesen PzKpfw Ausf F2 mit 75-mm-Kanone brauchen, um die sowjetische Panzerstreitmacht zu bekämpfen.

KAPITEL VIER

AN DER OST-FRONT

Hitlers Invasion der Sowjetunion von 1941 war reines Hasardspiel. Wie gewohnt bahnte die Panzerwaffe den Weg.

Von Beginn an war klar, dass der Pakt der Nazis mit der Sowjetunion eine Vernunftehe war. Es war nur eine Frage der Zeit, wann einer der Partner seine Versprechen brach. Hitler schlug als Erster los und zerstörte die UdSSR dann fast. Er meinte, die Bedrohung durch einen Zweifrontenkrieg sei mit der Niederlage Frankreichs vorüber. Dementsprechend begann der Stab des OKH im Juli 1940 mit der Planung einer Invasion (Deckname „Otto"). Sie vertrauten darauf, die Rote Armee noch vor Wintereinbruch einschließen und vernichten zu können. Deshalb wollten sie den Löwenanteil an Panzern der Wehrmacht der Heeresgruppe Mitte zuteilen, die Moskau erobern sollte. Sie hofften, die Russen würden ihre Hauptstadt mit Zähnen und Klauen verteidigen, sodass die Panzer ihre Hauptverbände umzingeln und vernichten konnten. Auch würde die Einnahme Moskaus die Russen demoralisieren und daneben ihre

LINKS: Kurzrohrige Panzer IV (Modell E) der Waffen-SS rücken während der Operation *Barbarossa*, der Invasion der Sowjetunion, vor. Zu dieser Zeit war die Waffen-SS selbst eine beträchtliche Streitmacht und ein Konkurrent der Wehrmacht. Nach anfänglichen Problemen wurde sie wegen ihrer Kampfkraft gefürchtet und respektiert. Sie forderte für ihre Einheiten die beste Ausrüstung. Die weiten, offenen Räume auf der Fotografie sind typisch für die Sowjetunion. Hier fanden viele ausgedehnte Panzerschlachten des Zweiten Weltkriegs statt.

OBEN: Ideal für Panzer: ein weiterer Blick auf das Gelände im Osten, das sich besonders in der Ukraine perfekt für Panzerkriegsführung eignete. Panzergrenadiere rücken mit ihren Tanks gegen den Feind am Horizont vor. Doch die riesigen zurückgelegten Entfernungen und die schlechten Straßen der Region sollten den Vormarsch der Deutschen gegen ihre Ziele behindern.

Verwaltung und ihre Eisenbahnverbindungen abschneiden.

Hitler stimmte nicht zu. Er wollte zuerst die Kornkammer der Ukraine und das kaukasische Öl erbeuten. Außerdem hielt er Moskau für weniger wichtig als Leningrad, die „Wiege des Bolschewismus". Er erkannte nicht, dass die Einnahme Moskaus vorrangig war und die Vernichtung der Feldstärke der Roten Armee absolute Priorität haben musste. War die RKKA erst einmal zerstört, so konnten alle deutschen Ziele leicht eingenommen werden. Hitler und seine Militärplaner begingen zwei grobe Fehler: Sie unterschätzten ihren Gegner und sie konzentrierten sich bei der Invasion nicht auf ein hauptsächliches Ziel.

Das Arbeitspferd des Plans *Barbarossa* (wie er ab Dezember 1940 genannt wurde) sollten die Panzerdivisionen des deutschen Heeres darstellen. Nach den Erfahrungen in Polen und Frankreich bestand eine Panzerdivision aus zwei Teilen: einer Panzerbrigade (160 Panzer) und einer motorisierten Infanteriebrigade. Diese wurden ihrerseits von einer größeren Zahl motorisierter Infanteriedivisionen (MID) unterstützt, die aus zwei Infanteriebrigaden von Soldaten bestanden, die auf gepanzerten Mannschaftstransportern befördert wurden.

Die Moral der deutschen Panzertruppen war gut. Sie hatten ganz Europa besiegt und waren nun bereit, es mit den Russen aufzunehmen. Wie ihre Kommandeure rechneten sie mit einem schnellen Sieg. Auch hatten sie gutes Material zur Verfügung. Die 23-Tonner PzKpfw III und IV waren gute Maschinen, und die Deutschen waren an Funk und optischen Instrumenten den Russen klar überlegen. Zusätzlich zum „Panzerkiller", dem 88-mm-Fliegerabwehrgeschütz, hatten die Deutschen eine große Zahl von Selbstfahrlafetten, die den Panzern auf dem Kampffeld wertvolle Unterstützung leisten würden.

Trotzdem war das deutsche Invasionsheer für die ihm zugewiesene Rolle zu schwach, besonders an Panzern und Flugzeugen. Insgesamt hatten die Deutschen zur Eroberung der Sowjetunion (die über 2.225.000 Quadratkilometer umfasste, ein zwanzigmal größeres Operationsgebiet als jenes beim Feldzug von 1940) nur 15 Divisionen mehr als beim vergangenen Feldzug. Und sie verfügten nur über 30 Prozent mehr Panzer als 1940 (19 Panzerdivisionen und 14 MID), insgesamt etwa 3300 Panzer gegenüber 21.000 sowjetischen Tanks. Die Luftwaffe hatte nur 2800 Flugzeuge (1500 im Westen) angesichts einer sowjetischen Luftarmada von 12.000 Stück. Dies waren zu wenig Panzer und Flugzeuge, um die Aufgabe zu erfüllen.

Das Hauptproblem war Hitlers Unfähigkeit, seinen Zielen Priorität zu geben und seine Kräfte entsprechend zu gruppieren. So sollte Hoeppners Panzergruppe 4 (drei Panzerdivisionen) in der Heeresgruppe Nord (Feldmarschall Leeb) in die baltischen Staaten einfallen

LINKS: 1941 perfektionierten die Deutschen die Zusammenarbeit von Luftwaffe (die bombardierte) und schneller Panzerbewegung. Die deutsche Strategie sah so genannte Kesselschlachten vor, bei denen ganze sowjetische Armeen ohne große deutsche Verluste umzingelt und vernichtet werden konnten. Das erste Beispiel für eine solche Schlacht war der Kessel von Kiew (September 1941).

und Leningrad einnehmen. Zumindest die Heeresgruppe Mitte (Feldmarschall Bock) hatte zwei Panzergruppen: Guderians 2. (fünf Panzerdivisionen) und Hoths 3. (vier Panzerdivisionen). Sie sollten die sowjetische 3., 4. und 10. Armee unter dem Kommandeur der Westfront, General Pawlow, bei Bialystok einschließen und vernichten. Als dies durch die vereinten Kräfte Hoths und Guderians gelang, durften sie nicht gegen Moskau stoßen. Beide wollten dies, doch gab es für diesen Fall keine Pläne. Südlich der Pripjet-Sümpfe (ein Gebiet der Größe Bayerns) stand über die halbe Länge der Front die Heeresgruppe Süd (Feldmarschall Rundstedt) mit nur sechs Panzerdivisionen (Kleists Panzergruppe 1), um die gesamte Ukraine zu erobern. Rundstedt hatte es noch dazu mit der stärksten sowjetischen Front, General Kirponos Südwestfront, zu tun, die aus nicht weniger als vier mächtigen Armeen mit insgesamt 16 Panzerdivisionen bestand.

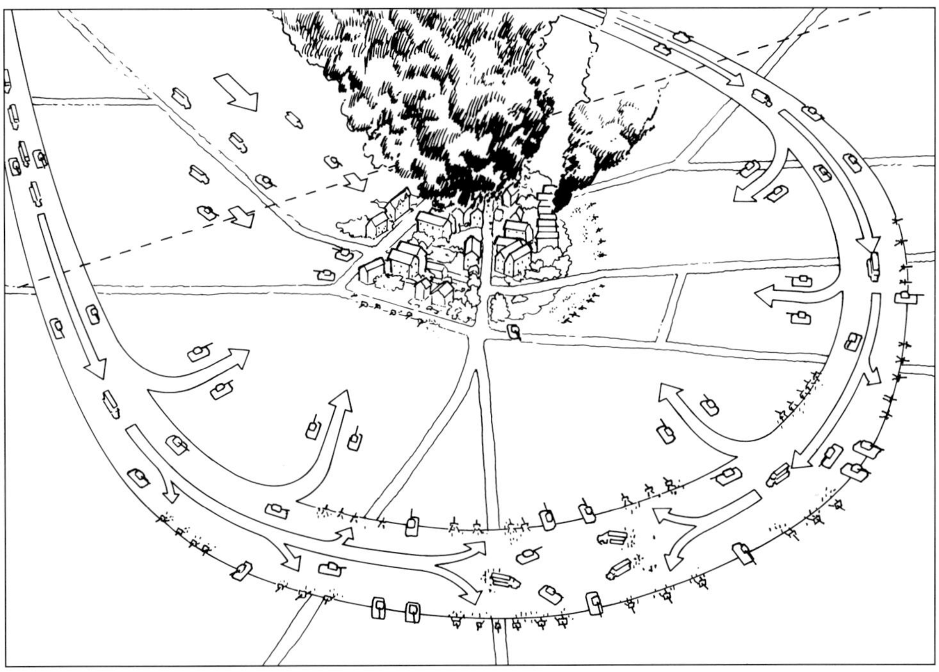

LINKS: Idealversion einer Kesselschlacht. Die Panzer umgehen in Begleitung von Panzergrenadieren einen Stützpunkt und umzingeln ihn. Dieser wird dann durch Luftangriffe und Artillerie erschüttert, bis seine Verteidiger getötet sind oder kapitulieren. Bei der Operation Barbarossa machten die Deutschen eine riesige Menge Gefangene, doch die Sowjets lernten bald aus ihren Fehlern von 1941.

Auf sowjetischer Seite herrschte Unsicherheit über den angemessenen Einsatz der Panzerstreitmacht. Das letzte motorisierte Korps war aufgrund von Pawlows falschen Schlussfolgerungen aus dem Spanischen Bürgerkrieg gegen Ende 1939 aufgelöst worden. Der rasche Fall Frankreichs schockierte das Kommando der Roten Armee und sogar Stalin. Die Ideen des Diktators wurden schließlich aufgegeben, und Timoschenko berief 4000 gesäuberte Offiziere wieder ein. In Kiew (Generalleutnant Rokossowski), Moskau (Generalleutnant Romanenko) und Minsk (Generalleunant Jeremenko) wurden drei neue motorisierte Korps mit einer Papierstärke von 1000 Tanks gebildet. Die restlichen Korps (13., 17., 20. und 24.) besaßen keine Panzer.

PANZERPRODUKTION

Um Stalins Probleme zu lösen, wurde die Produktion älterer Tankmodelle gestoppt. 1940 wurden nur 115 T-34 und 243 KV-1/KV-2 hergestellt. Zwischen Januar und Mitte Juni 1941 stieg die Produktion auf 1000 T-34 und 393 KV (beide Modelle). Diese gewaltigen Maschinen

RECHTS: Wie zwei Jahre zuvor in Polen stellten natürliche Hindernisse für die eindringenden Deutschen kein größeres Problem dar. Hier quert eine gemischte Kolonne von PzKpfw II und III während des Vormarsches in die Sowjetunion einen Fluss.

wurden nicht in einem einzigen neuen, motorisierten Korps konzentriert, das die Flut der Panzer hätte aufhalten können, sondern auf die zwölf bestehenden motorisierten Korps verteilt, was ihre Wirkung auf die deutsche Invasionsstreitmacht und damit auf den Ausgang des Feldzugs einschränkte. Ihre Wirksamkeit wurde durch die sowjetische Praxis, sie (wie die Franzosen) in kleinen Gruppen einzusetzen, weiter verringert. Sie wurden so von größeren Panzerformationen überwältigt. Es waren daher nur 9 Prozent der Tanks im sowjetischen Fuhrpark T-34 oder KV, und von den restlichen benötigten über 29 Prozent eine größere Überholung und 44 Prozent erhebliche Instandsetzungen.

Der Sturm bricht los

Der Sturm brach an der Westgrenze der UdSSR in der Dämmerung des 22. Juni 1941 los, als deutsche Artillerie einen Hagel von Granaten auf die sowjetischen Grenzgebiete losließ, während die sowjetischen Flugfelder aus der Luft bombardiert wurden. Im Norden zog General

Oben: Die Probleme der Panzer mit Staub und Hitze des russischen Sommers waren ebenso groß wie die mit dem Frost des Winters.

Unten: Die anfänglichen Siege verschleierten etwas Wichtiges: Die meisten Einheiten der Wehrmacht waren immer noch Infanterieverbände, und die Motorisierung war insgesamt gering.

OBEN: Anders als ihr Gegner mobilisierten die Sowjets ab Beginn der Operation Barbarossa die gesamte Wirtschaft für den totalen Krieg und konnten durch Standardisierung die deutsche Panzerproduktion überflügeln. Ihre besten Tanks, der T-34 (hier auf einem Montageband hinter der Front) und der KV-1, erwiesen sich als ihren deutschen Gegenstücken überlegen.

RECHTS: In Smolensk wird 1941 ein ausgeschalteter T-26 als „Verkehrszeichen" benützt. Er weist symbolisch nach Osten, zur sowjetischen Hauptstadt. Die Sowjets verloren 1941 enorm viele Panzer, doch konnten sie sie rasch und durch bessere Tanks ersetzen.

Mansteins 56. Panzerkorps innerhalb von drei Tagen 88 km tief ins sowjetisch besetzte Lettland und Litauen, während Guderians Panzer östlich des Bug 88 km tief eindrangen und Hoth mit 88,5 km die weiteste Strecke schaffte. Pawlows 3., 4. und 10. Armee wurden plangemäß bei Bialystok im ersten von vielen Kesseln gefangen. Er wurde bis zum 30. Juni unter Verlust von 40 Divisionen, 300.000 Gefangenen und 2500 Tanks aufgelöst. Pawlow hatte einen Fehler zu viel gemacht. Am 28. Juni wurde er abberufen und kurz darauf erschossen.

Hitler forderte und bekam Kesselschlachten, um die Rote Armee zu liquidieren. Doch hatten die Deutschen zu diesem Zeitpunkt schon den Umfang ihrer Aufgabe erkannt. Die zerstörte sowjetische 4. Panzerdivision (Generalmajor Potaturtschew) etwa besaß nur 335 Tanks gegenüber der Stärke von Guderians gesamtem Korps von 855 Panzern. Allerdings hatte die Rote Armee in einer Kriegswoche 2500 Tanks verloren.

Am 29. Juni näherten sich Guderians und Hoths Korps Minsk. Diesmal verlor die RKKA 250.000 Mann und 3000 Panzer im Kessel. Guderians und Hoths Korps wurden am 9. Juli zur 4. Panzerarmee verbunden und überschritten den Dnjepr, um als ersten Schritt zur Eroberung Moskaus Smolensk anzugreifen. Doch Hitler hatte andere Pläne. Er wollte, dass die 4. Panzerarmee nach Süden schwenkte und die Südwestfront einkreiste, während Rundstedt vom Westen her Kiew nahm.

Nun stritten Guderian und Hitler darüber, wohin die Panzer ziehen sollten. Hitler setzte sich natürlich durch. Am 23. Juni befahl er die 4. Armee südwärts gegen Kiew. Guderian ignorierte diesen Befehl und hatte genug Zeit, am 27. Juli um Smolensk einen weiteren Kessel zu schaffen. Am 5. August kapitulierte dieser, und die deutsche Beute wuchs auf neun Divisionen, 300.000 Gefangene und 3000 Panzer an.

Trotzdem lief nicht alles so glatt. General Jeremenko hatte einen starken Panzerangriff gegen Guderian geführt und konnte eine Stellung östlich Smolensks halten (eingenommen am 16. Juli von deutscher motorisierter Infanterie). Diese Attacken erfolgte frontal und richteten wenig aus, doch die Rote Armee lernte rasch. Die sowjetische 5. Armee benützte die Pripjet-Sümpfe, um die offenen Flanken der Panzer anzugreifen. Die Russen lernten, ihre Angriffe gegen die verwundbaren Verbindungsstellen zwischen der langsamen Infanterie und den schnellen Panzern zu richten. Ein Jahr zuvor hatten die Franzosen dies vergeblich versucht, doch die Russen besaßen weit größere Reserven und Entschlossenheit. Ein weiteres Problem für die Panzer waren Hitze und Staub in Russland (besonders im Süden), wo die Temperaturen 35–40 Grad Celsius erreichen konnten. Die 3. Panzerdivision, die aus sarkastischen Berlinern bestand, scherzte, sie sei an der falschen Front gelandet, da Russland ebenso heiß sei wie die Libysche Wüste. Tatsächlich verstopfte in Russland und der Ukraine wie in Libyen Staub die Motoren und nutzte die Maschinen ab.

Probleme an den Flanken

An den Flanken machten die Deutschen wegen des Mangels an Panzern nicht so viele Fortschritte, wie ihre Landsleute daheim vielleicht glaubten. Im Norden waren die baltischen Staaten kein gutes Gelände für Tanks und die sowjetische Verteidigung stärker als erwartet. General F. I. Kusnetsow setzte die Panzertruppe seiner 8. Armee zu einigen großen, aber ineffektiven Schlägen ein. Leeb stritt sich mit seinem Panzerkommandeur Hoeppner über das Stoßziel ihrer Heeresgruppe: Sollte es Estland sein (um mit den Kräften der sowjetischen Nordfront unter General Popow aufzuräumen) oder Leningrad? Als aristokratischer preußischer General alten Schlags ärgerte sich Leeb nicht nur über die dauernden Einmischungen Hitlers, sondern misstraute auch den Tanks. Schon Ende Juni hatte sein Stoß an Schwung verloren. In diesem stark bewaldeten Land konnten einige sowjetische Tanks sie an einer engen, kurvenreichen Straße aufhalten. Trotzdem nahm die 2. Panzerdivision Ostrow ein und durchbrach so die Linie am Fluss Welikaja und die Stalin-Linie. Der Weg nach Leningrad war offen, und Ende August waren alle Verbindungslinien zwischen der Stadt und dem Rest der Sowjetunion gekappt.

Im Süden waren die ukrainischen Ebenen ideales Panzergelände, doch zunächst mussten stark bewaldete Gebiete entlang der Grenze im Angesicht der stärksten sowjetischen Heeresgruppe, der

OBEN: Nie zimperlich, was Opfer betraf, benutzte das russische Kommando den Aufbau von Tanks als Transportmittel für Infanterie an die Front. Die Soldaten sprangen ab, wenn sie zur Bekämpfung einer feindlichen Stellung benötigt wurden. Der T-34 und die Soldaten tragen Wintertarnung (Südrussland, Ende 1941 oder Anfang 1942).

Südwestfront unter General Kirponos (1941 wahrscheinlich nach Schukow der beste RKKA-Kommandeur), durchquert werden. Kirponos hatte Stalins Forderung, „Provokationen" zu vermeiden, ignoriert und seine Front einige Tage vor dem deutschen Angriff mobilisiert. So hatte Rundstedts Heeresgruppe eine schwere Aufgabe vor sich. Kleist wurde hart bedrängt, und erst nach schweren Verlusten konnte er Kirponos' starken Tankangriff bei Korosten abwehren. An dieser Front erfolgte der sowjetische Rückzug geordnet, Kirponos zeigte im Gegensatz zu Pawlow Nerven aus Stahl. Es gab nur einen „kleinen" Kessel bei Uman, wo 100.000 Russen kapitulierten.

GUDERIAN ZIEHT SÜDWÄRTS

Erst als die 4. Panzerarmee unter Guderian schließlich am 23. August in einem mächtigen Stoß südwärts Richtung Gomel schwenkte, konnte Rundstedts Heeresgruppe schneller und erfolgreicher gegen zähen sowjetischen Widerstand vorrücken. Zwei Tage davor hatte Kleists Panzergruppe 1, unterstützt von Reichenaus 6. Armee, die Schlacht um Kiew begonnen. Die sowjetischen Kommandeure waren zu sehr im Westen beschäftigt, um zu merken, dass im Norden trotz Jeremenkos wilder Gegenangriffe die sowjetische Front unter Guderians heftigen Stößen zusammenbrach. Die gesamte Panzerkraft der Heeregruppen Mitte und Süd (drei Panzerkorps) wurden gegen die sowjetische Südwestfront konzentriert. Kirponos war nun alarmiert, da seine gesamte Front und die drittwichtigste Stadt im Land vom Westen, Südwesten und nun auch Norden her eingekreist wurden.

Kirponos bat telefonisch Stalin um Erlaubnis, raschest möglich über den Dnjepr und die Dnesna aus Kiew in den sicheren Osten abziehen zu dürfen. Er meinte, die Rote Armee könne es sich nicht leisten, eine ganze Front zu verlieren. Stalin ignorierte dies und kompensierte seine militärische Unfähigkeit durch Starrsinn angesichts des Unglücks. Er lehnte den Rückzug aus Kiew ab. Kirponos' Vorgesetzter, Marschall Budjonni, war vielleicht nicht der Klügste

OBEN: Bequemlichkeit der Mannschaft hatte für die sowjetischen Panzerkonstrukteure keine Priorität. Das Innere des T-34 war für den praktischen Gebrauch und die Massenfertigung entworfen. Der Turm und die Position des Kanoniers waren daher extrem eng. Für die Mannschaft gab es nur den allernötigsten Raum.

(ein russischer Witz behauptete, sein Schnurrbart sei größer als sein Gehirn), doch auch er sah das nahende Unheil. Als er Stalins gefährlichen Befehl zu kritisieren wagte, wurde er nach Moskau zurückgerufen und abgesetzt.

Am 12. Sptember 1941 verbanden sich Guderians und Kleists Panzer 241 km östlich von Kiew. Es war der größte Kessel der Operation Barbarossa. Darin waren die 5. und die 37. Armee gefangen. Kirponos blieb bei seinen Männern und wurde wie viele andere bei einem Ausbruchsversuch nach Osten getötet. Bis zum 16. September wurde Kiew in zerschmetterte Ruinen verwandelt. 600.000 Gefangene und 1000 Tanks gingen durch Stalins Starrsinn verloren.

EIN TEURER UMWEG

Nun konnten sich die Tanks ihrer ursprünglichen Aufgabe zuwenden: dem Marsch auf Moskau. Doch es war zu spät, und Hitlers „kleiner Umweg" über Kiew kostet ihn den Krieg. Guderians und Hoths Panzer (sowohl Männer wie auch Fahrzeuge) waren abgenutzt und standen nun angesichts des sich verschlechternden Wetters vor einer mörderischen Aufgabe.

Die Deutschen boten in der Operation *Taifun* 14 Panzer-, acht motorisierte und 49 Infanteriedivisionen zur Einnahme Moskaus auf. Sie begann am 2. Oktober mit den bisher gewohnten deutschen Erfolgen und einer dem Namen der Operation entsprechenden Geschwindigkeit. Der Plan war der gleiche wie bei Kiew. Hoeppners Tanks sollten die Stadt vom Norden her, Guderians Tanks vom Süden her einkreisen. Östlich von Moskau sollten sie sich verbinden. Timoschenkos Armeen wankten unter dem Ansturm und wurden gefangen. Die 2. Panzerarmee durchstieß die russische Verteidigung in Richtung Orel, die Panzergruppe 4 wandte sich nordwärts gegen Wiasma. Die sowjetische 3., 13. 43. und 50. Armee wurden bei Wiasma und Brjansk in neuen Kesseln gefangen. Diese (am 12. Oktober zerschlagenen) brachten 663.000 Gefangene und 1200 Tanks.

Trotz dieser schweren Verluste existierte die Rote Armee noch und konnte den vorrückenden Deutschen heftigen

Widerstand leisten. Die SS-Division *Das Reich* bezeichnete die Kämpfe vom 19./20. November als die schwersten der gesamten Operation Barbarossa. Zu dieser Zeit wurde der *Taifun* zum immer schwächeren Sturm, der bald auf einen asthmatischen Keucher reduziert wurde.

Die Deutschen merkten schließlich, dass es zu spät war, Russland zu riesig, seine Reserven zu groß (und Stalin zu gleichgültig gegen Verluste) waren, als dass es in einem einzigen Feldzug besiegt werden konnte. Der Blitzkrieg war gescheitert. Hinter ihren Linien fanden sich hunderte Partisanen (die im Zentrum fünf reguläre Divisionen banden), und an der Front trafen sie auf zwei sehr bedrohliche sowjetische Panzermodelle.

Der KV-1 und der KV-2 waren ungeheure Tanks, die durch pure Kraft und Größe beeindruckten. Der KV-1 war ein schwerer Panzer mit 43 Tonnen, fünf Mann, drei 7,62-mm-Maschinengewehren, einer 76,2-mm-Kanone und einer Höchstgeschwindigkeit von 42 km/h. Gegen seine 75 mm dicke Panzerung vorne und am Turm und 60 mm an den Seiten erwies sich die deutsche 37-mm-Panzerabwehrkanone als wirkungslos. Der KV-2 mit seiner 100-mm-Haubitzen-Kanone war mit 52 Tonnen noch eindrucksvoller. Doch er war zu schwer und unbeweglich und war nur mit zwei Maschinengewehren bestückt. So enttäuschte er. Ende 1941 wurde die Produktion eingestellt, obwohl so ein Gigant zum Entsetzen der Deutschen elfmal ohne jegliche Auswirkung getroffen werden konnte.

UNTEN: Die Bedeutung unterstützender Infanterie für den Schwung des Blitzkriegs. Panzergrenadiere in Halbkettenfahrzeugen konnten sich mit Stützpunkten befassen oder demoralisierte sowjetische Soladten gefangen nehmen, sodass die Panzer ungehindert zu ihren Zielen vorstoßen konnten.

DER KRIEGSGEWINNER

Am meisten beeindruckte die Deutschen der mittlere T-34-Panzer, der so gut war, dass Guderian ihn für die Wehrmacht in Massen fertigen lassen wollte. Er war der beste Allroundpanzer des Kriegs und der Stolz der begabten Konstrukteursabteilung der Roten Armee. Er besaß eine 76-mm-(ab 1943: 85-mm-)Kanone, zwei 7,62-mm-Maschinengewehre und eine 52-mm-Panzerung am Turm (vorne, hinten und an den Seiten 45 mm). Seine Höchstgeschwindigkeit betrug 56 km/h auf Straßen und 32 km/h querfeldein, wo er ausgezeichnete Leistungen zeigte. Seine Panzerung war zur Ablenkung von Treffern abgeschrägt, und er trug breite, starke Ketten, auf denen er weiches,

sumpfiges oder verschneites Gelände wesentlich leichter als die deutschen Panzer bewältigen konnte.

Diese Panzer sollten schließlich die Waage zu Gunsten der Sowjets neigen, doch im Augenblick kämpfte die UdSSR um ihr kurzfristiges Überleben. Während des Oktobers hatte der deutsche Vormarsch die Russen zum „Bolschoi Drap", der großen Flucht nach Osten, gezwungen. Doch im November beruhigten sich die Nerven der Militärs und der Zivilisten. Abgehärtete sibirische und fernöstliche Truppen wurden herbeigeschafft, und alle neu erzeugten Tanks wurden in Panzerbrigaden konzentriert, die im Hinterland aufgestellt wurden. Eine derartige Brigade, die 4. von Oberst Katukow, die hauptsächlich aus T-34 bestand, bereitete den Deutschen bei Mtsenk eine höchst unangenehme Überraschung. Die Russen hatten die Techniken der „tiefen" motorisierten Kriegsführung wieder entdeckt.

Stalin vertraute, was einen Angriff auf die Deutschen betraf, nur General Schukow. Timoschenko wurde als Kommandeur der Westfront ersetzt. Am 2. Dezember erreichten die Deutschen den Moskauer Vorort Tschimki. Weiter kamen sie nicht. Vier Tage darauf begann Schukow mit der 1. Stoßarmee und der 10. und 20. Armee den Gegenangriff auf die ausgelaugten Deutschen. Seine Westfront verfügte über nur 200 Tanks (allerdings alles T-34 und KVs). Als er mehr forderte, meinte Stalin: „Es gibt keine Panzer. Wir können Ihnen keine geben. Aber Sie bekommen Flugzeuge."

Schukow improvisierte: Den Russen mangelten Panzer, doch den Deutschen ging es ebenso, da ihre bei der Kälte unbeweglich oder nutzlos waren. Er benutzte schnelle Schitruppen und Kavallerie-Sturmangriffe, um auf die sich zurückziehenden Deutschen loszuschlagen. Die Panzertruppe musste wie Infanterie um ihr Leben kämpfen, Schulter an Schulter mit Generälen, Köchen und Versorgungstrupps. In acht Tagen zogen sich die Deutschen 80 km westwärts zurück. Am 13. Dezember konnte die 30. Armee Klin zurückerobern, während Belows Kavallerie Guderians Panzer niederritt. Die Deutschen verloren dabei 70 Tanks. Eingefrorene oder unbewegliche Panzer wurden auf dem Rückzug aufgegeben.

Hitler tobte. Er fürchtete (zu Recht), was Napoleon 1812 widerfahren war, würde nun auch seiner Armee zustoßen: Ein panischer Rückzug würde zur totalen Niederlage führen. Er befahl, nicht

OBEN: Wie seit Beginn des Kriegs kombinierten die Deutschen motorisierte Infanterie und Panzer zu einem wirksamen Panzerschlag. Auf dieser Straße rollten die Tanks als Schutz und Deckung vorneweg, während die Infanterie (auf Halbkettenfahrzeugen) den sowjetischen Widerstand an beiden Seiten wegfegte oder einen Angriff gegen jede größere Barriere unterstützte. Im Allgemeinen bevorzugten die Deutschen aber das Umgehen der Verteidigung.

OBEN: Als immer mehr Panzer von guter Qualität die Fabriken verließen, wurden die sowjetischen Crews erfahrener, selbstbewusster und immer schwerer zu besiegen. Bei diesem jungen Panzersoldaten handelt es sich um Leutnant W. Golowin, der in Anerkenung seiner Leistungen im Panzerkampf einen Orden erhielt.

ein Zoll Land dürfe kampflos aufgegeben werden. Guderian war über diese „mittelalterliche Denkweise" entsetzt und protestierte. Seine wertvollen Panzer müssten bewahrt werden. Hitler, der sich nun selbst zum Oberkommandierenden der Wehrmacht ernannte, feuerte Guderian und Rundstedt wegen nicht genehmigten Truppenrückzugs.

Schukows Gegenangriff kostete die Deutschen große Stücke eroberten Gebiets, 500.000 Mann (Tote, Verwundete oder Gefangene) und 1300 Panzer. Vor allem ging der Mythos der deutschen Unbesiegbarkeit in Brüche. Die Alliierten der UdSSR (Amerikaner und Briten) sahen, dass sie den Krieg fortsetzen konnte und es sich lohnte, sie mit Nachschub zu versorgen. Auch merkten die sowjetischen Völker und die in den besetzten Ländern Europas, dass man Hitler besiegen konnte.

Auf mehr praktischer Ebene war klar, dass die Initiative an der Ostfront auf die Rote Armee übergegangen war. Schukow wies Stalin darauf hin, dass man den Angriff am besten an einer Front weiterführe, denn die Deutschen waren immer noch zu stark und die Rote Armee zu schwach für eine allgemeine Front. Stalin hörte wie immer nicht zu und befahl trotz heftiger Proteste Schukows eine Generaloffensive, die zur Einnahme der Halbinsel Kerch und der Izyum-Ausbuchtung im Süden führte, doch die Offensive im Zentrum schwächte. Demjansk wurde nicht erobert, und der Generaloffensive ging bald der Dampf aus.

PATT

Im Februar 1942 wurde klar, dass sich die Offensive der Roten Armee totgelaufen hatte, aber auch die Deutschen nicht zu früh zuzuschlagen beabsichtigten. Der Kampf endete mit einem Patt. Hitler wollte nun die sowjetischen Verbindungslinien entlang der Wolga kappen und sich gleichzeitig der kaukasischen Ölquellen bemächtigen. Wieder konnte er sich nicht auf ein realistisches Ziel festlegen. Die Heeresgruppe Süd wurde in Feldmarschall Lists Heeresgruppe A mit Kleists Panzerarmee und die Heeresgruppe B (Feldmarschall Bock) gespalten. Sie sollten eine südliche Offensive, die Operation Blau anführen. List sollte in den Kaukasus marschieren und Bock Lists Offensive „abschirmen" und die wichtige Stadt Stalingrad einnehmen.

Ehe die Operation Blau begann, starteten die Sowjets, die die Initiative nicht kampflos aus der Hand geben wollten, eine Ablenkungsoffensive bei der Izyum-Ausbuchtung, die Charkow einnehmen sollte. Timoschenko, Kommandeur der Südwestfront, verlegte zwei Drittel seiner Panzer (600 KVs und T-34) in die Barwenkowo-Ausbuchtung. Er erkannte seinen Fehler, als er auf keinen Widerstand traf, und wollte rasch zurückgehen. Wieder verbot Stalin einen Rückzug. Erst dadurch wurde der Fehler zur Katastrophe.

Die 1. Panzerarmee (zwei Panzer- und eine motorisierte Division) stießen ostwärts, während die 14. Panzerdivision nach Norden gegen die Seite der Frontausbuchtung vorrückte. Am 22. Mai verbanden sie sich östlich des Donez, und wieder war ein Kessel entstanden. 29 Divisionen, 1200 Tanks und drei Armeen (6., 9. und 57.) gingen verloren, 250.000 Mann wurden gefangen oder getötet. Timoschenko verlor auch drei erfahrene Kommandeure: die Generäle Kostenko, Bobkin und Chariatow. Sie und ihre Truppen wären im kommenden Feldzug unschätzbar gewesen.

Timoschenkos gescheiterte Offensive brachte nur den Nutzen, dass sie Operation Blau um einige Wochen verzögerte. Diesmal aber führte Timoschenko einen erfolgreichen Rückzug durch, während Hitler sarkastisch vermerkte, dass Bocks langsames Vorrücken dem Feind das Entkommen über den Don und in Sicherheit erlaubte. Am 23. Juli wurde schließlich Rostow genommen, doch bis zu den Ölfeldern am Kaspischen Meer waren es 1125 km, und dazwischen lagen der Kaukasus und eingegrabene sowjetische Kräfte, die den Deutschen starken Widerstand leisteten. Im November erreichte Kleists erschöpfte Truppe den östlichsten Punkt ihrer Offensive, Ordsonikidse.

Bald wurde klar, dass die zweizinkige Offensive die Kräfte der geschwächten Wehrmacht überstieg. Die Panzer waren seit Beginn von *Barbarossa* ein Jahr zuvor im Einsatz und abgenutzt. Seit damals hatten die Männer keine wirkliche Erholung, und die Maschinen waren nicht richtig überholt worden. Ebenso Besorgnis erregend war auch der Mangel an Luftdeckung und Aufklärung, was die Offensive schwächte. Und Hitler verschärfte diese Probleme, indem er ständig seine Pioritäten wechselte.

Mitte Juli zog Hitler völlig unnötig Hoths Panzer von der Stalingrad-Offensive ab, um Lists Heeresgruppe A zu unterstützen. So war Stalingrad vor einem frühen Angriff sicher. Ohne Hoths Verlegung wäre es wohl an die Deutschen gefallen. Wegen der Verlegung von Guderians Panzerarmee südwärts durch Hitler hatte sich zuvor Moskau gerettet. Der „Führer" wiederholte seinen Fehler, und ehe Hoth zum Hauptangriff zurückkehren konnte, war es zu spät.

Während Hoth weg war, rückte die 6. Armee langsam und bedächtig gegen Stalingrad vor. Die Armee hatte ihren dynamischen, rücksichtslosen Kommandeur, General Reichenau, der an einem Herzanfall gestorben war, verloren. Er wurde durch seinen Stabschef General Friedrich von Paulus ersetzt. Dieser war ein pedantischer Bürohengst, anders als sein Vorgänger ziemlich ungeeignet als Kommandeur in einem Kampf auf Biegen und Brechen. Seine Ernennung erwies sich als äußerst unglücklich.

UNTEN: Die Straßen in Russland waren oft in so schlechtem Zustand, dass man in Flussbetten schneller voran kam. Diese Bedingungen setzten den Panzern wie dem PzKpfw III weit mehr zu als den sowjetischen Verteidigern. Und der Erfolg des T-34 und KV-1 zeigte den Deutschen, dass sie neue Panzer brauchten, doch Hitler weigerte sich noch, die deutsche Wirtschaft in eine Kriegswirtschaft umzuwandeln. Ersatz war also nicht leicht verfügbar.

UNTEN: Je tiefer die Panzerkolonnen in die weiten, offenen Räume der Steppen Südrusslands eintauchten, desto klarer wurde, dass Russland kein gewöhnlicher Gegner und Deutschland immer weiter vom Endsieg entfernt war. Die Panzer hatten nicht gesiegt. Neue Modelle wurden nötig, um den sowjetischen Tanks standzuhalten. Inzwischen half man sich mit Notbehelfen. Die PzKpfw III und IV wurden stärker bestückt und gepanzert.

Auf russischer Seite traf das Gegenteil zu. Timoschenko und seine Clique von Kavallerieoffizieren verloren das Kommando, doch erst als noch mehr Truppen im nutzlosen Versuch, den Brückenkopf Kalatsch (westlich von Stalingrad) zu halten, verloren gingen. Schukow ersetzte Timoschenko und schuf am 12. Juli die Stalingradfront. Um jeden deutschen Stoß gegen Woronesch zu blockieren, ernannte Schukow seinen Verbündeten und Schützling General Watutin zum Kommandeur der Woroneschfront. Die 62. und 64. Armee sowie die 1. und 4. Panzerarmee (240 Tanks) sollten Stalingrad verteidigen. Wie ein halbes Jahr zuvor in Moskau wurde sogar der Roten Armee die Zeit knapp, um Reserven heranzuschaffen. Aus dem Westen näherte sich General Wietersheims 14. Panzerkorps Stalingrad, aus dem Süden kam Hoths 4. Panzerarmee. Am 23. August erreichte die 6. Armee schließlich die Wolga. Für die Einnahme der Stadt war die Jahreszeit schon sehr weit fortgeschritten.

DIE SCHLACHT UM STALINGRAD

Nun erwies sich Hitlers Kommando als großer Vorteil für die Rote Armee. Er wollte mit seinen immer dürftigeren Ressourcen an Panzern und Flugzeugen Stalingrad in einem Frontalangriff nehmen. Der Angriff auf Warschau (und Madrid im Spanischen Bürgerkrieg) hatte klar gezeigt, dass Städte nicht der richtige Kampfplatz für Panzer waren. Stalingrad war darin keine Ausnahme. Während General Tschuikows kleine 62. Armee Stalingrads 3,2 mal 29 km großes Stadtgebiet Straße für Straße verteidigte, nutzte Schukow Hitlers engstirnige Besessenheit von der Stadt, um wie bei Moskau eine Gegenoffensive vorzubereiten. Sein Plan war so einfach, dass man kaum versteht, wie die Deutschen durch ihn besiegt wurden. Er unternahm kleine Ablenkungsangriffe gegen die Heeresgruppe Mitte, damit keine Verstärkung Paulus erreichte, während er an den deutschen Flanken sowjetische Kräfte sammelte.

Inzwischen spielte Hitler Schukow in die Hände, indem er seine Aufmerksamkeit auf Stalingrad konzentrierte und die immer schwächeren Flanken (gehalten von Deutschlands verärgerten Verbündeten) vergaß. Die Deutschen hatten den Angriff am 15. September begonnen. Eine Woche später hatten sie das Stadtzentrum erreicht, und Ende des Monats war der nördliche Fabrikbezirk in ihrer

Hand. Die 16. Panzerdivision stand an der Spitze dieses nördlichen Stoßes. Der Brennpunkt des Angriffs verlagerte sich südwärts, wo die 14. und 24. Panzerdivision mit Unterstützung der 29. MID attackierten. Tanks und Fahrzeuge wurden schlecht eingesetzt. Besser wäre Sturminfanterie und Artillerie gewesen, doch der alliierte Sieg bei El Alamein zog dringend nötige deutsche Verstärkung in die afrikanische Wüste ab. Das Kriegsgeschick war nun gegen die Deutschen.

Die Sowjets konnten Brückenköpfe entlang des Don errichten. Am 19. November stieß Rokossowski südwärts. Zu Beginn leistete die rumänische 3. Armee heftigen Widerstand. Doch dann gaben die demoralisierten, unterlegenen und schlecht ausgerüsteten Rumänen auf und zogen sich südwärts zurück, bedrängt von 200 T-34 der 5. Panzerarmee Romanenkos. Ein einzelner deutscher Panzerverband mit 20 unzuverlässigen alten Tanks konnte nur schwachen Widerstand leisten. Jeremenko verfügte für den Angriff über die Jergeni-Hügel im Süden über die 51. und 57. Armee, doch hatte er als Panzerunterstützung nur das 13. Motorisierte Korps. Am 23. November verbanden sich die beiden sowjetischen Gruppen. Die 6. Armee und die 4. Panzerarmee waren mit 20 deutschen und zwei rumänischen Divisionen in einem riesigen Kessel um Stalingrad gefangen.

NIEDERLAGE AN DER WOLGA

Hitler übertrug Manstein die Heeresgruppe Don, um Stalingrad zurückzuerobern und eine kontinuierliche Front herzustellen. Der versprach Paulus zu entsetzen und näherte sich den eingeschlossenen Deutschen bis auf 48 km. Doch Paulus sollte an der Stelle bleiben und Görings Luftwaffe die nötige Versorgung liefern. Das schaffte diese nicht, und nach Mansteins Rückzug wurde die Lage unerträglich. Unglaublicherweise hielten die Deutschen trotz Entbehrungen und dauerndem Luft- und Bodenbombardement bis zum 31. Januar 1943 durch. An diesem Tag kapitulierte Paulus (von Hitler inzwischen zum Feldmarschall ernannt). Die Deutschen verloren 250.000 wertvolle Mann und Panzerversorgung für sechs Monate. Der Krieg stand schlecht für sie, und sie evakuierten so schnell wie möglich den Kaukasus und Kuban. Nur Mansteins brillanter Gegenangriff auf Charkow bewahrte die südliche Front vor einem totalen Desaster.

UNTEN: Bei Stalingrad gab es die Hammerschläge, die den Wendepunkt des Kriegs im Osten bedeuteten. Die Deutschen waren immer noch stark, doch die Rote Armee hatte nun die Ausrüstung und Fähigkeit, einen gleichwertigen Kampf zu liefern. Deutschlands Kämpfe wurden defensiv. Eine neue Panzerbauweise sollte diese Haltung widerspiegeln.

KAPITEL FÜNF

KRIEG IN DER WÜSTE

Als Rommel in der nordafrikanischen Wüste eintraf, erlebte die Welt einen der großen Panzergeneräle am Werk.

Mussolinis Kriegserklärung im Juni 1940 brachte die Briten in eine unangenehme Lage. Ihre Gebiete in Ägypten konnten nun von der italienischen Kolonie der Cyrenaika (einem Teil des heutigen Libyen) aus angegriffen werden. Die Italiener hatten in Tripolitanien (dem italienischen Libyen) insgesamt 250.000 Mann. Bei einer Invasion schien ein leichter Sieg der Italiener sicher, da die britischen Kräfte in Ägypten, die Western Desert Force (WDF), nur 10.000 Mann umfasste und ihre Ausrüstung nicht auf dem letzten Stand war.

Die Italiener aber waren nicht nur schwach an Tanks (und allen Arten motorisierter Ausrüstung), es waren auch die modernen Taktiken der Panzerführung in der libyschen Armee unbekannt. Im Juni schlugen die Briten die Italiener in einem Scharmützel an der Grenze zwischen der Cyrenaika und Ägypten und sahen erstaunt, dass der

LINKS: Der Wüstenfuchs General (später Feldmarschall) Erwin Rommel in typischer dynamischer Haltung. Er zeigt während seines Siegs über die Briten bei Derna im Februar 1942 auf ein entferntes Ziel. Der italienische Offizier rechts spiegelt die untergeordnete Rolle, die die Deutschen seinem Land innerhalb der Achse einräumten. Die italienischen Panzer erwiesen sich im Feldzug als schwach. Immer mehr mussten die Deutschen mit ihrer Panzerwaffe erfolgreich einspringen.

OBEN: Der schwach gepanzerte italienische Ansaldo erwies sich als ungeeignet für moderne Panzerkriegsführung. Er wurde daher anderweitig eingesetzt. Hier wird er als Flammenwerfer gegen britische Linien benutzt. Seine Panzerung war so dünn, dass normale Gewehrkugeln sie durchdringen konnten.

Ansaldo-Tank (der schon in Spanien deklassiert worden war) mit Maschinengewehrfeuer zerschossen werden konnte. Trotz dieses Fehlschlags drängte Mussolini den neu ernannten Kommandeur der italienischen Armee, Marschall Rudolfo Graziani, zu einem Angriff auf Ägypten. So rückte die 10. Armee General Bertis Anfang September langsam und zögerlich gegen Sidi Barrani vor.

Die WDF war gut mit Tanks und motorisierter Ausrüstung ausgestattet. Ihr Hauptpanzer war der A-9-Cruiser, entworfen 1934 und als billiger Kampfpanzer mit mehr Betonung von Schnelligkeit und Bewaffnung als von Panzerung produziert. Er trug eine 40-mm-Kanone, drei Maschinengewehre und wog 12 Tonnen, hatte aber nur eine 12-mm-Panzerung. Damit konnte er allen italienischen Tanks standhalten, gefährlich war aber italienisches Artilleriefeuer. Die Briten verfügten über 200 leichte Tanks, 75 mittlere (A 9, A 10, A 13) Cruiser und 45 Matildas, die „Königin der Wüstenschlachtfelder". Die Italiener hatten nur 60 mittlere M 11/M 13 und 270 nutzlose Ansaldos. Auch hatten die Briten 1936 in Mersa Metruh die 7. Panzerdivision aufgebaut und durch das Panzergenie Major General Percy Hobart bestens ausgebildet. Sie stand nun unter dem Kommando des energischen und einfallsreichen Generals Richard O'Connor.

O'CONNOR ERGREIFT DIE INITIATIVE

O'Connor, der Kommandeur der WDF, war wegen des langsamen Vormarsches der Italiener und ihrer Schwäche an Panzern entschlossen, die erste Gelegenheit zum Angriff zu nutzen. Das geschah auf Rat seines Vorgesetzten, General Archibald Wavells (Oberbefehlshaber Naher Osten), am 6. Dezember, als das 7. Royal Tank Regiment mit Matildas den Angriff der 4. Indischen Division anführte. Die Matildas und die Artillerie waren gut koordiniert. Die Italiener erkannten bestürzt, dass ihre schwächlichen Panzerabwehrkanonen die 88-mm-Panzerung der Matildas nicht einmal zerkratzen konnte. Doch die italienischen Artilleriemannschaften waren entschlossen, lieber zu feuern und zu sterben als aufzugeben, und widerlegten so den Mythos der italienischen „Feigheit".

Sidi-Omar, Bardia und Tobruk (mit 25.000 Mann) fielen an die vorrückenden Briten, die bis Mitte Januar 1941 etwa 210.000 Gefangene machten. Graziani verfügte nur noch über 40.000 Mann (etwa so viele wie die 36.000 der WDF), und die einzige Einheit, die den Vormarsch der Briten stoppen konnte, war die Babini-Panzerbrigade. Sie verfügte über 120 M-13-Tanks (aus Italien war Verstärkung gekommen), und diese Maschine war mindestens so gut wie die Cruiser. Ihre 47-mm-Kanone konnte die meisten britischen Panzerungen durchschlagen, und ihre eigene 30-mm-Panzerung widerstand 40-mm-Geschossen auf eine Distanz von 457 m. Ihr Hauptnachteil war der schwache Motor, der bei 150 PS nur eine Querfeldein-Geschwindigkeit von 16 km/h erlaubte, die Hälfte der der britischen Tanks. Der schnellste britische Panzer, der A 13, hatte einen 340-PS-Motor, wog 15 Tonnen, besaß eine Panzerung von 30 mm und war mit einer 40-mm-Kanone und einem Maschinengewehr bewaffnet. Er deklassierte in den Schlachten um Mechili und Beda Fomm den M 13.

Nach sechs Wochen Kampfes waren die britischen Panzercrews erschöpft und brauchten Erholung, und ihre Tanks mussten überholt und repariert werden. Der feine Wüstensand war für die Motoren, Benzintanks und Instrumente verheerend. Doch die Italiener hatten dazugelernt und gönnten ihrem allzu zuversichtlichen Gegner keine Pause. In der zweiten Phase des Feldzugs zeigten sie in der Schlacht von Beda Fomm ihre beste Kampfesleistung in diesem Feldzug. Am Morgen des 24. Januar 1941 vertrieb ein massierter Angriff von M 13 die 7. Hussars (mit leichten Tanks und Rolls-Royce-Panzerwagen) und schaltete die Cruiser aus, die den Hussars zu Hilfe kamen. Die Briten waren erstaunt, dass ihr Gegner, den sie wegen seines unorganisierten und matten Widerstands etwas verachteten, einen massierten Panzerangriff durchführen konnte. Sie sandten ihr 2. Royal Tank Regiment, um die Hussars zu unterstützten und die M 13 zu pulverisieren. Doch die Italiener kämpften mit gewissem Mut, seit sie ihre Angst vor den Tanks abgelegt hatten, und ihre traditionelle Bravour kehrte zurück. Sie mussten am 29. Januar Derna aufgeben, hielten aber ihren Widerstand auf dem Weg zurück zur Grenze zu Tripolitanien aufrecht. Ihre Kampfesleistung, besonders die der disziplinierten und tapferen Kanoniere und ihrer Tanks, verdienten in der Schlacht von Beda Fomm allen Respekt.

Die Erfolglosigkeit der Italiener in Nordafrika und Griechenland machte seinem Verbündeten große Sorgen. Im Dezember schuf Hitler aus der 15. Panzerdivision und der 5. Leichten Division (LD) das Deutsche Afrika-Korps (DAK), ausgerüstet mit PzKpfw III und IV mit 88-mm-Kanonen. Es sollte eine kleine, doch gut integrierte Streitmacht sein. Die 5. LD besaß trotz ihres Namens 70 leichte Tanks und 80 PzKpfw III und IV. Hitler hielt Ausschau nach einem geeigneten Kommandeur und fand den richtigen in der Gestalt seines bevorzugten Panzergenerals, des 49-jährigen Erwin Rommel, der die 7. Panzerdivision in Frankreich so erfolgreich befehligt hatte. Seine Ankunft in Tripolis Mitte Februar fiel mit dem italienischen Rückzug aus der Kyrenaika zusammen. Ein neues Kapitel des Wüstenkriegs sollte nun beginnen. Am 11. März landete die 5. LD mit ihren Männern und Fahrzeugen im Hafen von Tripolis.

UNTEN: Britische Panzercrew beim Säubern und Reparieren der Panzerketten. Dies war lästig und zeitaufwendig, musste aber regelmäßig durchgeführt werden, ansonsten lähmten Staub und Sand den Tank. Für die Wüste waren Modifikationen nötig: größere Kühler, Luftfilter, Extrabenzin und Wasserbehälter.

O'Connor hielt sich zu dieser Zeit in Kairo auf, und die 7. Panzerdivision wurde nach dem harten Feldzug am Nildelta überholt. So stand nur eine improvisierte, aus der 2. Panzerdivision gebildete Truppe an der Front, um Rommel in Schach zu halten. Dieser war nicht der Mann, die Gelegenheit zu einem unerwarteten Schlag zu versäumen. Wavell und O'Connor dachten, Rommel würde erst warten, bis seine ganze Streitmacht versammelt wäre. Keine Spur davon. Am 31. März griff Rommel mit 50 Panzern und den zerrütteten italienischen Divisionen „Ariete" und „Brescia" an.

Bis zum 2. April war die 2. Panzerdivision 145 km ostwärts zurückgegangen. Rommel hielt dabei den Gegner durch ständige Angriffe in Atem. Einen Tag darauf fiel Benghasi an seine vorstoßenden Truppen. Am 6. April nahm eine deutsche Motorradpatrouille General O'Connor und Lieutenant General Neame gefangen. Die WDF und das 13. Korps verloren ihre Kommandeure. Was O'Connor betraf, so war dies für die britische Moral ein schwerer Schlag. Sein Schwung und seine Leitung wurden in den folgenden eineinhalb Jahren des Feldzugs schmerzlich vermisst. Innerhalb von zwei Wochen versorgte sich Rommel aus britischen Depots mit dem nötigen Wasser und Benzin, dann vertrieb er die Briten aus der Kyrenaika. Die bei Tobruk eingegrabenen Australier lenkten Rommels Aufmerksamkeit ab, während Wavell alles für einen Gegenangriff vorbereitete.

Die Operation „Brevity" (14.–27. Mai 1941) hatte zwei Ziele: Tobruk zu entsetzen und Rommel über die libysche Grenze zu drängen. Die Offensive begann mit einem Angriff des 4. Royal Tank Regiments (RTR) und der 22. Guards Brigade gegen den Halfaya-Pass. Er kam völlig überraschend. Die italienischen Kanoniere retteten tollkühn die Lage und schalteten sieben Matildas aus. Als das 4. RTR Fort Capuzzo erreichte, waren

UNTEN: Die Ereignisse in der Wüste 1941. Zuerst rückte das Afrika-Korps vor, bis es Mitte April den Halfaya-Pass erreichte. Nach der Operation Battleaxe (Streitaxt) im Juni drängten die Briten in der Operation Crusader (Kreuzfahrer) die Achsenmächte im November zurück, bis im Januar 1942 El Agheila erreicht war. Taktik und Bewegung waren südlich durch die Sahara begrenzt. Nur die Küstenlinie besaß eine Straße, weshalb viele Kämpfe an denselben Stützpunkten oder natürlichen Örtlichkeiten stattfanden.

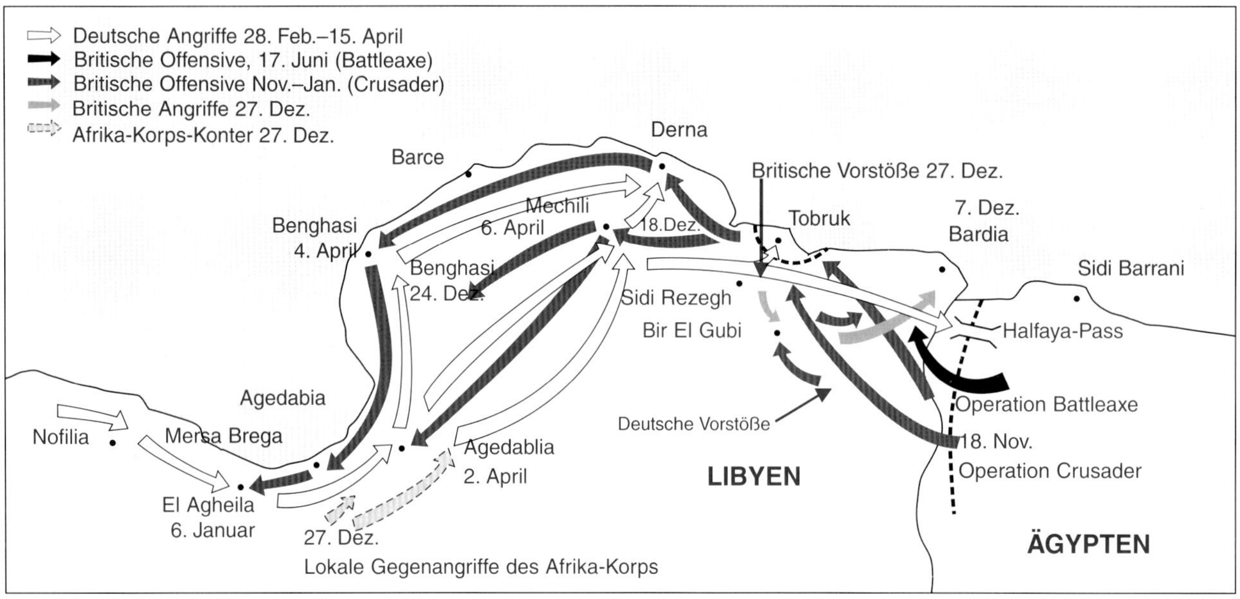

RECHTS: Rommels Offensive vom Januar 1942 führte das Afrika-Korps zur Gazala-Linie außerhalb Tobruks. Bei einem neuen Angriff im Mai wurden die Briten zur El-Alamein-Linie zurückgedrängt, wo sie Rommel dank dessen Mangels an Nachschub aufhalten konnten.

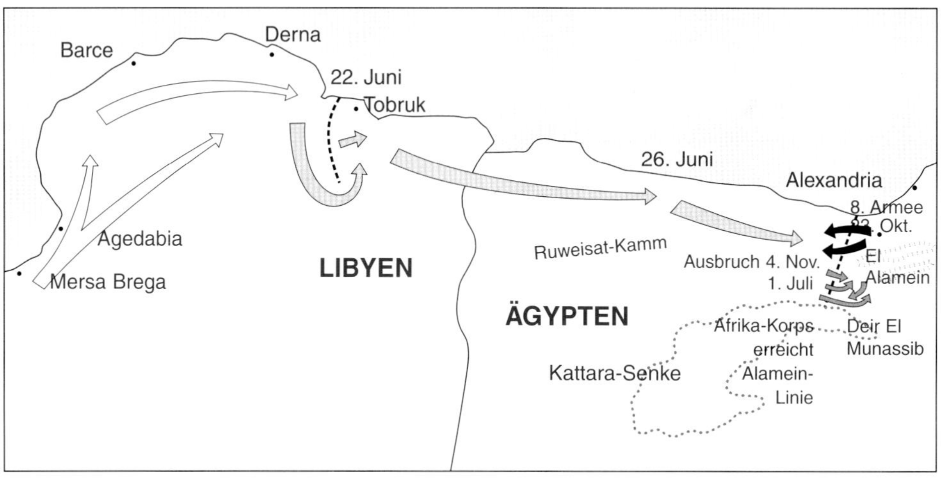

OBEN: Die italienischen Tanks waren eine schwere Enttäuschung: dünn gepanzert, schwach bewaffnet und langsam. 1940 und 1941 erbeuteten die Alliierten so viele M 11/39 und M 13/40, dass sie zum Auffüllen eines Mangels an alliierten Tanks eingesetzt wurden. Sie waren aber so schwach, dass sie bald ersetzt wurden.

die Deutschen bereit und empfingen die Angreifer mit einem Geschosshagel. General Straffer Gott versuchte durchzukommen, doch das 4. RTR wurde von den Achsenmächsten nach Sollum zurückgedrängt (das sie bis 27. Mai hielten). Die Offensive wurde abgebrochen.

PANZER VOM „TIGER"

Am 12. Mai traf der „Tiger"-Konvoi in Alexandria ein. Seine Tanks gaben Wavell die Stärke für eine weitere Offensive gegen Rommel. Neben 21 leichten Tanks und 135 Matildas enthielt der Konvoi eine Lieferung von 82 Mk-VI-Crusader-Tanks. Der Crusader war 42 km/h schnell, hatte eine 40-mm-Kanone, zwei 7,92-mm-Maschinengewehre, eine Frontpanzerung von 40 mm und fünf Mann Besatzung. Er wog 19 Tonnen. Doch war er unterbewaffnet und eine unzuverlässige Maschine. Vor allem seine Wassertanks, lebenswichtig für den Wüstenkampf, waren Besorgnis erregend. Das 6. RTR erhielt die Crusader, das 4. die Matildas.

Wavell hatte einen weiteren Plan, die Operation Battleaxe (Streitaxt), im Ärmel. Battleaxe sollte Rommel vernichten und den Wüstenkrieg durch den Entsatz von Tobruk beenden. Die dortige Garnison sollte sich mit der 4. und 7. Panzerdivision verbinden und Rommel aus der Cyrenaika vertreiben. Rommel besaß nur 200 Panzer (gegen 300 britische), doch hatte er auch eine große Zahl eingegrabener „88er", die das 4. RTR in Stücke schossen, als es in der Dämmerung des 15. Juni in Richtung Halfaya angriff. Bis Mittag hatte die 4. nur noch einen Tank. Die Crusader schnitten im Kampf gegen die Panzer nicht gut ab: 17 wurden abgeschossen oder fielen aus. Das Modell fing sehr leicht Feuer. Am nächsten Tag erwischte Rommel die Briten erneut. Er sandte die 15. Panzerdivision gegen Capuzzo und die 5. LD um die britische Flanke herum. In der Nacht vom 16. Juni stoppte Brigadier Alec Gatehouse (4. Panzerbrigade) zeitweilig seine Panzer mit seinen starken Matildas. Doch die 88er konnten die Panzerung der Matilda auf 1828 m durchschlagen, und die Pak 38 hatte eine Reichweite von 914 m.

Churchill berief Wavell ab und ersetzte ihn als Oberbefehlshaber Naher Osten durch General Claude Auchinleck. Um diesem eine möglichst gute Ausgangsposition zu schaffen, sorgte Churchill dafür, dass er drei motorisierte Divisionen und 10 Panzerregimenter erhielt. Auchinleck verfügte über zwei neue Tankmodelle: eine verbesserte Version des A-10-Cruiser, genannt Valentine – der aber noch eine unzureichende Zwei-Pfünder-Kanone besaß –, und den von den USA produzierten leichten Stuart-Tank, den die Briten „Honey" (Liebling) nannten. Er

RECHTS: Rommels Offensive im März 1942 durchquerte klassisches Wüstengebiet wie hier in Libyen. Leer, staubig und unwirtlich erinnerte es an die russischen Steppen. Es war ein für Rommels Art der Panzerkriegsführung ideal geeignetes Gelände.

hatte eine 37-mm-Kanone (mit größerer Durchschlagskraft als der britische Zweipfünder) und 58 km/h Höchstgeschwindigkeit.

Rommel dagegen war relativ knapp an Ausrüstung: Er hatte nur 35 88er. Die zähe 5. LD wurde in 21. Panzerdivision umbenannt.

Wegen seiner Überzahl an Tanks war Auchinleck entschlossen, in der Operation Crusader die Offensive fortzusetzen. Sie ähnelte den Plänen seines Vorgängers: das DAK zerstören und Libyen bis zu Tripolitanien zu erobern. Dies sollte nun die 8. Armee, die umbenannte WDF, und ihr neuer Kommandeur, Lieutenant General Sir Alan Cunningham, leisten. Während das 13. Korps die DAK an der Front festnagelte, sollte das 30. Korps nach Tobruk ziehen, wo die Garnison sich der Offensive gegen Tripolis anschließen würde. Cunningham hatte dafür drei Panzerbrigaden zur Verfügung: die 7. (129 Tanks), 4. (166) und 22. (158). Es bestand also eine vierfache Überlegenheit.

Die Offensive begann am 18. November mit einem Angriff der 4. Indischen Division an der Front, während die 7. Panzerdivision um die Südflanke der deutschen Linien schwenkte. Die 22. Panzerbrigade traf auf die Ariete-Brigade und verlor unter dem präzisen Feuer der gut eingegrabenen Panzerabwehrkanonen der Italiener 40 Tanks. Am 20. November besetzte die 7. Panzerbrigade den Flugplatz von Sidi Rezegh. Dieser lag auf dem Plateau oberhalb Tobruks, das die Zugänge zur Stadt bewachte. Die Deutschen blockierten jedoch die Straße nach Tobruk mit ihren 88ern und Paks, während die Panzergruppe Stefan (100 Tanks) die 4. Panzerbrigade entlang des Trigh Capuzzo zum Stehen brachte.

Erst am 22. November erkannte Rommel, dass dies ein britischer Angriff aufs Ganze war. Er gab seinen Angriff auf Tobruk auf und trieb bei Sidi Rezegh einen Panzerkeil zwischen das 13. und 30. Korps. Südlich des Flugfelds bekam die unglückliche 7. Panzerbrigade den

RECHTS: Der italienische Anteil an den späteren Phasen des Wüstenkriegs wurde oft übersehen, obwohl sie den Hauptteil der Kräfte Rommels ausmachten. Sie genossen nie dasselbe Ansehen wie das Afrika-Korps. Hier deckt eine italienische Panzereinheit von M 13/40 den Rückzug ihrer Infanterie zu neuen Verteidigungsstellungen.

vollen Stoß der geballten Panzerkraft des DAK zu spüren. Sie wurde aber durch die Tapferkeit ihrer Kanoniere gerettet, die äußerst kühn (wie ihre italienischen Kollegen) bei ihren Geschützen aushielten. Drei VCs (Victoria-Kreuze) wurden posthum an Artilleristen verliehen. Am Nachmittag des 21. November besaß die 7. Panzerbrigade bloß noch 40 Tanks, doch wurde sie von einem inspirierten Kommandeur, Brigadier Jock Campbell, geführt, der sie wie ein Kavallerieoffizier von der Spitze her in einem kleinen Stabswagen leitete. Auch er wurde für seine verwegene Tapferkeit und beispielhafte Führung (darunter die des 2. RTR mit nur 12 Tanks) mit einem wohlverdienten VC ausgezeichnet

AUSBRUCH AUS TOBRUK

Inzwischen war die 70. Division aus dem Ring um Tobruk ausgebrochen und zog gegen El Duda, während das 13. Korps am 23. November das vorgerückte Hauptquartier des DAK einnahm. Dies war für die Briten eine süße Rache für die Gefangennahme O'Connors früher im selben Jahr. Doch änderte es nichts daran, dass die Briten eine weitere Niederlage durch ihren Erzfeind Rommel, erlitten hatten. Dieser wurde von nun an „Wüstenfuchs" genannt. Man schrieb ihm eine fast mythische Führungskraft zu. Wie er zu einem mürrischen britischen Gefangenen sagte: „Was kümmert es mich, ob ihr zwei Panzer habt und ich einen, wenn ihr sie ausschickt und ich sie in Stücke schlage. Ihr habt mir drei Brigaden hintereinander geschenkt." Das war richtig. Die Briten schickten unerfahrene Crews in unerprobten und nicht ausgereiften Tanks schichtweise in die Wüste. Ihr Unvermögen, ihre Panzerkraft zu konzentrieren, trug die Hauptschuld an ihren Niederlagen gegen Rommel.

Die britische Flucht zurück in Sicherheit, bekannt als das „November Handicap", wurde von den Südafrikanern gedeckt, die dabei 3000 Mann und eine Menge Ausrüstung verloren. Rommel stoppte seinen Sturm auf die Grenze am 25. November, und die Briten konnten sich erholen. 50 Tanks konnten vom Schlachtfeld geborgen werden, und die 4. Panzerbrigade erhielt 36 neue Panzer. Obwohl er Rommel aufgehalten hatte,

UNTEN: Der Preis von Unordnung und einem schwachen Panzerbau: ein ausgeschalteter britischer A-10 Cruiser, ein Opfer des letzten britischen Ausbruchsversuchs aus dem belagerten Tobruk. Eine Reihe britischer Modelle wurden in der Wüste eingesetzt, doch keines war so gut wie die deutschen Panzer, die sie bekämpfen mussten. Die Lage besserte sich erst 1942, als amerikanische Tanks eintrafen.

OBEN: Eine Art, den Schutz der britischen Tanks zu erhöhen, war, sie einzugraben, doch dies brachte den Nachteil, dass sie unbeweglich und durch Artillerie verletzbar wurden. Die Bedingungen im Inneren des Tanks konnten bei der großen Hitze nicht angenehm sein. Hier sieht man einen veralteten mittleren Mk II. Diese standen wegen des drückenden Mangels an Panzerfahrzeugen bei den Alliierten an vorderster Front.

feuerte Auchinleck Cunnigham und ersetzte ihn durch General Neil Ritchie. Mit der 7. Panzerbrigade hinter sich musste sich Rommel zurückziehen.

Wieder erhielt Auchinleck Verstärkung, für deutsche Verhältnisse im Übermaß: eine ganze Panzerdivision (die 1.) als Ersatz für die abgenutzten Maschinen und Männer der 7. Im Januar 1942 erhielt Rommel 55 Panzer: 19 PzKw III J mit einer langrohrigen 50-mm-Kanone, was 50 Prozent mehr Durchschlagskraft brachte. Auchinleck erwartete wie Wavell, Rommel würde vor einem Angriff erst seine Stärke wiederherstellen. Er hatte noch nicht erkannt, mit was für einem Mann er es zu tun hatte und wie hart Rommels Männer waren. Als Rommel am 21. Januar losschlug, traf der Angriff die Briten als äußerst unangenehme Überraschung. Die drei Panzerregimenter der 2. Brigade wurden von deutschen Panzern besiegt, und das große Versorgungsdepot in Benghasi (für Auchinlecks geplante Operation Acrobat) fiel in Rommels Hände. Bis zum 4. Februar hatte sich die 8. Armee 240 km von Msus nach Gazala zurückgezogen.

In einer Linie von Gazala bis direkt in die Wüste hatten die Briten eine Reihe befestigter Verteidigungsstellungen erbaut, die von einer Brigade gehalten wurden und von dicken Minengürteln und Stacheldraht umgeben waren, die so genannte „Gazala-Linie". Patrouillierende Panzereinheiten deckten die Lücken zwischen den Stellungen, und das Scharnier der Linie, Bir Hacheim, gehalten von General Koenigs 1. Freier Französischer Brigade, den zähen Veteranen der Fremdenlegion, war die letzte. Die 22. Gardebrigade sollte die mittlere Stellung, „Knightsbridge", halten.

BRITISCHER OPTIMISMUS

Die Briten hatten 700 Tanks gegenüber Rommels 560 Panzern. Der beste Tank der Briten war der von den USA gebaute Grant, der auf dem US-M3-(mittleren-) Lee-Tank beruhte. Er wog 29 Tonnen, hatte eine 29-mm-Panzerung vorn am Turm, trug im Turm eine 37-mm- und eine 75-mm-Kanone in einer seitlichen Geschützplattform und war für sein Gewicht ziemlich schnell. Die Briten meinten, nun endlich einen den deutsche Panzern adäquaten Tank zu haben. Rommels Fuhrpark war weniger eindrucksvoll. Er bestand vor allem aus veralteten M 13, es gab nur 240 PzKpfw II und 38 PzKpfw III. Nicht viel für einen Angriff auf die Gazala-Linie, obwohl die PzKpfw III besser als die Grants waren.

General Gotts 13. Korps hielt die Linie, während das 30. Korps (1. und 7. Panzerdivision) in Unterstützung von Koenigs Franzosen die südliche Flanke hielt. Am Morgen des 26. Mai sahen die Süd-

afrikaner am Horizont eine riesige Panzermasse südwärts gegen Bir Hacheim ziehen. Sogar für Rommel war dies gewagt. Am Morgen des 27. Mai fingen die Panzer den Stab der 7. Panzerbrigade, doch General Messervy entkam. Wegen der Schnelligkeit und Überraschung des Angriffs wurde die 4. Panzerbrigade stückweise erwischt. Einmal musste Rommel gegen einen eingegrabenen und vorbereiteten Feind hart um den Durchbruch kämpfen. Die „Kessel"-Stellung der 150. Brigade hielt sich gut, doch mehr noch waren die Deutschen über den fanatischen Widerstand der Franzosen bei Bir Hacheim schockiert. Rommel war von Koenigs Ausdauer während der vier Kampftage so beeindruckt, dass er meinte: „Noch kein Kampf in Afrika war härter als der in Bir Hacheim."

Als Ritchie am 2. Juni mit seinen Tanks einen Gegenangriff begann, war er zu langsam, offensichtlich und vorsichtig. Er wurde von gut verborgenen 88ern zurückgeschlagen, die die britischen Tanks zerschmetterten. Vier Tage später hatten die Briten nur noch 170 Maschinen. Am 9. Juni versuchten die Reste der 4. Panzerbrigade den Franzosen zu helfen. Sie wurden zurückgeschlagen. Die Legionäre mussten sich am 11. Juni zurückziehen. Auch „Knightsbridge" wurde evakuiert, als Rommel, der seinen Gegner in Auflösung sah, einen vollen Schlag losließ. Die Schlappe der Briten war perfekt, als am 20. Juni Tobruk an Rommel fiel. Ein Beobachter meinte, die britische Führung sei „Befehl, Gegenbefehl, Chaos".

Die 8. Armee war nun voll auf dem Rückzug, dem „Gazala-Galopp". Am 25. Juni querten die Deutschen die Grenze und nahmen am Abend Mersa Matruh ein. Der einzige Trost der Briten war, dass britische Tanks bei Bir el-Temir die italienische Elitedivision „Littorio" übel zurichteten. Die Briten fielen bis zur Alamein-Linie außerhalb Alexandrias zurück, ihrer letzten Verteidigungslinie, die wegen der Kattara-Senke nicht vom Süden her umgangen werden konnte. Rommel stand nur 80 km vor Alexandria, Kairo fürchtete den deutschen Vormarsch, Churchill war wütend, und Auchinleck feuerte Messervy und ersetzte ihn durch Major General Renton. Doch Rommels DAK war erschöpft und hatte nur noch wenige Panzer. Am 8. Juli unternahm er mit 50 Panzern und 2000 Mann einen schwachen Angriff auf die Linie. Churchill ersetzte nun Auchinleck durch General Alexander, und General Gott erhielt das Kommando der 8. Armee. Gott kam bei einem Flugzeugunfall ums Leben, und am 13. August ersetzte ihn General Bernard Law Montgomery. Ein neues, für die Briten erfolgreiches Kapitel in der langen Geschichte des Wüstenkriegs sollte beginnen.

OBEN: Beide Seiten hatten von arabischen Beduinen gelernt, wie man in dieser unwirtlichen, für den Unerfahrenen potenziell tödlichen Umwelt überlebt. Hier hat ein deutsches Panzerregiment (offenbar ausgerüstet mit PzKpfw I) sein Lager für die Nacht aufgeschlagen. Da musste man sich wegen der eiskalten Wüstenluft warm halten.

KAPITEL SECHS

AFRIKA UND ITALIEN

Vom ausgezeichneten „Panzergelände" der afrikanischen Wüste zog der Krieg aufs schwierigere italienische Festland weiter.

Nach der ersten Schlacht von Alamein gruppierten beide Seiten um und rüsteten sich neu aus. Obwohl Rommel durch Auchinlecks Gegenangriffe strategisch besiegt worden war, hatte er einen taktischen Sieg gefeiert, und die Lage der Versorgung und Wiederaufrüstung verbesserte sich im Juli und August rasch. Die erneuerte deutsche Luftoffensive gegen die von den Briten gehaltene Insel Malta, die der deutsch-italienischen Nachschubroute nach Nordafrika im Wege lag, bewirkte, dass die Konvois der Achse regelmäßiger durchkamen. Daher erhielt das Afrika-Korps eine große Zahl neuer Panzer, was das qualitative Gleichgewicht für die Deutschen wieder verbesserte. Die neue, besser bewaffnete Version des PzKpfw III und etliche neue langrohrige, mit 75-mm-Kanonen bewaffnete Versionen des PzKpfw IV konnten es mit dem von den Briten be-

LINKS: Wracks deutscher PzKpfw IV mit 75-mm-Kanone in Tunesien, nachdem sich das Geschick in der Wüste ein letztes Mal gewendet hatte. Rommel konnte den Verlust solch starker Tanks schlecht verkraften, da Montgomery überall, besonders an Tanks, überlegen war und Amerikaner und Briten in der Operation Torch (Fackel) in seinem Rücken landeten. Die Panzer auf dem Foto wurden offenbar von Artillerie oder Flugzeugen auf offenem Feld erwischt. Ab 1942 hatten die Alliierten die Lufthoheit über der Wüste, was Rommels Aufgabe noch erschwerte.

OBEN: Alliierte Ausrüstung, die es mit den deutschen aufnehmen kann. Eine britische Tankcrew mit ihrem in Amerika gebauten M3-Grant-Tank. Als diese Panzer erstmals im Mai 1942 bei Gazala eingesetzt wurden, schockierte ihre Kombination aus einer bis zu 50 mm starken Panzerung, ihrer 57-mm-Kanone im Turm und besonders der 75-mm-Kanone im Rumpf das Afrika-Korps beträchtlich.

nutzten, in Amerika gebauten Grant-Tanks aufnehmen. Rommel erhielt noch die 164. LD, einen frischen Verband, was die Verluste des Frühsommers halbwegs ausglich. Nicht so gut war sein Gesundheitszustand, als er einen neuen Vorstoß vorbereitete. Seine Magenprobleme wurden schlimmer, doch er wollte das Kommando nicht abgeben, ehe ein akzeptabler Ersatz zur Verfügung stand. Hitler weigerte sich, ihm Guderian zu schicken, der noch immer in Ungnade stand, und so blieb Rommel an seinem Platz, obwohl er das Krankenbett nur gelegentlich verlassen konnte. Es war ein geschwächter Feldmarschall, der den letzten Stoß der Achse in Richtung des Sueskanals führen sollte.

Ganz anders stand es um seinen neuen. energischen und schwungvollen Gegner, Lieutenant General Bernard Law Montgomery, der dem Kommando sofort seinen Stempel aufdrückte. Montgomery hatte im Frankreichfeldzug eine Division geführt und die folgenden beiden Jahre in England in immer verantwortungsvolleren Stellungen verbracht. Seine Kommandos zeichnete ein intensives Trainingssystem mit Betonung der körperlichen Fitness bei allen Rängen aus. Als ein schwächerer Oberst klagte, ein Lauf von 11,2 km würde ihn umbringen, antwortete der Abstinenzler, Nichtraucher und Schöngeist Montgomery ohne Mitgefühl, es werde weniger administrative Probleme geben, wenn er beim Training stürbe als auf dem Schlachtfeld. Montgomery trug seine strenge, kompromisslose Haltung in die entmutigte 8. Armee hinein und ging daran, seiner Truppe Siegeswillen einzuimpfen. Vom Augenblick seiner Ankunft an hatte er eine zutiefst anfeuernde Wirkung auf die zermürbte Armee. Ihm blieben nur zwei Wochen, sich mit seinem neuen Wüstenkommando vertraut zu machen, ehe Rommel wieder angriff.

ALAM HALFA

Rommel wusste, dass er rasch angreifen musste, ehe die gemeinsame Stärke der Briten und des Commonwealth überwältigend würde. Die Kampfkraft und Moral der Truppe blieben hoch, und er hatte noch mehr aufgerüstete PzKpfw IV erhalten. Rommel wurde auch von Hitler und Mussolini unter Druck gesetzt, den Marsch auf Kairo fortzusetzen. Trotzdem sorgte er sich um die Erfolgsaussichten der deutsch-italienischen Armee, denn er befand sich am Ende von stark überdehnten Nachschublinien und hatte sehr wenig Benzin. Auch war er ein schwer kranker Mann. Sein Arzt berichtete, dass er „den Kampf unter ständiger medizinischer Aufsicht befehligen kann,

... [doch es ist] wichtig, sofortigen Ersatz bereit zu halten", und er schloss, dass „er durch eine infizierte Nase und eine geschwollene Leber so krank war, daß er nicht aus seinem Wagen steigen konnte".

Montgomery genoss den Vorteil von Auchinlecks Einschätzung der Pläne Rommels, die den deutschen Zug genau vorhersah, ebenso wie Auchinlecks sehr guten Gegenplan. Er profitierte auch von der ULTRA-Aufklärung aus dekodierten deutschen Funksprüchen, die Rommels Pläne bestätigten. Trotz ähnlicher Vorteile in der Vergangenheit war es den Briten viele Male in der Wüste gelungen, dem Rachen des Sieges Niederlagen zu entreißen (nach den Worten Churchills). Bedenkt man seine Ankunft kurz zuvor und seine Unerfahrenheit auf diesem Schauplatz, so ist es das Verdienst Montgomerys, dass er bei Alam Halfa einen umfassenden Sieg errang, wenn er auch den Vorteil von mehr Tanks und kürzeren Nachschublinien als sein Gegner hatte.

STATISCHE VERTEIDIGUNG

Montgomery war nicht gewillt, eine mobile Schlacht zu kämpfen, worin Rommel überlegen war und Montgomery wenig Erfahrung hatte. Er verfügte über genug Truppen, um eine Verteidigungslinie in den Süden bis zum Alam-Halfa-Kamm zu halten. Entlang dieser ließ Montgomery die 8. Armee ihre Tanks hinter einem Antipanzerschirm eingraben. Er wollte nicht die Fehler so vieler britischer Kommandeure in der Wüste wiederholen und Rommels Spiel mitmachen. Er skizzierte den Plan Brian Horrocks, dem neuen Kommandeur des 13. Korps. Horrocks erinnerte sich:

„Der Punkt war, sagte er zu mir, dass unsere Panzerverbände zu tapfer sind. Sie greifen immer an. Und die Deutschen ziehen bloß ihre 88er hinter die Linie zurück und schalten all unsere Tanks aus. Noch dazu haben ihre 88er eine größere Reichweite, und die Deutschen haben viel bessere Tanks als wir.

Die Kavallerie jagt also wirklich die ganze Zeit. Sie ist hinter dem Fuchs her. Sie ziehen los, sie greifen immer an. Dabei sind sie in ihrem Element.

Nun, sagte er, dass werd ich nicht tun. Ich werde dort hinaufgehen, auf den Alam-Halfa-Kamm, und Sie sollen die Deutschen anlocken. Und wenn wir sie tatsächlich in dieser Falle haben, dann übernehme ich sie. Mit anderen Worten: Alle Panzerabwehrkanonen müssen eingegraben werden, und ebenso all unsere Tanks. Alles eingraben. Und dann lass Rommel kommen. Lass ihn die Seite des Kammes herunterkommen ... Und wenn der Moment da ist, packen wir ihn an seiner schwachen Seite, denn das Benzin und dieses und jenes wird ihm ein wenig knapp. Tatsächlich, sagte er, ist es wie: Hund frisst Hase."

Wie erwartet griff Rommel in der Nacht des 30. August die südlichen britischen Stellungen mit seinen drei erfahrenen deutschen Divisionen an. Das italienische 20. Korps lag an seiner linken Flanke. Als die deutsche Panzertruppe ostwärts stieß, wurde sie von der RAF, die die Lufthohheit besaß, belästigt. Wegen der dichten britischen Minenfelder und des starken Artilleriefeuers kamen die 15. und die 21. Panzerdivision langsamer voran, als Rommel erwartet hatte.

OBEN: Der M4 Sherman – der beste Tank in der Wüste Ende 1942. Diese amerikanischen Panzer waren zuverlässig und nahmen es zu dieser Zeit mit jedem Panzer der deutsch-italienischen Armee auf. Der Sherman zeigte seinen Wert in der zweiten Schlacht von El Alamein und bei der darauf folgenden Verfolgung des Afrika-Korps.

Der Kommandeur der 21. Panzerdivision, General von Bismark, wurde getötet und Nehring, der das Afrika-Korps befehligte, verwundet, was die deutsche Führungsstruktur durcheinander brachte. Nur der Schwung Bayerleins, der sofort einsprang, hielt den Angriff aufrecht.

Rommel befahl dem Afrika-Korps eine Wendung nordwärts, doch hier verhaspelte sich der Angriff der 15. Panzerdivision auf die am Alam-Halfa-Kamm eingegrabene britische 22. Panzerbrigade angesichts der wohl vorbereiteten alliierten Verteidigungsstellungen. Inzwischen beging die 21. Panzerdivision den Fehler, einige britische Tanks, die als Köder dienten, zu jagen, was sie in entfernte Lage und ins Feuer schwerer britischer Tanks führte, worauf sich ein fast statischer Kanonenkampf unter für sie sehr unvorteilhaften Bedingungen entwickelte. Wie Montgomery bemerkt hatte, hatten die britischen Tanks bisher meist die deutschen Panzer herausgefordert, was im Desaster endete. Diesmal hielten die Briten ihre Stellung und verstärkten sie kühl, wenn nötig. Nun mussten die Deutschen angreifen, und sie litten entsprechend.

Bei Nachteinbruch begannen die Deutschen zurückzugehen, um umzugruppieren und nachzutanken. Rommel konnte nun entweder einen Zermürbungskampf gegen einen stärkeren Feind führen und eventuell schwere Verluste erleiden oder nach Alexandria weiterziehen, das nur 40 km entfernt war. Für einen Zermürbungskampf fehlten ihm die Ressourcen, so stoppte er am 2. September die Offensive. Es ist strittig, ob Montgomery die Gelegenheit zum Gegenangriff hätte nutzen sollen und so das Afrika-Korps vernichtet hätte, während die besten Teile der Divisionen Rommels verstreut und knapp an Benzin in der schmalen Senke zwischen den überlegenen britischen Kräften von Alam Halfa und der Kattara-Senke lagen. Montgomery jedenfalls war vor allem ein vorsichtiger, bedächtiger General. Rommel hätte an seiner Stelle vielleicht einen massiven Panzergegenschlag geführt, doch Montgomery plante bereits eine zukünftige Offensive und wollte diese nicht unterlaufen. In seinen Memoiren erwähnt er zwei Gründe für seine Zurückhaltung: Er hielt das Training seiner Armee und die Ausrüstung nicht für ausreichend, und zweitens wollte er nicht, dass sich Rommel zu weit von Alamein zurückzog. Er sollte sich dem Angriff stellen, wenn die Briten attackierten.

ERFOLGREICHER RÜCKZUG

So führte Rommel einen vollendeten Rückzug durch und beschädigte die 2. Neuseeland-Division, die Montgomery am 3. September gegen den deutschen Rückzug vorwärts befohlen hatte. Innerhalb von Stunden erlitten diese Männer den Hauptteil der 1750 Verluste, die die 8. Armee in über sechs Kampftagen hatte. Die Panzerarmee verlor 2910 Mann und 49 Tanks. Der Verlust selbst war nicht allzu

RECHTS: Italienische Semovente-Sturmgeschütze in der Wüste. Nach Rommel standen einem angesichts des Standards der italienischen Tanks „die Haare zu Berge“. Die italienischen Panzerverbände wurden durch die schlechte Qualität ihrer Ausrüstung stark behindert.

schwer, doch Rommel hatte sein Ziel nicht erreicht, war nun in die Defensive gezwungen und musste bis zu einem gewissen Grad seine Konzepte einer mobilen Kriegsführung in der Wüste aufgeben.

EL ALAMEIN

„Diese Schlacht, die wir vorbereiten, wird eine wirklich schwere Sache. Es wird dabei eine Menge harten Kampf geben. Haben wir Erfolg, so ist dies das Ende des Kriegs in Nordafrika, abgesehen von allgemeinen „Aufräum"-Operationen. Es wird der Wendepunkt des ganzen Kriegs sein. Deshalb dürfen wir kein Risiko eingehen."

Lt-Gen. B. L. Montgomery
Orders About Morale
14. September 1942

Montgomery ging kaum je Risiken ein, so auch nicht bei El Alamein. Alam Halfa hatte seine Offensive verzögert, und er war entschlosen, nichts zu überhasten. Churchill hatte Auchinleck seit März zum Angriff gedrängt, und dessen Weigerung, diesen vor dem September durchzuführen, war teilweise für seine Entlassung verantwortlich. Montgomery widerstand den Aufforderungen Churchills, bis er wirklich bereit sein würde. Das wäre erst Ende Oktober der Fall. Seine Truppe sollte erst bis zum Gipfel der Perfektion trainiert und ganz in seinem Griff sein, bereit, genau das zu tun, was er von ihr wollte. Wie sich einer seiner Generäle, Oliver Leese, erinnerte: „Er war total überzeugt, dass er die Schlacht gewinnen würde. Er machte alles kristallklar." Tatsächlich wollte Montgomery der 8. Armee ihre Aufgabe in der kommenden Schlacht „kristallklar" machen. In einer Reihe von Lektionen und Inspektionen überzeugte er sein Kommando, dass „es bloß nötig ist, dass jeder von uns, jeder Offizier und Soldat, mit dem Entschluss in diese Schlacht geht, zu kämpfen und zu töten, und schließlich zu gewinnen. Tun wir das, so kann es nur ein Ergebnis geben – gemeinsam werden wir den Feind aus Nordafrika vertreiben."

Um den Feind zu schlagen, hatte Montgomery eine beträchtliche Menge an Männern und Material zusammengestellt. Bis Mitte Oktober verfügte er über 220.000 Mann, die er genau auf die kommende Schlacht vorbereitet hatte. Die Panzerkraft der 8. Armee war von 896 auf 1351 angewachsen. Dabei waren 285 neu

UNTEN: Der mittlere PzKpfw III – Hauptstütze des Afrika-Korps. In den ersten Jahren des Wüstenkriegs hatte sich der PzKpfw III den leichteren britischen Tanks überlegen gezeigt. Er war auch beweglicher und zuverlässiger als die schweren Infanterie-Tanks. Doch die Balance verschob sich, als die Briten neuere amerikanische Modelle erhielten.

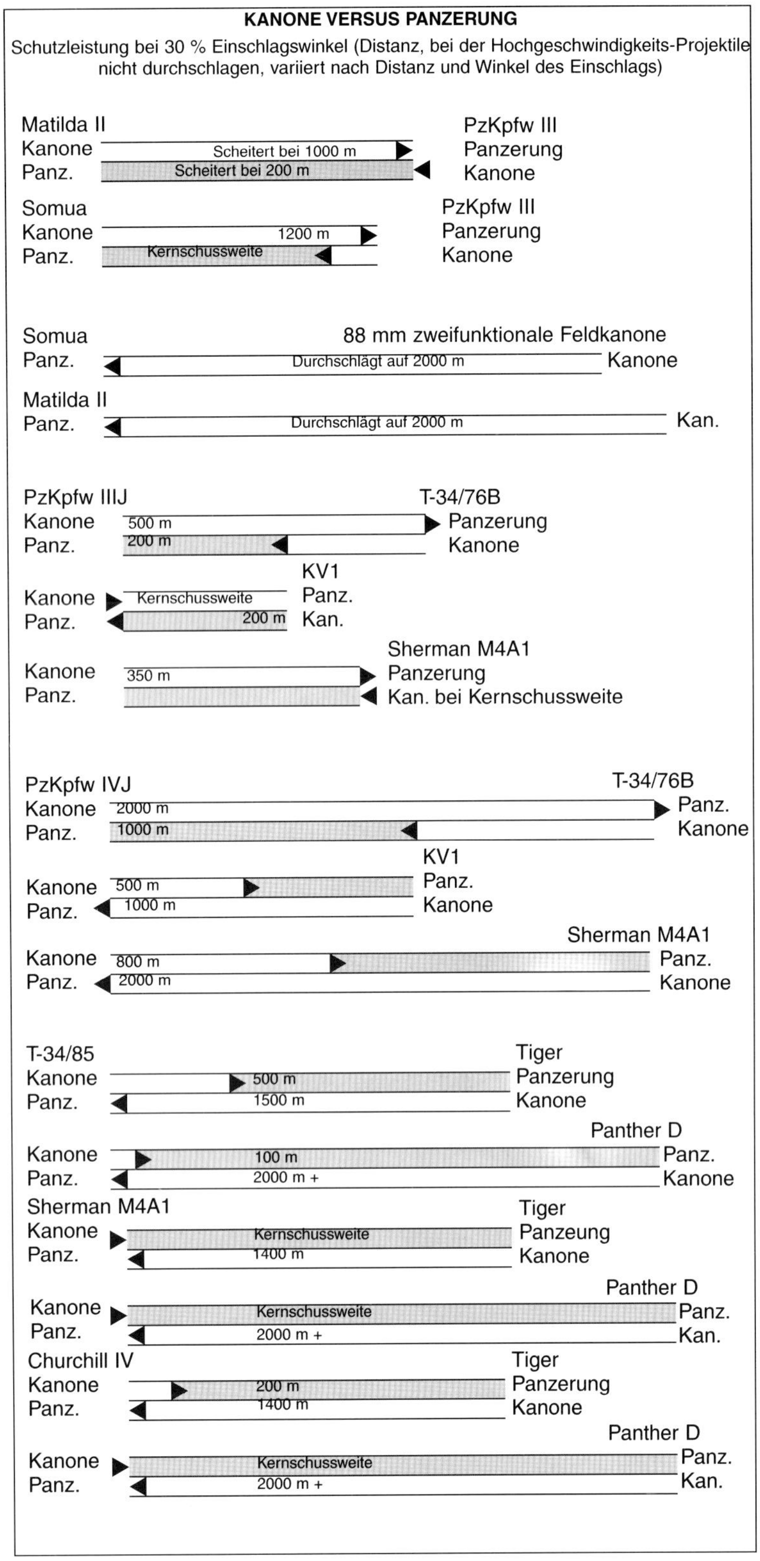

OBEN: Tafel mit Durchschlagskraft und Schutz der wichtigsten Panzermodelle des Zweiten Weltkriegs. Einige Tanks hatten wenig Chancen gegen Gegner wie den deutschen Tiger.

eingetroffene amerikanische Sherman, der neueste Tank im britischen Arsenal und der beste der Wüste, und 210 Grant, deren 75-mm-Kanonen die Deutschen in den letzten Monaten zu respektieren gelernt hatten. Sogar der Crusader war mit seiner Sechs-Pfünder-Kanone ein vernünftiger Kampfpanzer, wenn auch etwas unzuverlässig. Diese Tanks wurden von 1000 Feld- und mittleren Artilleriegeschützen unterstützt. Montgomerys Panzer- und Infanteriedivision besaß 800 sechspfündige Panzerabwehrkanonen, die es mit jedem Panzer in Rommels Inventar aufnehmen konnten. Auch verfügte er über 100 105-mm-Selbstfahrlafetten. Die RAF beherrschte den Himmel über El Alamein. Sie hatte doppelt so viele Flugzeuge wie die Deutschen und Italiener.

Dagegen konnte Rommel 108.000 Mann aufbringen, davon nur 53.000 Deutsche. Doch die Italiener hatten aus ihren Fehlern im Wüstenkrieg gelernt und waren nun gefährliche Gegner. Die Qualität ihrer Tanks allerdings war eine andere Sache. Rommel hatte am Vorabend der Schlacht 489 Panzer, von denen 278 fast wertlose italienische Särge mit Motor waren: M 13 und M 14. Der Hauptteil der deutschen Panzer waren PzKpfw III. Er besaß nur 30 PzKpfw IV mit langrohriger 75-mm-Kanone, der einzige Tank, der es mit dem neuen Sherman aufnehmen konnte. Rommel verfügte über nur 24 der gefürchteten 88-mm-Fliegerabwehrkanonen, die sich als so wirksame Antipanzerwaffen erwiesen hatten. Montgomerys Armee war qualitativ und quantitativ überlegen, doch Rommel hatte einige Zeit, sich auf den britischen Sturm vorzubereiten. Die 8. Armee übertraf ihren Gegner an Waffensystemen im Verhältnis zwei zu eins, doch eine militärische Daumenregel sagt, dass für einen erfolgreichen Angriff drei zu eins nötig ist.

ROMMEL IN DER DEFENSIVE

Rommel hatte sich nach Alam Halfa auf die Defensive beschränkt. Sein Mangel an Truppen, Panzern, Benzin und Nachschub machte dies zur einzig sinnvollen Wahl. Er musste wegen seiner Krankheit heimkehren, doch hatte er eine umfassende Reihe von Befestigungen genehmigt, die er und dann sein Stellvertreter Georg von Stumme in die Praxis umsetzten. Sie errichteten ein Verteidigungssystem aus Stützpunkten, das tief in einem Feld von 445.000 Minen lag. Die mobilen Truppen sollten in Reserve gehalten werden, um jedem Eindringen zu begegnen, doch wegen der Benzinknappheit bei den Achsenmächten in Nordafrika standen sie viel näher an der Front als üblich. Anstatt seine Panzerdivisionen

OBEN: Ein M 13/40 wird vor der Schlacht von Alamein auf einer Transporter verladen. Die Deutschen bemühten sich besonders um die Bergung ihrer beschädigten Panzer.

LINKS: Eine Kolonne von PzKpfw III rückt entlang einer Straße in Tunesien vor. Wegen der wachsenden Verwundbarkeit der PzKpfw III befestigten die Crews des Afrika-Korps vorn an den Tanks Reserveketten, um die Widerstandskraft des PzKpfw III zu erhöhen.

OBEN: Die „Wüstenratten" im Januar 1943 mit ihren Valentine-Tanks in Tripolis. Den britischen Panzersoldaten war es im Wüstenkrieg schlecht ergangen, bis General Bernard Law Montgomery eintraf, und ihre Moral litt. Dies änderte der neue Kommandeur mit gewohntem Schwung und Energie. Sein Erfolg bei Alamein gab den Männern den dringend nötigen Aufschwung.

beisammen zu lassen, um jedem alliierten Durchbruch zu begegnen, musste sie Rommel dort aufstellen, wo er den Kampf erwartete: die 15. Panzerdivision, die 90. LD und die italienische Panzerdivision Littorio im Norden und die 21. Panzerdivision und die Division Ariete im Süden.

MONTYS PLÄNE

Im Norden sollte nach Montgomery die Infanterie des 30. Korps die Minenfelder durchqueren und für die Tanks des 10. Korps zwei Passagen durch die Verteidigung der Achse bahnen. Sie sollte sich durchkämpfen und sich dann defensiv im Westen aufstellen. Im Süden sollte die 7. Panzerdivision, die berüchtigten „Wüstenratten", eine starke Vorstellung nach Westen liefern und die deutschen Kräfte im Süden binden.

Operation Lightfoot (ein seltsamer Name angesichts der 445.000 deutschen Minen) begann am Abend des 23. Oktober 1942 mit einem Artilleriesperrfeuer aus 908 Geschützen, das die Deutschen überraschte und die Verständigung bei der Achse schwer störte. Stumme, der in Rommels Abwesenheit den Befehl führte, ging nach vorn, um zu sehen, was los war, und erlitt unter Granatfeuer einen Herzanfall. Ritter von Thoma übernahm zeitweilig das Kommando, während Stabschef Siegfried Westphal nach Deutschland berichtete und empfahl, Rommel solle trotz seiner Krankheit in die Wüste zurückkehren.

Inzwischen kämpften sich britische und Commonwealth-Truppen durch die Minenfelder zu den Stellungen der Achse durch. Bis zum Abend des 24. hatten einige Tanks der britischen 2. Panzerbrigade den Westrand der Minenfelder gesäubert, doch sie hatten sich nicht vom deutschen Verteidigungssystem gelöst. Diese Tanks waren Teil des nördlichen Stoßes gegen den Kidney-Kamm in Richtung Süden über den Miteiriya-Kamm. Am nächsten Morgen geriet der britische Vorstoß in die Minenfelder und stoppte. So hatte am ersten Kampftag keiner der beiden Angriffe sein Ziel erreicht. Die schweren Kämpfe gingen die nächsten paar Tage weiter, als der Vor-

OBEN: Der in Amerika gebaute M4 Sherman diente den britischen und amerikanischen Kräften 1943 bei der Invasion Siziliens. Dieser M4 ist vor kurzem von seinem Landeboot an Land gegangen. Das Browning-Maschinengewehr auf seinem Turm dient der Luftabwehr.

marsch zu stocken begann. Die Koordination der britischen Panzer- und Infanteriekorps ließ zu wünschen übrig, doch konnten sie einen Angriff der 15. Panzerdivision auf die nördliche Attacke zurückschlagen, der die Deutschen viele Panzer kostete. Die Stärke der deutschen Panzerdivision sank von 119 auf 31 Tanks. Trotz des beschränkten Fortschritts verlief die Abnutzungsschlacht zu Gunsten Montgomerys.

ROMMELS RÜCKKEHR IN DEN KAMPF

Am 26. Oktober kehrte Rommel zurück, doch die Lage entglitt ihm rasch. Er konzentrierte die restlichen Panzer (darunter die 21. Panzerdivision) sofort im Norden, um einen Gegenangriff gegen eine von der britischen 1. Panzerdivision auf einer leichten Anhöhe des Kidney-Kamms geschaffene Ausbuchtung zu führen. Die 21. Panzer- und die 90 LD griffen die Spitze der Buchtung an, unterstützt von benachbarten Teilen der 15. Panzer- und 164. Leichten Division. Unterstützung durch die Luftwaffe scheiterte an der britischen Luftüberlegenheit. Britische Panzerabwehrkanonen stoppten die 21. Panzerdivision, und die 90. LD kam wegen Artilleriefeuers und Luftangriffen nicht richtig an die Briten heran. Der größte deutsche Gegenangriff dieser Schlacht war gescheitert. Trotzdem griff das Afrika-Korps am Tag darauf wieder entschlossen an, doch führte dies zu ähnlichen Ergebnissen.

Der britische Vorstoß allerdings stockte, und als er schließlich am 28. Oktober weiterging, machte der Stoß der 9. Australischen Division an der Nordflanke gegen die 90. LD nur geringe Fortschritte. Montgomery musste einen anderen Plan finden. Die Operation Supercharge (Überdruck) verlegte in der Nacht des 1. November das Gewicht des britischen Stoßes ins Gebiet des Kidney-Kamms. Die britischen Panzerkräfte blieben mit 152 Shermans, 133 Grants und vielen weniger wirksamen britischen Modellen immens stark. Rommel hatte nur 102 Tanks bereit, 52 waren in Reparatur. Doch Supercharge wurde von zwei Infanteriedivisionen angeführt, die tief in die deutschen und italienischen Verteidigungstellungen eindringen konnten. Als die britischen Tanks am Morgen vorwärts drängten, forderten die deutschen und italienischen Kanoniere ihren Tribut. Die führende britische Panzerbrigade, die 9., verlor 70 ihrer 94 Tanks. Doch immer noch zermürbten die Briten die Achse. Die Verluste unter den wichtigen Panzerabwehrmannschaften waren besonders hoch. Die 50-mm- und die erbeuteten sowjetischen 76,2-mm-Kanonen, die den Hauptteil der Antipanzerwaffen der Achse bildeten, konnten die Frontpanzerung der Shermans und Grants nur aus kurzer Distanz durchschlagen.

Das Afrika-Korps unter Druck

Von Thoma meldete Rommel, die Front halte, würde es aber nicht länger tun. Er warf die wenigen unbeschäftigten Teile der 15. und 21. Panzerdivision gegen die 4000 m tief eingedrungenen Briten und erlitt wieder äußerst schwere Verluste. Am Ende des Tages hatte von Thoma nur noch 30 kampftaugliche Panzer übrig. Rommel hatte nach dem Scheitern seines ersten Gegenangriffs den Rückzug vorbereitet, und am 3. November begann er seine Panzerkräfte abzuziehen und befahl dem Rest seiner hoffnungslos unterlegenen Männer, sich abzusetzen. Es war dies eine bemerkenswerte Leistung angesichts des überlegenen Gegners und unter dauernden Luftangriffen. Noch dazu war das Benzin knapp. Rommel hoffte sogar, den Großteil seiner nicht mobilen Infanterie fortzuschaffen, weil, wie er später meinte, „der Feind so erstaunlich zögernd und vorsichtig operierte".

Montgomery fand jedoch einen unerwarteten Verbündeten in Hitler, der Rommel, als er von seinen Plänen erfuhr, befahl, sich nicht zurückzuziehen, da „es keinen anderen Gedanken geben darf als standzuhalten, keinen Zoll Boden aufzugeben und jede Kanone, jeden Mann in die Schlacht zu werfen". Hitler forderte die Fortsetzung des Widerstands: „Es wäre nicht das erste Mal in der Geschichte, dass ein starker Wille über die stärkeren Bataillone siegt." Dies war wie so viele Durchhaltebefehle Hitlers Unsinn und hätte die Vernichtung des Afrika-Korps bedeutet, doch Rommel widerrief seine Befehle und versuchte, die Linie zu halten. Am nächsten Tag durchbrachen die Neuseeland-Infanterie und die 7. Panzerdivision Rommels Verteidigungslinien und drohten den Hauptteil seiner Kräfte einzukreisen. Nun gab er auf und erhielt von Hitler die widerwillige Zustimmung, seine Truppen westwärts abzuziehen. Für viele war es zu spät. 130 italienische Tanks wurden von der 7. Panzerdivision gefangen und vernichtet, und etliche von der immobilen Infanterie blieben in der

RECHTS: Ein recht verlorener Tiger mit einem recht verlorenen Soldaten, der unter ihm Schutz sucht. Die Briten und Amerikaner trafen erstmals bei den Kämpfen in Tunesien auf diese Ungeheuer. Dieser hier kam wahrscheinlich von der Straße ab, als er seine linke Kette verlor, vermutlich durch eine Landmine. Italien war für den Offensiveinsatz von Panzern ein schwieriges Land, was am nur langsamen Vorwärtskommen der Alliierten Mitschuld trug.

OBEN: Männer der mobilen Werkstatt einer Panzerdivision ersetzen im April 1944 während der Schlacht um Montecassino unter Feuer hastig die Ketten eines PzKpfw IV. Ein Tank ohne Ketten war extrem verwundbar und schwer zu manövrieren, und die Deutschen unternahmen alles, um ihre wenigen kostbaren Panzer in Aktion zu halten.

Wüste zurück, wo in den nächsten Tagen 30.000 Mann ohne viel Widerstand gefangen genommen wurden. Die Schlacht von El Alamein war vorüber. Sie hatte die Briten 13.560 Mann und etwa 600 Tanks an Verlusten gekostet.

DIE VERFOLGUNG

Nach Clausewitz erntet man die Früchte des Siegs bei der Verfolgung. Montgomery hatte bei El Alamein gesiegt, doch danach blieb seine Armee stehen. Als er am 5. November wieder vorrückte, waren Rommels Kräfte fort. Am Tag danach traf die 22. Panzerbrigade auf den Überrest der 21. Panzerdivision, der wegen Benzinmangels unbeweglich war, doch sich wehrte, bis Nachschub kam, worauf die Deutschen entschlüpften. Die Jagd scheiterte sodann an starkem Regen, doch dasselbe Wetter schien Rommel kaum zu behindern. Beide Armeen bereiteten sich hierauf auf den 2400 km langen Marsch westwärts vor. Montgomerys Wüstenkommandeure wollten Rommel zum Kampf stellen, doch Montgomery lehnte ab. Er war entschlossen, sich nicht von einem deutschen Gegenschlag überraschen zu lassen. Rommel hatte allerdings nur noch zehn funktionierende Tanks. Trotzdem gab es Kämpfe, da Rommel gelegentlich hielt und wendete, um seine Verfolger zu behindern. Wie General Oliver Leese schrieb: „Während des Rückzugs sah ich Rommel nie einen wirklichen Kampf ausfechten. Bis Mareth gab es keine Krise. Dort aber gab es eine Menge Kämpfe – jeden Tag eine Schlacht. Man musste mit der deutschen Nachhut rechnen. Rommel kämpfte jeden Tag mit irgendetwas."

Inzwischen hatte sich die strategische Lage drastisch gewandelt. In der Nacht des 7. November landeten britische und amerikanische Kräfte in Französisch-Marokko und Algerien und bedrohten ernsthaft Rommels rückwärtiges Gebiet. Nach zwei Kampftagen akzeptierte der französische Kommandeur Admiral Darlan einen Waffenstillstand und begann mit den Alliierten zu kooperieren. Die Deutschen verstärkten ihre Kräfte in Tunesien rasch um 17.000 Mann, darunter die 10. Panzerdivision, damit die Alliierten nicht Tunis einnahmen und Rommel nicht in Südtunesien strandete.

Die 10. Panzerdivision konnte den alliierten Vormarsch 21 km vor Tunis abschwächen. Schwerer Regen und Matsch zwang die Alliierten zu einem Halt. Zur deutschen Verstärkung gehörten auch fünf der neuen 56-tonnigen Tigerpanzer mit 88-mm-Kanone. Zwei davon nahmen am Kampf teil.

Zurück in Libyen eroberte Montgomery am 13. November Tobruk zurück,

OBEN: Ein Sherman der 1. Panzerdivision, 5. Armee, ausgerüstet mit einem Bulldozer im September 1944 in Italien. Die Schwierigkeit des Fortkommens auf so gebirgigem Terrain machte einen raschen Vormarsch unmöglich. Deutsche Straßensperren, Landminen und Minenfallen machten spezielle Ausrüstung nötig.

balgte sich bei Gazala wirkungslos mit dem Afrika-Korps und nahm am 20. November zum dritten und letzten Mal Benghasi. Bei seinen alten Stellungen bei El Agheila hielt Rommel und schien zum Standhalten bereit. Montgomery wollte keinen starken deutschen Gegenstoß riskieren und hielt an, um sich darauf vorzubereiten. Wieder entschlüpfte ihm Rommel. Zeitweise schien es, als ob die beiden Kommandeure zusammenarbeiteten, da Rommel einer Schlacht aus dem

RECHTS: Britische Churchill-Tanks des 51. Royal Tank Regiments ziehen langsam über offenes Terrain oberhalb des Foglia, für den Fall eines gegnerischen Angriffs passend verstreut. Obwohl langsam und schwer – ein klassisches britisches Infanterie-Tankmodell –, bewältigte der schwer gepanzerte Churchill wegen seiner Stärke das gebirgige Gelände in Italien gut.

Weg ging und Montgomery nicht die Absicht zu haben schien, die Deutschen zum Kampf zu provozieren. Am 23. Januar 1943 erreichte Montgomery schließlich Tripolis, und Rommel kam in Tunesien an.

Kesselrings Dilemma

Obwohl die deutsch-italienische Stellung in Tunesien im Winter stark verstärkt worden war, befand sich Feldmarschall Kesselring, der Oberkommandierende der Achsenmächte für Afrika und den Mittelmeerraum, in einer ziemlich verzweifelten Lage. In Westtunesien stand General von Arnim eine überwältigende angloamerikanische Macht gegenüber, und im Süden hatte sich Rommel ständig vor Montgomerys 8. Armee zurückgezogen. Trotzdem konnten die Deutschen eine kurze Phase taktischen Erfolgs gegen Ende des Kriegs in Afrika feiern.

Kesselring hatte nun – trotz des Nachschubmangels wegen der alliierten Kontrolle des Mittelmeerraums – den Vorteil kurzer innerer Verbindungslinien und konnte seine Truppen relativ einfach von einer Front an die andere verlegen. Er kommandierte die 21. Panzerdivision von Rommel ab (was diesen verdross) und befahl von Arnim, die Amerikaner in der Nähe von Sid bou Zid mit 201 Tanks der 21. und 10. Panzerdivision anzugreifen, unterstützt von der neu eingetroffenen italienischen Superga-Division und einer Kompanie mit zwölf neuen Tigerpanzern. Die beiden Panzerdivisionen umzingelten und zerstörten am 14. Februar die vorgerückten Einheiten der 1. US Panzerdivision und vernichteten dabei 40 amerikanische Tanks. Der amerikanische Gegenangriff am nächsten Morgen ging ähnlich aus: Nur vier Tanks von zwei Panzerbataillonen überstanden ihn. Der Leiter des deutschen Angriffs, General Zeigler, stieß nicht so rasch vor, wie Rommel wollte, und der amerikanische Widerstand verstärkte sich. Doch hatte sein Kommando über 100 Tanks zerstört und 3000 Gefangene gemacht.

Unter Zurücklassung einer Deckungstruppe gegen Montgomery zog Rommel inzwischen mit einer Kampfgruppe des Afrika-Korps nordwärts. Sein Vorstoß traf auf wenig Widerstand und gewann ständig an Schwung. Er nahm das amerikanische Flugfeld bei Thelepte. Britische, amerikanische und französische Truppen auf seinem Weg fielen zurück. Er wollte unbedingt in die alliierten Hauptverbindungslinien eindringen und die Lage ausnutzen. Doch Arnim hatte Zeigler und die 10. Panzerdivision bereits gestoppt. Rommel musste Mussolini um die Fortsetzung des Vorstoßes bitten, und ein wertvoller Tag ging verloren, ehe er die Zustimmung erhielt. Doch zu seinem Entsetzen wurde die Stoßrichtung von Nordwesten, wo sie in den Rücken der Alliierten geführt hätte, nach Norden hinter die Front verlegt, was die Achsenkräfte den alliierten Reserven gefährlich nahe brachte. So erfolgte Rommels Vorstoß genau dort, wo ihn General Alexander, der Oberbefehlshaber der alliierten Landstreitkräfte, erwartete.

Der Kasserine-Pass

Da er trotz Verlusten keine großen Fortschritte erzielen konnte (die 21. Panzerdivision besaß nun weniger als 40 Tanks), entschied Rommel, der Schlüssel seines Vorstoßes sei der Kasserine-Pass. Hier konzentrierte er am 20. Februar seine begrenzte Streitmacht, behindert dadurch, dass von Arnim die Hälfte der 10. Panzerdivision und die mögliche Trumpfkarte, eine Kompanie von Tigern, zurückhielt. Die den Pass haltenden Amerikaner gaben nach, und wie die offizielle amerikanische Geschichtsschreibung so schön formuliert: „Der Feind war über die Menge und Qualität der mehr oder weniger intakt erbeuteten amerikanischen Ausrüstung erstaunt." Rommel zog weiter, und auf dem Weg von Kasserine zu Stellungen um Thala zerstörte er etwa 40 alliierte Tanks und machte 700 Gefangene, verlor dabei aber auch selbst 12 Panzer. Doch angesichts der Überlegenheit der alliierten Kräfte war er so weit wie möglich gekommen – bei einem Treffen mit Kesselring am 22. Februar beschlossen sie, sich zum Kasserine-Pass zurückzuziehen und ihren nächsten Angriff gegen Montgomerys 8. Armee zu richten. Rommel hätte so die Alliierten fast aus Westtunesien vertrieben. Was wäre wohl geschehen, wenn er die ganze 10. Panzerdivision zur Verfügung gehabt hätte?

Rommel und Kesselring bereiteten nun den Angriff auf Montgomery, dessen 8. Armee bei Medenine stand, vor. Eine schwierige Operation, wie Rommel zugab, da ein Überraschungsangriff kaum möglich war. Doch Montgomerys anfängliche Vorkehrungen schienen anfällig für den Angriff dreier deutscher Panzerdivisionen. Die ULTRA-Aufklärung versorgte ihn aber mit Informationen über Zeitplanung, Stärke und Richtung des Angriffs. So konnte er Verstärkungen aufstellen und starke Panzerabwehrstellungen vorbereiten, die mit den neuen britischen 17-Pfund-Kanonen ausgestattet waren. Diese wurden mit jedem deutschen Panzer fertig. Montgomery hielt wie bei Alam Halfa seine Tanks zurück und ließ die Panzer kommen. Das taten sie am 6. März. Die 21. Panzerdivision wurde übel zugerichtet, als sie sorglos einen Kamm überquerte, und erreichte die britischen Linien erst gar nicht. Die 15. Panzerdivision kam nahe, wurde aber leicht zurückgeschlagen. Der 10. ging es nicht besser. Der Angriff kostete die Deutschen 700 Mann und 52 Panzer, die Briten verloren keinen einzigen Tank. Dies war die letzte deutsche Offensive in Afrika, und ein müder, kranker Rommel wurde heimgeflogen. Die Alliierten machten den Sack schrittweise zu. Bis der Widerstand am 11. Mai 1943 endete, machten sie 200.000 Gefangene.

Der Verlust der meisten Veteranen Rommels und der Fall der italienischen Armee in Tunesien ließ Sizilien und Italien relativ schwach verteidigt. Mussolini zögerte aus einer Mischung aus Angst und Stolz verständlicherweise, allzu viele deutsche Verstärkungen zu akzeptieren. Trotzdem wurde Sizilien, das nächste Ziel der Alliierten, von vier italienischen Divisionen, der hastig gebildeten 15. Panzergrenadierdivision und der wiederhergestellten Panzerdivision *Hermann Göring* verteidigt. Im Winter 1942/43 überlegten die westlichen Alliierten ihren nächsten Schritt. Die Briten, die den Feldzug im Mittelmeerraum fortsetzen wollten, setzten sich gegen den Plan, in Nordwesteuropa einzudringen, durch.

INVASION IN SIZILIEN

Operation Husky, die Invasion Siziliens, begann am 10. Juli 1943. Die anglo-amerikanische Invasion fand unter totaler Luftüberlegenheit statt, die Landungen erfolgten unter minimalem Widerstand. Die meisten italienischen Verbände, auf die die Alliierten trafen, wollten den Kampf nicht fortsetzen, nur eine Einheit mit veralteten leichten Tanks griff am ersten Morgen an einer amerikanischen Landebucht an. Gefahr drohte am 11. Juli von der Panzerdivision *Hermann Göring*, die von einer Kompanie Tiger unterstützt wurde. Die Amerikaner hatten wenige

UNTEN: Ein amerikanisches M-18-Sturmgeschütz sprengt am 17. Oktober 1944 in Firenzuola in Italien feindliche Stellungen. Die Amerikaner benutzten Sturmgeschütze gegen die dicke Panzerung der Tanks. Sturmgeschütze trugen eine große Hochgeschwindigkeitskanone, doch keine Panzerung.

OBEN: Britische Truppen ziehen 1945 in den letzten Kriegsmonaten an einem Seeufer in Italien an einigen Churchill AVRE (erstmals in der Normandie eingesetzt) vorüber. Diese von den Royal Engineers (Königlichen Pionieren) geführten wendigen und spezialisierten Tanks konnten verschiedene Aufgaben erfüllen. Besonders nützlich waren sie beim Sturm auf feindliche Stützpunkte.

Tanks und Panzerabwehrkanonen an Land, doch das Geschützfeuer der US-Marine brach den Angriff. Der britische Vormarsch war anfangs schneller, da Montgomery auf keinen Gegenangriff traf. Der italienische Widerstand brach rasch zusammen, nicht aber der deutsche. Das zerklüftete Terrain begünstigte die Verteidiger. Das war kein Land für Tanks. Montgomery kämpfte sich entlang der Ostküste langsam nordwärts, während General George Patton, Kommandeur der 7. US Army, nordwärts stieß und dann nach Osten schwenkte. Die Deutschen entschieden sich nach Mussolinis Sturz für den Rückzug auf das Festland und konnten bis zum 17. August 40.000 deutsche und 60.000 italienische Soldaten sowie 1000 Fahrzeuge und 47 Panzer vom Hafen von Messina aus abziehen.

Auch Italien war kein Land für Tanks, wie die Briten und Amerikaner im langen, harten Feldzug zur Eroberung des Landes schmerzhaft feststellen mussten. Sie wäre einfacher gewesen, hätte nicht das Feilschen um italienische Friedensbedingungen die Invasion verzögert und Hitler erlaubt, 16. Divisionen nach Italien zu verlegen. Als das Land kapitulierte, brach die alliierte Invasionsstreitmacht am 3. September nach Italien auf. Die neue italienische Regierung wollte eine Landung nahe Roms, doch die Alliierten wollten nicht außerhalb der in Sizilien stationierten Luftdeckung operieren. Montgomerys 8. Armee landete ohne Gegenwehr in Kalabrien und rückte ohne Widerstand bedächtig ins Landesinnere vor. Bei Tarent verlief die Landung ähnlich. Die Deutschen schienen sich auf den Rückzug nordwärts zu beschränken.

DIE HAUPTLANDUNG

Die Hauptlandung einer englisch-amerikanischen Streitmacht von drei Divisionen unter dem US-General Mark Clark

UNTEN: Der Panther, der stärkste der neuen deutschen Panzer, kam 1943. Dieser hier, mit einer Zimmerit-Anti-Minen-Haftschicht überzogen, ist ein Befehlswagen (Kommando-Panther), wie man an den Fu8-Funkantennen hinter dem Kommandoturm sieht.

fand am 8. September bei Salerno statt. Sie traf auf sehr unterschiedlichen Empfang. Kesselring war nun entschlossen, um jeden Fußbreit Italien kämpfen, und die schwache 16. Panzerdivision (mit nur 80 PzKpfw IV und 40 Sturmgeschützen) führte einen heftigen Gegenangriff gegen die alliierten Landungen, der Clarks Truppe auf die Stärke von fünf Divisionen in ihren engen Brückenköpfen beschränkte. Die Deutschen wurden durch die 29. Panzergrenadierdivision und Teile der überholten Division *Hermann Göring* verstärkt, und gemeinsam trieben sie die Alliierten fast zurück ins Meer. Doch die britischen und amerikanischen Divisionen hielten mit Hilfe massiver Lufteinsätze und Marinegeschützfeuer, darunter der 380-mm-Geschütze der Schlachtschiffe HMS *Warspite* und HMS *Valiant*, stand und begannen landeinwärts zu stoßen. Trotzdem wurde Hitler durch Kesselrings beinahe erfolgreiche Aktion überzeugt, dass der alliierte Vormarsch überall bekämpft werden musste. Man begann sofort mit dem Bau der Verteidigungsstellungen der Gustav-Linie südlich von Rom. Als die Alliierten die Landebuchten verließen und durch die Täler und Berge Italiens nordwärts zogen, erwartete sie daher ein langer und gnadenloser Kampf, unterbrochen von Phasen des Herumsitzens in Schlamm und Regen, wenn die Bewegung von Männern und Fahrzeugen fast unmöglich wurde.

MAN „PRÜGELT SICH DURCH ITALIEN“

Der Panzerkrieg in Italien bestand für die Deutschen in Nachhutkämpfen ihrer Tanks und Panzergrenadiere – oft von vorbereiteten und getarnten Stellungen aus –, während die angloamerikanischen Tanks sich langsam ihren Weg durch schwieriges Terrain suchten, ein Vorgang, den Alexander, der alliierte Oberbefehlshaber, als „sich durch Italien prügeln“ beschrieb. Die Deutschen entschlüpften sodann zu Positionen im Hinterland. Die alliierte Luftbeherrschung forderte von den deutschen Panzerverbänden ihren Zoll, doch war sie gegen geschickt ausgeführte Rückzüge kaum entscheidend. Sie konnte wirksame Operationen am Boden nicht ersetzen.

Clarks 5. Armee im Westen und Montgomerys 8. Armee auf der adratischen Seite Italiens kämpften sich bis zur Gustav-Linie vorwärts, die am Monte Cassino verankert war. Ihr Vormarsch lief sich im Dezember 1943 tot. Montgomery war nie vom Italienfeldzug begeistert, dessen strategischer Sinn darin lag, dass er als Abnutzungskrieg deutsche Divisionen von den vorgesehenen Landebuchten in Frankreich fern hielt. Etwas erleichtert übergab er Ende des Jahres das Kommando über die 8. Armee an Oliver Leese. So war er bei den blutigsten Kämpfen des Italienfeldzugs, den vier großen Schlachten um Montecassino, nicht dabei. Diese (vom 12. Januar bis zum 18. Mai) waren keine Panzerschlachten im klassischen Sinn, sondern ähnelten den Zermürbungskämpfen des Ersten Weltkriegs, ausgefochten mit modernen Waffen. Die Deutschen setzten relativ wenige Panzer ein, sie wollten sie gegen alle möglichen Durchsbruchsversuche aufbewahren, etwa als es der 2. Neuseeland-Division am 17./18. Februar gelang, den Fluss Rapido zu überqueren. Auf Seiten der Alliierten beschränkte sich die Rolle der Tanks hauptsächlich auf bewegliche Feuerkraft zur Unterstützung der Infanterie. Wie die Geschichte eines der britischen Panzerregimenter, der 17/21. Lancers, bemerkt: „Italien bot nicht die Gelegenheit, [Panzerverbände] bestens auszunutzen. Mit einem Panzerverband in Italien zu kämpfen war wie das Öffnen einer Konservenbüchse mit einem Dolch. Der Dolch wird stumpf und die Büchse gezackt und verbogen."

LANDUNG BEI ANZIO

Bei der gleichzeitig stattfindenden Landung bei Anzio nördlich der Gustav-Linie jedoch spielten Tanks eine wichtige Rolle. Die Landung am 22. Januar 1944 war ein Versuch, die Gustav-Linie zu umgehen und die Deutschen durch die Bedrohung zu zwingen, ihre Verteidigungsstellungen auszudünnen, sodass Clark durch die geschwächte Linie brechen konnte. Kesselring wurde dadurch überrascht, und die Briten und Amerikaner konnten ohne Gegenwehr landen. Doch der befehlshabende General, John Lucas, beurteilte die Erfolgsaussichten der Operation zu zuversichtlich und unternahm wenig zu einem Vorstoß landeinwärts. So konnte Kesselring seine Kräfte erstaunlich rasch umgruppieren. Er verlegte das 1. Fallschirmjägerkorps und das 76. Panzerkorps ins Gebiet des Brückenkopfes. Am 16. Februar begann der deutsche Gegenangriff, doch der Landekopf konnte sich durch Luft- und Marineunterstützung trotz des deutschen Drucks und Einsatzes von neuen, ferngelenkten Goliath-Explosivtanks halten. Der Sieg in der letzten Schlacht um Cassino im Mai 1944 erlaubte den Kräften im Anzio-Brückenkopf am 23. Mai einen Ausbruchsversuch. Er klappte, doch anstatt hierauf ostwärts zu schwenken und die Verteidiger der Gustav-Linie abzuschneiden, schickte Clark seine Truppen entgegen Alexanders Befehlen nordwärts nach Rom, sodass Kesselrings Truppen nach Norden entkamen. Die Chance auf einen entscheidenden Sieg in Italien war vertan.

1944 rollte der Krieg weiter. Die 8. Armee durchbrach im September die deutsche Hauptverteidigunglinie, die Gothen-Linie, konnte aber ihren Vorteil nicht ausnutzen. Nach einem Jahr in den italienischen Bergen schienen die Alliierten die mobile Kriegsführung vergessen zu haben. Alexander band zumindest während des Feldzugs 20 deutsche Divisionen, die ansonsten in der Normandie eingesetzt worden wären, und zerstörte im letzten Kriegsmonat die Heeresgruppe C, ehe sie die Alpen queren konnte.

LINKS: Eine Herde südafrikanischer Shermans der 6. Südafrikanischen Panzerdivision in Fornace, Italien, wartet am 20. April 1945 auf den Befehl zum Vorstoß nach Bologna. Der Sherman in seinen vielen Versionen war ab 1942 die Hauptstütze der Panzerarmeen der westlichen Alliierten.

KAPITEL SIEBEN

NORD-WEST-EUROPA

Die Normandie war für Panzer kein ideales Gelände, doch die alliierten Tanks rasten zum Rhein und zum Sieg.

Captain Basil Liddell Hart meinte, dass die Schlacht von El Alamein der Wendepunkt im Panzerkrieg war, nach dem „der Panzerkampf seine Form änderte ... und die Form, die ... entstand, hatte nicht nur in Afrika, sondern auch in den folgenden Feldzügen in Europa Bestand. Es war eine vorsichtigere, langsamere Art des Kampfes. Konzentrierte Schläge wurden durch etwas ersetzt, das man treffend einen Prozess ‚ständigen Sparrings mit Panzerabwehrmitteln' nannte." Dies ist eine korrekte Einschätzung, obwohl die Operationen zeitweise mit der Geschwindigkeit der frühen Kriegsjahre vor sich gingen. Pattons Ausbruch aus der Normandie ist ein Beispiel dafür. Die Generäle hofften noch auf einen entscheidenden Panzerdurchbruch, doch die Zeit blitzkriegsartiger Panzerstöße war weitge-

LINKS: PzKpfw VI Tiger I – die Geißel der alliierten Tankcrews in der Normandie – von der 101. *Schweren Panzerabteilung* rücken in aufgelockerter Ordnung vor. Seine Frontalpanzerung war für die alliierten Panzerkanonen praktisch undurchdringlich, während seine 88-mm-Kanone – nach den Alliierten ein „Telegrafenmast" – es mit jedem alliierten Tank im Normandiefeldzug aufnahm. Mindestens fünf M4-Shermans waren nötig, um einen Tiger eventuell auszuschalten. Vier davon lenkten den Deutschen ab, während sich der fünfte an seine Rückseite „schlich".

OBEN: Ein frühes britisches Experiment mit dem von Nicholas Straussler entworfenen DD-(Duplex Drive-) System, angewandt auf einen Valentine-Tank. Das System hielt einen Amphibienpanzer – bei den Landungen in der Normandie einen Sherman – durch einen zusammenklappbaren Leinwandschirm über Wasser. Im Wasser wurde der Tank durch zwei vom Hauptmotor getriebene Propeller angetrieben.

hend vorüber. Dafür gab es etliche Gründe, etwa das schwierige Terrain in Italien und der Normandie und vor allem die wachsende Kraft der Antipanzerwaffen und -taktik, sodass die Tanks zu größerer Vorsicht gezwungen waren. Der britische Offizier Captain Ralph Ingersoll gibt eine gute Beschreibung der Vorgehensweise, die die alliierten Panzerkräfte in Europa anwenden mussten:
„Tanks rasen nicht in der motorisierten Version eines Keils nach vorne ... Sie rücken zögernd vor, wie schüchterne dicke Knaben auf einer Party, wenn sie um den nächsten Tanz bitten, sich bei der kleinsten Entschuldigung zurückziehen, dann wieder kommen und offenbar immer den längsten Umweg suchen. Müssen sie eine Ebene queren, so zögern sie den bösen Moment möglichst lang hinaus, indem sie sich an die niedrigen Abhänge des nächsten Kamms klammern, bis eine unsichtbare Kraft sie unglücklich ins Freie stößt. Folgen sie einer Straße, so berühren sie sie im Zickzackkurs tangentenartig, queren sie gelegentlich und bleiben nur auf ihr, wenn es nicht anders geht. Sie sind ängstliche Geschöpfe."
Die Panzerkriegsführung hatte sich wahrlich verändert.

VORBEREITUNGEN FÜR DIE INVASION

Seit der Evakuierung von Dünkirchen 1940 war den Briten klar, dass sie zu einem Sieg über Deutschland mit einer Armee in Nordwesteuropa landen mussten. Doch die britischen Militärführer zögerten verständlicherweise sehr, diese monumentale Aufgabe zu unternehmen. Sie hatten mit der Idee gespielt, an der Peripherie des Nazi-besetzten Europa einzudringen, etwa an der Ägäis oder in Norwegen. Stark traten sie für die Weiterführung der alliierten Anstrengungen im Mittelmeerraum ein. Manche Befürworter des strategischen Luftkriegs glaubten sogar, die Verstärkung des alliierten Luftbombardements allein könne den Krieg gewinnen. Die Amerikaner aber meinten, die Invasion in Europa und der Marsch nach Deutschland sollten baldmöglichst beginnen. Die Briten mussten die militärische Logik der amerikanischen Haltung akzeptieren und stimmten auf der Konferenz von Casablanca im Januar 1943 einer Landung in Frankreich zu, die später „Overlord" genannt wurde.

Als Landestelle wählten die Alliierten die Normandie, vor allem weil sie innerhalb der alliierten Luftdeckung lag, feste und geschützte Buchten hatte und nahe des großen Hafens Cherbourg lag. Oberbefehlshaber des alliierten Angriffs wurde der amerikanische General Dwight D. Eisenhower, und General Montgomery, der frühere Kommandeur der 8. Armee, sollte die Landstreitkräfte der Invasion leiten. Der ursprüngliche Plan wurde geändert, der Brückenkopf erweitert; die Invasionsmacht, auf fünf Divisionen verstärkt, sollte mit Unterstützung verschiedener Kommandos und Ranger-Einheiten landen, drei Luftlandedivisionen sollten zur Sicherung der Flanken im Inneren des Landes abspringen. Der Rest der 1. US Army unter General Omar Bradley und die britische 2. Armee unter General Sir Miles Dempsey würde rasch nachfolgen. Es würde eine Woche dauern, ehe sich die Zahl der Divisionen an Land verdoppelte.

HOBARTS „KURIOSITÄTEN"

Eine der Lektionen aus dem Dieppe-Angriff von 1942 war die Bedeutung von Panzerunterstützung der Sturminfanterie. Major General Percy Hobarts 79. Panzerdivision war für Technik und Ausrüstung der Speerspitze der alliierten Invasion verantwortlich. Die Regimenter der Division bekamen schließlich eine Fülle gut getesteter und insgesamt sehr nützlicher Panzerfahrzeuge für eine Reihe spezieller Aufgaben. El Alamein hatte gezeigt, dass der „Dreschflegel" – schwere Ketten an rotierenden Trommeln an der Front des Panzers – für einen Tank die beste Art war, sich den Weg durch ein Minenfeld zu bahnen. Das beste Modell, der Sherman Crab, bewältigte eine 3,3 m breite Straße mit 2 km/h Geschwindigkeit.

Das wendigste Fahrzeug der Division war der AVRE (Assault Vehicle Royal Engineers – Sturmwagen der Königlichen Pioniere), das die Wanne eines Churchill-Infanterietanks benutzte. Der AVRE trug einen 290-mm-Sprengmörser zur Zerstörung von Bunkern und Befestigungen. Er konnte mit verschiedenem äußerem Zubehör ausgestattet werden. Er konnte eine Faschine tragen, die er in Panzergräben abwarf, um anderen Tanks das Queren zu ermöglichen, oder ein Geflecht aus Jute und Metallröhren vorne am Fahrzeug tragen, das Tanks und anderen Fahrzeugen das Queren weichen Bodens, etwa in Buchten, erlaubte. Weiters konnte er eine kleine Balkenbrücke mit 40 Tonnen Tragkraft über Spalten von bis zu 9,1 m Breite legen oder mobile Gerüst- oder Balkenbrücken in Position bringen. Er konnte auch Sprengladungen (bis zu 817 kg Hochexplosivstoff) an einem Hindernis oder einer Befestigung anbringen, sodann umkehren und den Sprengstoff zur Explosion bringen. Die 1. Sturmbrigade RE, bestehend aus drei Regimentern von je 60 AVRE, sollte bei der Landung eine Schlüsselrolle spielen. Zu den gefürchtetsten Waffen der Division Hobarts gehörten mit Flammenwerfern ausgerüstete Churchills, die Crocodiles, die gegen eingegrabene Verteidiger und ihre Bunker entsetzlich wirkten.

Am wichtigsten war es, die erste Angriffswelle mit Panzerunterstützung zu versorgen. Auch die spezialisierten Tanks

OBEN: Ein Sherman Crab bahnt sich leicht seinen Weg durch eine Stacheldrahtstellung. Der „Dreschflegel", eine rotierende, vorne am Panzer befestigte Trommel mit schweren Ketten, erwies sich als schnellste und wirksamste Methode, einen Weg durch ein Minenfeld zu bahnen. Die Ketten mussten nach einigen Detonationen ersetzt werden – sie wurden in Stücke gesprengt.

würden den Schutz direkten Kanonenfeuers der konventionelleren Panzer benötigen. Die vielleicht wichtigste unter Hobarts „Kuriositäten" war der „schwimmende" DD-(Duplex Drive – Doppelantrieb-)Tank. Er war das Produkt des Ingenieurs Nicholas Straussler, der einen Amphibienpanzer entwickelt hatte, der durch zusammenklappbare Leinwandschürzen über Wasser gehalten und von zwei kleinen, vom Hauptmotor getriebenen Schrauben angetrieben wurde. Erreichte der Tank das Ufer, wurden die Schürzen heruntergelassen und der Normalantrieb benutzt. Er diente dann als normaler Panzer mit Kanone. Man testete das System am leichten Tetrarch-Tank und dem schwereren Valentine, doch für die Normandie-Landung war der Sherman der richtige Tank. Neben Einheiten der 79. Panzerdivision benutzten auch die Amerikaner im 70. und 74. US-Tank-Bataillon den DD Sherman.

DEUTSCHE VORBEREITUNGEN

Ab Ende 1943 war den Deutschen klar, dass eine Invasion stattfinden würde. Die Frage war nur, wann und wo. Die deutschen Kommandeure, auch Hitler, meinten eher, die Alliierten würden den Kanal an seiner kürzesten Stelle überqueren und am Pas de Calais landen. Bald nach dem Fall Frankreichs hatte Hitler den Bau einer Linie von Küstenverteidigungsanlagen, des „Atlantikwalls", befohlen, um sich im Westen zu schützen. An manchen Stellen, besonders bei den Haupthäfen, war er gewaltig, anderswo dünner. Ernster war vielleicht die schlechte Qualität der ihn verteidigenden Truppen. Erst nach dem November 1943 begann die Qualität und Quantität der Verbände in Frankreich zu wachsen. Feldmarschall von Rundstedt, der Oberbefehlshaber West, hatte 58 Divisionen unter seinem Kommando, doch die Hälfte davon war statisch an Streifen der Küstenverteidigung gebunden. Wichtiger waren seine neun Panzer- und eine Panzergrenadierdivision, die wohl bei jedem Versuch, eine alliierte Invasion abzuwehren, entscheidend sein würden. Von Rundstedt stimmte nicht mit seinem Untergebenen Rommel überein, der die Heeresgruppe B (bestehend aus der 15. Armee) im Pas de Calais und die 7. Armee, die die Normandie und die Bretagne schützte, leitete. Rommel meinte, sobald die Alliierten an Land Fuß gefasst hätten, könnte man sie nicht mehr vertreiben. Deshalb müsse man die Invasion an den Küsten besiegen. Deshalb verstärkte er den Atlantikwall. Auch wollte er seine Panzerdivision möglichst nahe an der Küste halten. Doch Rund-

UNTEN: Eine interessante Auswahl deutscher Panzer, die in den Kämpfen in Nordwesteuropa zum Einsatz kamen. Im Vordergrund die Selbstfahrlafette Sturmpanzer IV *Brummbär*, in der Mitte ein PzKpfw V Panther und hinten etwas, das wie ein turmloser früher Panzer aussieht.

OBEN: Die Crew eines stark getarnten PzKpfw IV entspannt sich in der Sonne der Normandie. Die fast totale Luftbeherrschung der Alliierten machte Bewegung bei Tageslicht für die deutschen Panzer extrem gefährlich. Jagdbomber wie der Typhoon und der Thunderbolt bildeten eine ständige Bedrohung.

stedt wollte sie als mobile Reserve, die den Alliierten nach der Landung einen Gegenschlag verpassen würde, zurückhalten. Hitlers Kompromisslösung ließ beide unbefriedigt. Rommel hielt seine vorderen Verteidigungen für unzureichend bemannt, Rundstedt seine Panzerreserve für zu klein.

6. JUNI 1944: D-DAY

Der D-Day begann am 6. Juni 1944 kurz nach Mitternacht. 23.400 alliierte Luftlandetruppen wurden an den Flanken der Invasionsbuchten abgesetzt. Um 6.30 Uhr begannen die fünf Sturmdivisionen nach einem Marinebeschuss ihren Zug in die Invasionsbuchten, die von Westen nach Osten die Codenamen Utah, Omaha, Gold, Juno und Sword trugen. In Utah, einer relativ schwach verteidigten Bucht, waren die Deutschen vom vorhergehenden Beschuss wie betäubt. Ihr Schock wurde durch den Anblick von Sherman-Tanks, die aus dem Wasser auftauchten und das Feuer auf sie eröffneten, noch vergrößert. Von den 32 DD Shermans des 70. US-Tank-Bataillons schafften es 28 an Land. Die Bucht wurde unter leichten Verlusten rasch von der amerikanischen 4. Division gesichert, und ihre Männer und Fahrzeuge zogen bald durch die Sümpfe hinter den Dünen.

Die Lage der 1. US Infanteriedivision in der benachbarten Omaha-Bucht war ganz anders. Die Amerikaner hatten den Einsatz spezialisierter Tanks mit Ausnahme des DD Sherman vermieden. Von diesen schafften es nur wenige bis zur Bucht. Die See vor Omaha war schwer, und die Wellen überschwemmten die Leinwandschürzen der DD-Tanks. Aufgrund eines schweren Fehlers wurden die Panzer 5487 m vor der Küste abgesetzt, und jeder sank wie ein Stein, als er die Rampe des Landeboots verließ. Trotzdem folgten die Mannschaften der nächsten Tanks mit außerordentlichem und fatalistischem Mut ohne Zögern nach. Nur fünf der 32 DD Shermans der ersten Welle erreichten die Bucht, und diese erst nach der Infanterie. Die Spitzentruppen mussten also Omahas Verteidigungsstellungen ohne Panzerunterstützung stürmen. Die Kommandanten der folgenden LCT (Landing Craft Tank – Tank-Landeboote) setzten ihre DD-Tanks sinnvollerweise erst 229 m vor der Bucht ab. Doch viele von diesen wurden zerstört,

OBEN: Britische Infanterie und ein Sherman verlassen die Buchten. Die Unterstützung durch die Tanks erleichterte die Aufgabe der Truppen, die die deutschen Stellungen angreifen sollten, erheblich. Ohne Panzer oder bei knappem Nachschub – wie in Omaha – gab es ernste Probleme.

RECHTS: Ein Tiger der SS-*Schwere Panzerabteilung* 101 fährt am 10. Juni 1944, vier Tage nach den ersten Landungen, durch ein Dorf in der Normandie. Ab Mitte 1944 wurden die Tiger in schweren Panzerbataillonen, zugeteilt an Korps und Armeen, eingesetzt. Sie konnten taktische Erfolge erringen, doch gab es nie genügend von diesen mächtigen Ungetümen.

nachdem sie gelandet waren. Die Konfusion in der Bucht und die herumliegenden Wracks erschwerten die Landung weiterer Fahrzeuge. Viele von ihnen wurden ebenfalls sofort zerstört. Die Deutschen waren gut eingegraben und hätten die Amerikaner hier fast daran gehindert, an Land Fuß zu fassen. Am Ende des Tages zählten die Amerikaner in Omaha 2000 Verluste gegenüber 197 in Utah.

Briten und Kanadier verwendeten eine Vielzahl spezialisierter Tanks aus Hobarts 79. Panzerdivision, und dies gab ihnen einen klaren Vorteil, als es an die Säuberung der deutschen Verteidigungsstellungen ging. In Sword erreichten 34 von 40 DD Shermans die Bucht und schwächten den deutschen Widerstand, ehe die Infanterie landete. Der ersten Welle von Amphibienpanzern folgten bald spezialisierte Tanks, die AVRE-Churchills mit ihren Sprengmörsern, die Crocodile-Flammenwerfer-Tanks und die Sherman-Crab-Tanks. Diese Fahrzeuge durchbrachen rasch die Verteidigung und stießen in die Dünen jenseits davon vor. In Juno, einige Kilometer westlich, durchbrachen die Kanadier die deutschen Stellungen, doch unter größeren Verlusten. Die meisten DD-Tanks erreichten die Küste nach der Infanterie, doch erwiesen sie sich in den Kämpfen hinter den Dörfern jenseits der Bucht als nützlich. Auch in Gold trafen die Panzer spät ein und konnten nicht gegen das heftige deutsche Geschützfeuer aus den Bunkern helfen, von denen die meisten den Marinebeschuss unversehrt überstanden hatten. Als die AVRE und „Dreschflegel" einzutreffen begannen, wurde der deutsche Widerstand überwunden, und Tanks und Infanterie zogen in die Gebiete jenseits der Bucht. Es ist zwar einfach, die Wichtigkeit von Hobarts „Kuriositäten" bei der Säuberung der britischen und kanadischen Buchten zu betonen, doch lohnt es sich, ihre relativ raschen Erfolge mit den Erfahrungen der Amerikaner in Omaha zu vergleichen, die nicht über diese Art der Unterstützung verfügten. Der wirkliche Erfolg war der DD-Tank, der auf die Verteidiger eine starke psychologische Wirkung hatte, abgesehen von seiner direkten Unterstützung der Infanterie mit Feuer.

Die einzige deutsche Panzerdivision nahe der Buchten war die 21. Zunächst sollte sie gegen die britischen Luftlandetruppen östlich der Orne ziehen. General Marcks, der Kommandeur des 84. Korps, stoppte diese Operation, weil er zu Recht annahm, dass die 127 PzKpfw IV und die 40 Sturmgeschütze der Panzerdivision besser gegen die britischen und kanadischen Landeköpfe eingesetzt würden. Am späten Nachmittag war die Division zur Stelle. Marcks, der vorgefahren war, sagte zum Kommandeur des 22. Panzerregiments, Oberst von Oppeln Bronikowski: „Oppeln, wenn Sie es nicht schaffen, die Engländer ins Meer zu treiben, haben wir den Krieg endgültig verloren."

Nun begannen die Panzer und Panzergrenadiere in Richtung Norden vorzurücken. Die Division zog geradewegs in die Lücke zwischen die Juno- und die Sword-Bucht. Doch der Angriff scheiterte auf offenem Gelände an gut postierten Tanks und Panzerabwehrgeschützen. Die Sherman-Fireflies (eine britische Version des Sherman mit einer vorzüglichen 17-Pfünder-Panzerabwehrkanone) der Staffordshire Yeomanry (motorisierte Miliz) bereiteten den Deutschen ernste Probleme. Nur eine Hand voll Panzergrenadiere erreichte das Meer, und die Division zog sich wegen einer Landung von Luftlandetruppen im Gebiet hinter ihr, die sie abzuschneiden drohten, zurück. Der Angriff hatte sie 70 ihrer 120 Panzer gekostet.

DER KAMPF UM CAEN

Die Einnahme Caens gehörte zu Montgomerys Zielen für den ersten Tag. Nur die Tanks der Staffordshires und die Truppen der King's Own Shropshire Light Infantry hatten eine Chance, die Stadt zu erreichen. Doch der Gegenangriff der 21. Panzerdivision nahm den Briten ihren Schwung und sie gerieten zeitweilig in die Defensive. Die 21. Panzerdivision ging nach Caen zurück und grub sich ein. In der Nacht traf die 12. SS-Panzerdivision *Hitlerjugend* ein und stärkte die deutschen Stellungen. Am 7. Juni erneuerte Montgomery seine Bemühungen um Caen. Die leichten Stuart-Tanks der 9. Kanadischen Brigade führten den Vorstoß der 3. Kanadischen Division an und trafen auf Teile der *Hitlerjugend*. Die SS-Panzersoldaten und Panzergrenadiere richteten die kanadischen Tanks übel zu

OBEN: Eine Kolonne britischer Cromwell-Tanks am 25. Juli 1944 in der Normandie auf dem Weg zu ihrer Startlinie. Der Cromwell wurde in den britischen und kanadischen Panzereinheiten weit weniger benutzt als der allgegenwärtige Sherman. Trotzdem war er eine starke Verbesserung gegenüber den meisten älteren britischen Modellen und auf dem Weg zu gleicher Qualität wie die deutschen Modelle.

und starteten eine Gegenoffensive. Doch die Kanadier hatten genügend Feuerunterstützung, und der Kampf wogte hin und her. Obwohl die *Hitlerjugend* den kanadischen Vorstoß aus der Balance gebracht hatte, konnte sie sie nicht ins Meer zurücktreiben.

In den dichten Heckengebieten der Normandie entwickelte sich rasch ein Abnutzungskampf. Der Verteidiger war im Vorteil, und die Kämpfe fanden oft auf kürzeste Distanz statt. Beide Seiten verloren Männer und Material, als die Alliierten ihre Kräfte aufbauten und die Deutschen Verstärkungen heranbrachten. Inzwischen versuchten die Briten, aus dem Brückenkopf auszubrechen. Dazu war die Einnahme Caens nötig. Nach dem gescheiterten kanadischen Frontalstoß beschloss Montgomery, die Stadt einzukreisen. Er entdeckte ein Loch in den deutschen Stellungen, und am 12. Juni zog die 7. Panzerdivision durch diese Lücke südlich von Caen. Anfangs machte die Division gute Fortschritte, wie der Kommandeur des führenden Verbands der 8. Hussars, Colonel Goulburn, aufzeichnete: „Wir beginnen zu glauben, wir haben einen völligen Durchbruch erreicht." Doch wegen sich verstärkenden deutschen Widerstands versuchten die führenden Einheiten den Vorstoß ostwärts aufrechtzuerhalten. Am Morgen des 13. ging der Stoß weiter, und die 4. County of London Yeomanry (4. CLY) erreichte das Dorf Villers Bocage. Hier

RECHTS: Amerikanische Soldaten in einem M4A3 mit 105-mm-Kanone, gefolgt von einem Jeep, befreien eine französische Stadt. Die etwas zu hohe Silhouette ist offensichtlich, doch die Zuverlässigkeit des Sherman und seine ausgezeichneten Leistungen zeigten sich, als die Alliierten aus der Normandie ausbrachen.

wurde der britische Vormarsch allein durch Hauptmann Michael Wittmanns 501. SS-Panzer-Bataillon abgeschwächt.

Die Briten hatten außerhalb des Dorfes gehalten, als Wittmann hinter sie schwenkte. Der erste Schuss der 88-mm-Kanone seines Tigers zerstörte den hintersten Cromwell der 4. CLY, der zweite den Sherman Firefly davor. Dann nahm er die Rifle Brigade Company, die die Tanks begleitete, unter Maschinengewehrfeuer. Nachdem er die Infanterie erledigt hatte, ging er an die Zerstörung der restlichen Cromwells der 4. CLY weiter im Dorf. Wittmann griff die Nachhut der britischen Kolonne an, zerstörte das hinterste Halbkettenfahrzeug und nahm sich dann methodisch die ganze Kolonne vor. Er zerschoss alle 25 Fahrzeuge. Obwohl sein Tiger später abgeschossen wurde, konnte Wittmann entkommen und genügend Tanks von der nahen *Panzer Lehr*-Division für einen Gegenangriff holen und das Dorf zurückerobern. Als Folge dieses Desasters begann der ganze Vorstoß der 7. Panzerdivision unter dem Druck der *Panzer Lehr*- und der neu eingetroffenen 2. Panzerdivision zusammenzubrechen. Die Briten befanden sich im Stillstand.

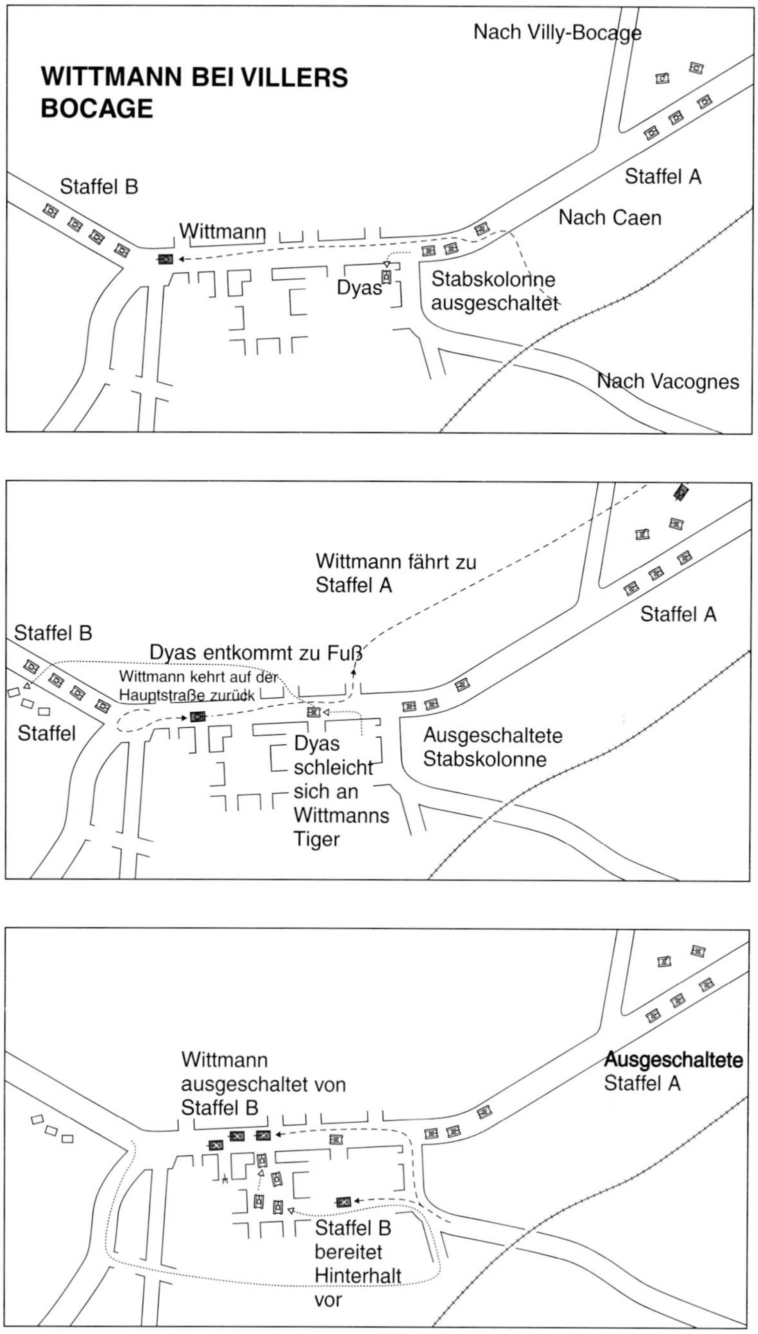

OBEN: Wittmanns große Stunde: Er erledigte bei Villers Bocage allein zwei britische Staffeln und verzögerte den britischen Vormarsch in diesem Gebiet ernsthaft. Doch seine Gier nach weiterem Erfolg war sein Untergang, da er durch einen Hinterhalt ausgeschaltet wurde, als er zum Kampfplatz zurückkehrte.

AUSGEZEICHNETE AUSBILDUNG

Die Deutschen passten sich den Kämpfen in der Normandie besser an als ihre alliierten Gegner. Dies beruhte teilweise auf der ausgezeichneten deutschen Militärdoktrin und der guten Zusammenarbeit ihrer Panzer und der sie unterstützenden Infanterie, der Panzergrenadiere. Die Briten neigten dazu, ihre Infanterie und Tanks sich trennen oder fast unabhängig voneinander operieren zu lassen, und so büßten die Tanks, wenn sie auf eine deutsche Panzerabwehrstellung trafen und keine Infanterie zur Säuberung bei sich hatten. Auch bestand das Problem des Qualitätsunterschieds zwischen alliierten und deutschen Panzern. Der Sherman war dem PzKpfw IV etwa gleichwertig und viel zuverlässiger und wendiger als seine deutschen Gegner. Doch wurde er von den Panthern und Tigern, die viele deutsche Panzerdivisionen besaßen, deklassiert. Die 75-mm-Kanone des Sherman konnte weder die Frontalpanzerung des Panthers noch die des Tigers durchschlagen, während ein Panther einen Sherman auf 2743 m und ein Tiger ihn auf 1645 m Distanz erledigen konnte. Auch der Sherman mit 76-mm-Kanone konnte den Turm eines Panthers frontal nur auf 549 m durchschlagen, der Panther umgekehrt auf die fünffache und der Tiger auf die dreifache Distanz. Die britischen Cromwells und Churchills waren nicht besser. Nur wenn der Sherman mit einem britischen 17-Pfünder ausgerüstet war, hatte er eine Chance.

Ein britischer Churchill-Panzer-Kommandant, Lieutenant Andrew Wilson, beschrieb das Ungleichgewicht deutlich, wenn er ein Gespräch vor dem D-Day schildert:

„Wovon haben die Deutschen die meisten?"

„Panther. Der Panther zerschießt einen Churchill auf eine Meile Entfernung."

„Und wie erwischt ein Churchill einen Panther?"

„Er schleicht auf ihn zu. Ist er nahe genug, so versucht der Kanonier, die Unterseite des Geschützmantels des Panthers zu treffen. Hat er Glück, geht der Schuss durch ein dünnes Stück Panzerung über dem Kopf des Fahrers."

„Hat das je einer gemacht?"

„Ja, Davis von der C-Staffel. Jetzt ist er wieder zurück und versucht, seine Nerven wieder in Ordnung zu bringen."

„Was kommt als Nächstes auf der Liste?"

„Tiger. Der Tiger erwischt dich auf anderthalb Meilen."

„Und wie erwischt ein Churchill einen Tiger?"

„Er muss ihm auf 200 Yards nahe kommen und durch sein Periskop schießen."

„Hat das je einer gemacht?"

„Nein."

Dazu kam noch die vorzügliche tragbare Panzerabwehrwaffe, die *Panzerfaust*, die auf relativ kurze Distanz fast jeden alliierten Tank zerstörte. Kein Wunder, dass die alliierten Panzerkräfte in der Normandie trotz ihrer großen Überzahl zu kämpfen hatten.

Epsom

Aufgrund der Niederlage bei Villers Bocage gab es keinen raschen britischen Ausbruch. Inzwischen hatte die starke 2. SS-Panzerdivision *Das Reich* die Front erreicht, die zuvor in Südfrankreich gestanden war. Wegen ständiger Angriffe der französischen Résistance kam sie erst Ende Juni an. Diese zusätzlichen Panzer und die bevorstehende Ankunft des 2. SS-Panzerkorps erlaubten Rommel, mit der Planung eines Gegenschlags zu beginnen, der die Alliierten aus Frankreich werfen sollte. Doch der Nachrichtendienst warnte Montgomery, der seine eigene Offensive, Operation Epsom, begann, um die SS-Panzer in den Kampf zu ziehen und Rommels Plan zuvorzukommen. Epsom wurde von General Richard O'Connors 8. Korps mit der 11. Panzerdivision ausgeführt. Sie attackierte die deutschen Linien westlich von Caen. O'Connors' Männer machten gute Fortschritte, erreichten den Odon und zwangen Rommel, das SS-Panzerkorps gegen die Briten einzusetzen. Die 9. und 10. SS-Panzerdivision wurden gegen die 11. Panzerdivision geworfen und unterstützt durch alliiertes Marine- und Artilleriefeuer blutig zurückgeschlagen. Dann zog sich die 11. über den Fluss zurück, doch Rommels Offensive blieb aus. Hierauf setzte Montgomery die Luftwaffe ein. Am Abend des 7. Juli zerstörten alliierte Bomber Caen, was britischen und kanadischen Truppen schließlich ermöglichte, die Stadt einzunehmen.

Die Deutschen waren zu einer neuen Verteidigungslinie südlich von Caen gezogen. Am 18. Juli begann Montgomery die Operation Goodwood, die Caen umgehen und nach Falaise ziehen sollte. An der Spitze stand wieder O'Connors' 8. Korps mit allen drei britischen Panzerdivisionen: 7., 11. und die Guards. Wieder ging dem Angriff massives Artillerie- und Luftbombardement voraus. Doch die Deutschen waren bereit, denn diesmal hatte ihr Nachrichtendienst die britischen Pläne richtig vorhergesagt. General Eberbach von der Panzergruppe West stellte dem 8. Korps fünf Linien von Tanks und Panzerabwehrkanonen in den Weg. Die Briten mit der 11. Panzerdivision an der Spitze machten anfangs gute Fortschritte, doch wie bei Villers Bocage und während der Operation Epsom begann der deutsche Widerstand bald blutigen Zoll zu fordern. Die 11. Panzerdivision verlor 126 Tanks, die Guards 60. Die Kanadier an ihrer Flanke büßten ähnlich. Die Panther der 1. SS-Panzerdivision *Leibstandarte* und die zerschlagene, doch unverwüstliche 12. SS-Panzerdivision *Hitlerjugend* verursachten entsetzliche Verluste. Als sich Goodwood schließlich totlief, hatten die Briten 400 Tanks verloren, 36 Prozent ihrer Stärke in Frankreich. Die alliierte Materialüberlegenheit war jedoch so groß, dass jede Panzerdivision innerhalb von 36 Stunden voll ergänzt werden konnte. Die Deutschen waren dazu nicht in der Lage. Da Goodwood auf offenem Gelände stattfand, bezahlten die Briten teuer für den Mangel an einem Tank wie dem Panther oder Tiger und die schlechte Koordination von Panzern und Infanterie.

Cobra

Während Goodwood den Hauptteil der deutschen Panzer in der Normandie ansog, bereiteten die Amerikaner eine Of-

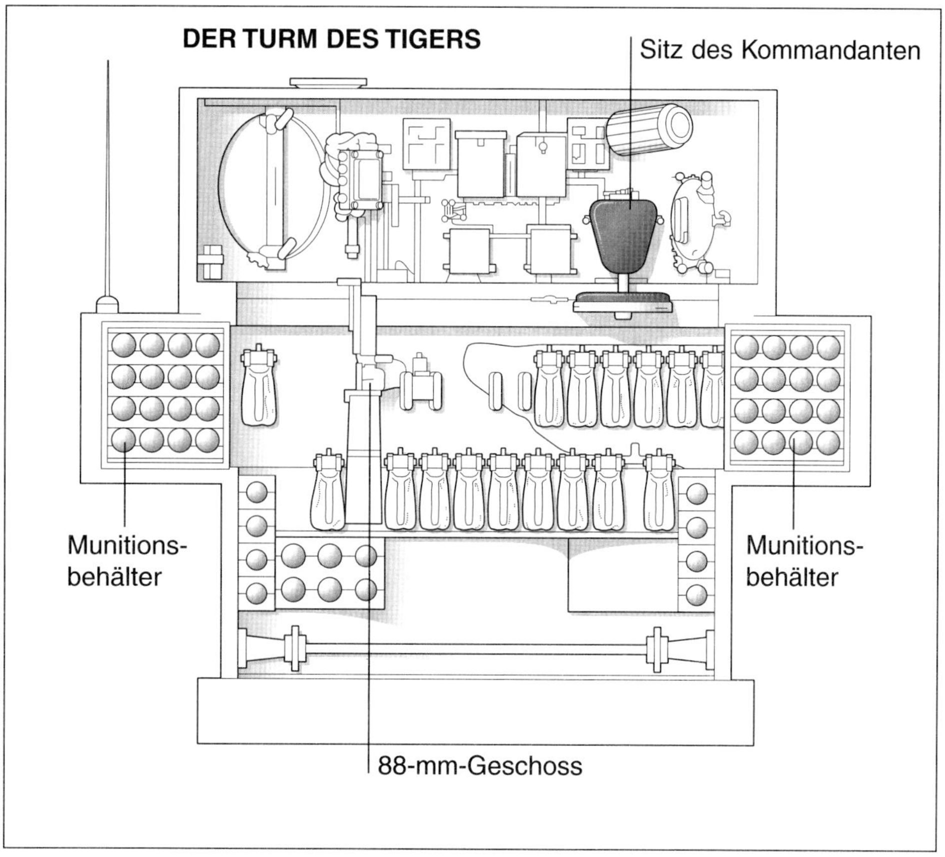

LINKS: Schnitt durch den Tiger I, der die Lagerung von Munition in den Hohlräumen zeigt. Die Bereiche der Munitionslagerung waren gut gepanzert, da ein Schlag durch die Panzerung fatal gewesen wäre. Die Größe der Kanone des Tigers hatte zur Folge, dass er weniger Munition mit sich führte als seine Zeitgenossen.

fensive auf die geschwächte deutsche Linie vor ihnen vor. Dies würde die Krönung der alliierten Erfolge des Feldzugs sein. General Omar Bradleys Armee war in zwei Wochen schweren Kampfs nur 11 km vorwärts gekommen, doch mit der Operation Cobra sollte sich das Tempo des Vorstoßes ändern. Wie immer begann man mit massivem Bombardement, diesmal vor allem der *Panzer Lehr*-Division General Fritz Bayerleins. *Panzer Lehr* war bei ihrer Ankunft in der Normandie reichlich mit Tanks versehen. Bis zum Juli jedoch, nach 49 Tagen ständigen Kampfs, hatte sie nur noch 2200 Mann und 45 einsatzfähige Panzer. Sie hielt eine 4,8 km lange Front südlich von Saint-Lô, direkt an der Achse des Vorstoßes von Cobra. Am Morgen des 25. Juli griffen Wellen von US P-47-Thunderbolt-Jagdbombern die Division mit Sprengbomben und Napalm an. Ihnen folgten 400 mittlere Bomber mit 227-kg-Bomben. Sodann kamen 1500 schwere B-17 Flying Fortress und B-24-Liberator-Bomber, die insgesamt 3300 Tonnen Bomben trugen. Sie radierten die Stellungen unterhalb von ihnen aus. Panther wurden getroffen und hoch in die Luft geschleudert. Zuletzt griffen 300 P-38-Lightning-Jagdbomber mit Splitter- und Napalmbomben an. Fast die Hälfte der Männer der *Panzer Lehr* starb bei dem Angriff. Hunderte wurden von den 10.000 amerikanischen Geschützen getötet, die nach dem Luftbombardement das Feuer eröffneten. Bayerlein, ein Veteran aus der Wüste, erhielt von Feldmarschall von Kluge, der den verwundeten Rommel ersetzt hatte, den Befehl, die Stellung zu halten. Er ant-

UNTEN: General Leclerc von den Freien Französischen Streitkräften, Kommandeur der 2. Französischen Panzerdivision. Hier beobachtet er Tanks seines Kommandos, die am 25. August 1944 bei der Befreiung von Paris durch die Straßen rattern.

wortete: „Jeder hält die Front ... jeder. Meine Grenadiere und Pioniere, meine Panzerjägerkanoniere, sie halten. Keiner hat seine Stellung verlassen, keiner. Sie liegen in ihren Fuchslöchern, still und stumm, da sie tot sind. Tot, verstehen Sie? Sagen Sie dem Feldmarschall, dass die *Panzer Lehr* zerstört ist. Nur die Toten können weiter standhalten." Die Division kämpfte noch, bis die amerikanischen Tanks sie am nächsten Tag wegfegten.

Trug die Feuerkraft zum alliierten Erfolg in der Normandie bei, so leistete eine geistreiche Erfindung, die bei Cobra eingesetzt wurde, einen weiteren Beitrag dazu. Sie machten die Tanks in der Bocage manövrierfähig. Hunderte Tanks der 1. US Tank Army waren mit dem Rhino ausgestattet, einer Reihe von an der Front eines Sherman angeschweißten Stahlzähnen. So konnten sie durch die Hecken stoßen. Die US Army hatte das Problem des Kampfs in der Bocage seit der Landung bedacht. Sergeant Curtis Culin von der 102. Kavallerieaufklärung der 2. Panzerdivision fand die Lösung. Bradleys Tanks konnten nun durch das Gelände fahren, während ihre Gegner auf den Straßen bleiben mussten.

Als die Amerikaner endlich die *Panzer Lehr* abgeschüttelt hatten, kamen sie daher auf offenem Gelände bemerkenswert schnell voran. Bis zum 29. Juni waren amerikanische Tanks 48 km weit bis Avranches am Fuß der Normandie-Halbinsel vorgerückt. Seine Eroberung öffnete die gesamte deutsche linke Flanke in der Normandie, und vier Panzerdivisionen drangen südlich von Coutances ein. Trotzdem leisteten die Deutschen immer noch bemerkenswert zähen Widerstand. Eine Schlacht nahe St-Denis-le-Gast zwischen der 2. US Panzerdivision, der 2. SS-Panzer- und der 17. SS-Panzergrenadierdivision wurde von einem amerikanischen Offizier als „der gottloseste Anblick, den ich je auf einem Schlachtfeld sah" beschrieben. Der Traum einer Rückkehr zur mobilen Panzerkriegsführung schien Realität zu werden. Die Amerikaner hatten den Mann, die Lage auszunutzen: General George S. Patton.

Pattons 3. Armee griff am 1. August ein, und seine Panzerdivisionen drangen fast ohne deutschen Widerstand in die Bretagne ein. Die gesamte Armee sollte die Haupthäfen der Bretagne einnehmen, doch brauchte es dazu nur ein Korps,

UNTEN: Müde deutsche Soldaten der 6. SS-Panzerarmee passieren im Dezember 1944 in den Ardennen einen Panther. Man sieht die Größenentwicklung der deutschen Tanks. Der 45-Tonner sollte ursprünglich die Rolle eines mittleren Tanks ausüben und die treuen PzKpfw III und IV ersetzen.

obwohl sie stark befestigt waren. Patton sah rasch, dass sich die Operationen in der Bretagne auf ein Minimum beschränken sollten, während der Rest seiner Armee sich ostwärts in Richtung zur Seine wandte. Bradley stimmte am 3. August zu, und Montgomery pflichtete bei, obwohl seine Logistiker mehr Ressourcen in die Bretagne verlegen und die Einnahme der Häfen beschleunigen wollten. Wie er zu Brooke sagte: „Das Hauptgeschäft liegt im Osten."

DER MORTAIN-GEGENANGRIFF

Der Zusammenbruch der deutschen Position schien nahe. Ein Rückzug hinter die Seine hätte die Lage vielleicht stabilisiert, doch Hitlers Einmischung führte zum Desaster. Am 2. August befahl er Kluge einen starken Panzer-Gegenangriff mit „allen verfügbaren Panzereinheiten, ungeachtet ihrer gegenwärtigen Aufgaben", um den Hals der Halbinsel Cotentin zu erobern und alle US-Truppen in der Bretagne und südlich von Avranches abzuschneiden. Von Kluge kabelte dem OKW, dass „Panzer das Rückgrat unserer Verteidigung sind. Wo sie abziehen, wird unsere Front nachgeben. Funktioniert dieser Plan nicht, was ich fürchte, so ist die Katastrophe unvermeidlich." Trotzdem konnte er eine Panzerstreitmacht aus den Resten der 2. Panzerdivision, der 1. und 2. SS-Panzerdivision und dem einzigen frischen Verband, der 116. Panzerdivision, zusammenkratzen. Gemeinsam hatten sie nur 250 Tanks. Der Angriff am 7. August machte gegen die 1. US Army trotz zähen Widerstands einigen Fortschritt. Mortain wurde zurückerobert und vier Panzerdivisonen konnten 17,7 km tief in die amerikanischen Linien eindringen. Am nächsten Tag traf die volle Gewalt der alliierten Luftmacht die Deutschen. Auch verstärkten die Amerikaner ihre Stellungen. Obwohl die Deutschen noch vier Tage lang angriffen, gelang ihnen kein weiterer Fortschritt. Die Offensive verschlechterte bloß die düstere deutsche Situation, denn sie zog viele ihrer Tanks westwärts in einen Kessel, der sich rasch um die Deutschen schloss.

Am 7. August warf Montgomery die 1. Kanadische Armee südwärts in eine große Offensive zur Eroberung von Falaise. General Crerar, Kommandeur der Kanadier, führte nach einem schweren Einleitungsbombardement einen sorgfältig

LINKS: Ein PzKpfw V Panther Ausf G im Dezember 1944 in den Ardennen in der (zeitweiligen) Offensive. Die alliierte Luftbeherrschung zwang die Deutschen, ihre Gegenoffensive bei schlechtest möglichem Wetter zu führen, um die alliierte Luftwaffe am Boden zu halten und Erfolgsaussichten zu haben.

geplanten Panzerschlag. Die Kanadier erzielten erhebliche Anfangserfolge, doch die 4. Kanadische und die 1. Polnische Panzerdivision waren unerfahren und kamen kaum voran, als die Gegenwehr stärker wurde. Wieder einmal hatten die Deutschen durch den geschickten Einsatz ihrer mageren Panzerreserven eine alliierte Offensive abgestumpft. Doch der rasche Vormarsch von Teilen von Pattons 3. Armee westwärts, gekoppelt mit der kanadischen Offensive, brachte Bradley auf die Idee, die Hauptmasse der deutschen Kräfte in einem Kessel bei Mortain zu fangen. Konnten die Kanadier Falaise einnehmen und Patton, dessen vorderste Divisionen bei Le Mans waren, nördwärts nach Argentan ziehen, dann würden nur 23 km die kanadischen und die amerikanischen Kräfte trennen. Vereinigten sie sich, so wären 21 Divisionen der deutschen Armee westlich von Falaise gefangen. Montgomery billigte den Plan sofort.

Der Kessel von Falaise

Patton wandte sich nordwärts und traf kaum auf Widerstand. Am Abend des 12. August ereichte er Argentan. Er bat Bradley, seine Kräfte gleich bis nach Falaise ziehen zu lasen, doch der lehnte ab. Am 14. August griffen die Kanadier wieder an. Inzwischen zogen die Deutschen so viele Truppen wie möglich ostwärts, um der sich schließenden alliierten Zange zu entkommen. Schließlich schloss sich der Kessel, als sich am 19. August die kanadischen und amerikanischen Truppen trafen. Ein Versuch der Überreste des 2. SS-Panzerkorps, von außen einen Weg in den Kessel zu bahnen, wurde beherzt abgewehrt. Die deutschen Verlustzahlen schwanken. Etwa 10.000 Mann fielen und geschätzte 50.000 wurden gefangen genommen. Vielleicht 20.000 bis 35.000 konnten entkommen. Nur wenig kostbare schwere Ausrüstung konnte gerettet werden. Der alliierte Vormarsch erhielt seinen Schwung aufrecht, doch um nicht wieder eingekreist zu werden, zogen die Deutschen 240.000 Mann über die Seine zurück. Patton erreichte den Fluss am 19. August, und seine Männer überquerten ihn als Erste. Bis zum 25. August hatten ihn alle vier alliierten Armeen (Dempseys 2. Britische, Crerars 1. Kanadische, Hodges 1. Amerikanische und Pattons 3. Amerikanische) überquert. Der Normandiefeldzug war vorüber.

Die Alliierten zogen rasch westwärts. Am 25. August befreite Leclercs französische Panzerdivision Paris. Patton überschritt am 31. August die Meuse und erreichte am Tag darauf Metz, wobei er die deutschen Truppen vor ihm in Auflösung einhertrieb. Die Garde-Panzerdivision erreichte am 3. September Brüssel, nachdem sie an einem Tag 120 km zurückgelegt hatte. Am 11. November traf die 11. Panzerdivision in Antwerpen ein und fand den Hafen intakt vor. Die deutsche Position schien zusammengebrochen zu sein. Sie konnten an der Westfront noch etwa 100 Panzer gegen die 2000 der alliierten Speerspitze einsetzen. Nur logistische Überdehnung zwang die alliierten Armeen beim Sturm zu den Grenzen des Dritten Reichs zu Pausen. Viele höhere alliierte Kommandeure glaubten, der Krieg würde bereits 1944 gewonnen werden.

Doch als die alliierten Armeen zur Versorgung mit Benzin und Erholung Halt machten, verstärkte sich die deutsche Verteidigung. Die Briten blieben um Antwerpen hängen. Die 1. US Army traf auf die Westwall-Stellungen um Aachen und stoppte. Sogar Patton machte ihm Süden bei Metz wenig Fortschritte, da er nun dem Hauptteil der deutschen Truppen im Westen gegenüberstand. Er forderte zusätzliche Reserven, damit die 3. Armee in Richtung Frankfurt stoßen konnte. Doch Eisenhower war auch mit Montgomerys Plan beschäftigt, ins norddeutsche Flachland zu stoßen, indem Dempseys britische 3. Armee rasch durch Holland zog und bei Arnheim den Rhein überquerte. Eisenhower hatte nicht für beide Pläne zugleich Reserven. So unterstützte er Montgomery.

Die Operation Market Garden, der Plan Montgomerys, begann am 17. September 1944. Es war die bis dahin größte Luftlandeoperation. 16.500 Fallschirmjäger und 3500 mit Seglern gelandete Soldaten sollten die Brücken auf dem Weg des Vorstoßes der 2. Armee sichern. Die 101. US Luftlandedivision wurde bei Eindhoven abgesetzt, die 82. US bei Grave und Groesbeek, und die britische 1. Luftlandedivision bei Arnheim. Doch nach gutem Beginn lief die Operation völlig schief. Während der Vorbereitung von Market Garden waren eine Reihe von Fehlern gemacht worden. Die Luftaufklärung hatte deutsche Panzer in der

Gegend von Arnheim gezeigt. Doch der Kommandeur von Market Garden, Lieutenant General Browning, meinte: „An Ihrer Stelle würde ich mit keine Sorgen machen ... Sind sind wahrscheinlich nicht einsatzfähig.“ Er informierte die 1. Luftlandedivision nicht über die Anwesenheit der Panzer. Doch die Tanks gehörten zur 9. und 10. Panzerdivision, die in der Gegend überholt wurde, und sie sollten in der Schlacht eine entscheidende Rolle spielen. Auch setzte die RAF (britische Luftwaffe) bei Arnheim keine Fallschirmjäger ab, da man dort starke Flak-Stellungen vermutete. Die Truppen landeten also 9 bis 12 km westlich der Brücke. Nur ein Bataillon des Fallschirmjäger-Regiments erreichte die Arnheim-Brücke, wo sie auf kampferprobte SS-Panzergrenadiere trafen. Die anderen Truppen versuchten zu seiner Unterstützung zur Brücke zu gelangen, fanden sich aber den Panthern, Tigern und Selbstfahrlafetten der SS-Panzerdivisionen mit kaum mehr als Gewehren, leichten Maschinengewehren und Handgranaten gegenüber. Inwischen kam die Garde-Panzerdivision als Spitze von Horrocks' 30. Korps nur langsam voran, um die Luftlandetruppen zu entsetzen. Die amerikanischen Luftlandedivisionen hatten ihre Ziele besetzt und hielten sie, doch der langsame Vorstoß der britischen Panzer wurde weiter durch heftige deutsche Gegenangriffe gebremst. Als Horrocks' 30. Korps Arnheim erreichte, waren die Fallschirmjäger schon von der Brücke vertrieben, und die Deutschen hatten Artillerie und Panzer hinüberschaffen können. Von den 10.005 Mann der 1. Luftlandedivision entkamen nur 2163 zu den britischen Linien. Arnheim bewies, dass leicht bewaffnete Truppen keine Chance gegen Tanks hatten. Der langsame Vormarsch der britischen Panzerkräfte und ihr Unvermögen, die Luftlandetruppen in Arnheim zu

OBEN: Ein amerikanisches M-10-Sturmgeschütz. Die US Army trennte ihre Sturmgeschütze manchmal unnötig vom Rest der Panzerwaffe, der dann oft für Panzer ungeeignete Aufgaben übernehmen musste.

OBEN: Shermans der Freien Franzosen rücken Ende 1944 im Saargebiet vor. Alle Einheiten der Freien Franzosen waren mit Shermans ausgerüstet, die leicht verfügbar waren. Nach dem Krieg allerdings benutzte mindestens eine französische Einheit erbeutete deutsche Panther.

erreichen, hatte zur Folge, dass der Rhein nicht überschritten wurde und der Krieg bis 1945 weiterging.

Die Kämpfe in Frankreich bewiesen immer wieder die Qualität der deutschen Armee und ihres äußerst geschickten Einsatzes der beschränkten Panzerreserven in der Defensive. Stark in der Unterzahl, besonders bezüglich des Materials, und der unbeschränkten Gewalt der alliierten Luftwaffe ausgesetzt, kämpften die Deutschen unbeirrt bis zum Stillstand gegen die alliierten Armeen. Die gute Zusammenarbeit von Panzern und Infanterie war eine mächtige und zuverlässige Kombination. Dagegen erwies sich das Unvermögen der Alliierten, besonders der Briten, ihre Tanks und Truppen richtig zu koordinieren, als ernstes Hindernis auf dem Weg zum Erfolg. Doch die Alliierten siegten unter relativ geringen Verlusten. Schließlich setzte sich die überwältigende Feuerkraft trotz allem durch. Als die Alliierten erst einmal aus den Brückenköpfen in der Normandie ausgebrochen waren, bewies der Sherman seinen Wert. Nur ein so zuverlässiger Tank wie er konnte den langen Weg der Alliierten in der zweiten Hälfte des Jahres 1944 bewältigen.

Ermutigt durch die Stabilisierung der Front entlang der deutschen Grenze und einige lokale Erfolge in den Ardennen gab Hitler am 16. September 1944 dem OKW bekannt: „Ich habe gerade eine bedeutsame Entscheidung getroffen. Wir werden zum Gegenangriff übergehen. Und zwar hier, in den Ardennen, mit dem Ziel Antwerpen." Hitler hoffte, den Krieg gegen einen seiner Gegner beenden zu können, und für seine beste Chance hielt er eine Offensive im Westen. Seine Generäle waren entsetzt. Sein Plan eines einzelnen Stoßes gegen Antwerpen, um den Hauptteil von Montgomerys 21. Heeresgruppe abzuschneiden, überstieg die Möglichkeiten der deutschen Armee Ende 1944 bei weitem. Model, Kommandeur der Heeresgruppe B, fluchte: „Dieser Plan ist nichts wert! Sein Erfolg wäre ein Wunder."

EINE NEUE PANZERARMEE

Hitler konnte eine Reihe Divisionen von der Ostfront abziehen – als Folge der sowjetischen Erfolge war dort die Front kürzer geworden. Er bildete aus vier SS-Panzer- und fünf Infanteriedivisionen die 6. SS-Panzerarmee. Diese sollte den Hauptstoß aus den Nordardennen anführen. Zugleich sollte die neue 5. Panzerarmee General Hasso von Manteuffels, aus drei Panzer- und vier Infanteriedivisionen bestehend, in Richtung Bastogne angreifen. Im Süden sollte die schwächste Kraft, Erich Brandenbergers 7. Armee (vier Infanteriedivisionen), die Flanke decken. Model leitete die ganze Operation. Der Schlüssel der Offensive waren die sieben Panzerdivisionen: Dietrichs 1. SS *Leibstandarte,* die 12. SS *Hitlerjugend,* die 2. SS *Das Reich,* die 9. SS *Hohenstaufen,* Manteuffels 116. und 2. und die *Panzer Lehr.* Alle waren unterbesetzt. Theoretisch hätten sie 490 Panther haben sollen, doch nur 340 waren verfügbar. Die Luftwaffe konnte 1000 Flugzeuge bereitstellen, doch die deutschen Kommandeure vertrauten lieber auf schlechtes Wetter, um die alliierten Luftkräfte vom Himmel fern zu halten.

Der deutsche Vorstoß sollte den schwächsten Sektor der alliierten Front treffen. Lieutenant General Hodges' 1. US Army war für die Ardennen verantwortlich, doch der Großteil ihrer Truppen war in der Gegend von Aachen im Einsatz. Da Hodges die Ardennen trotz der Erfahrung von 1940 für Offensivoperationen für ungeeignet hielt, deckten nur fünf sich erholende oder unerfahrene Divisionen über 130 km Front, die 99. und 106. vom 5. Korps und die 28. und 4. vom 8. Korps, mit der 9. Panzer in Reserve. Die Aufklärung meldete den deutschen Aufmarsch, wurde aber falsch interpretiert, und die Deutschen hielten strenge Funkstille. Außerdem waren wegen Schlechtwetters keine alliierten Aufklärungsflüge möglich. Bradley und Montgomery glaubten nicht an einen deutschen Angriff.

Die Überraschung war perfekt, als die Deutschen, unterstützt von durch die niedrigen Wolken reflektiertem Scheinwerferlicht, am 16. Dezember 1944 um 5.30 Uhr angriffen. Ihnen half Otto Skorzenys 150. SS-Brigade, die amerikanische Uniformen trug und mit erbeuteten amerikanischen Fahrzeugen und als M-10-Sturmgeschütze getarnten Panthern ausgerüstet war. An der Spitze von Dietrichs Vormarsch stand die *Kampfgruppe Peiper,* ein verstärktes Panzerregiment der *Leibstandarte* unter Joachim Peiper. Diese Truppe sollte schnellstmöglich in Richtung Antwerpen vorstoßen. Hinter Peiper kam ein SS-Bataillon von 30 Königstigern. Die gewaltigen Tanks waren für einen raschen Vormarsch ungeeignet. Vom 17. bis 19. Dezember konnte Peiper 40 km vorrücken. Der wachsende amerikanische Widerstand auf seinem Weg zeigte die Schwäche der SS-Truppe. Sie neigte eher zum Kampf mit dem Gegner, als ihn zu umgehen. Dadurch staute sich inzwischen hinten der Verkehr, verstopfte die Straßen und verlangsamte Dietrichs Vormarsch. Als Peipers Stoß zum Stehen kam, suchte Dietrich nach neuen Wegen für den Vormarsch, um den Schwung des Stoßes in den Norden zu erhalten. Obwohl die *Hitlerjugend* Dom Bütgeneach nehmen konnte, kam auch ihr Vormarsch bald, trotz des Einsatzes einiger Jagdpanzer IV/70 und Jagdpanther-Sturmgeschütze, ins Stocken.

Im Süden hatte Manteuffel mehr Erfolg. Er schlug durch die 28. und 106. US-Division, und seine Panzer rasten zu zwei wichtigen Zentren des lokalen Straßennetzes, St-Vith und Bastogne. Bei St-Vith leisteten die Amerikaner, unterstützt von der 7. US-Panzerdivision, starken Widerstand. Doch am 22. Dezember

OBEN: General George S. Patton, Kommandeur der 3. US Army und der erfolgreichste US-Panzerkommandeur des Zweiten Weltkriegs. Sein Schwung und Elan war entscheidend für den raschen Zug der Alliierten zu den Grenzen Deutschlands und die Überquerung des Rheins. Er starb bei einem Flugzeugabsturz 1945, kurz nach Kriegsende.

OBEN: Ein Jagdtiger (76 Tonnen) wird von amerikanischen Soldaten besichtigt. Der Jagdtiger trug zwar eine enorme 128-mm-Kanone und war das schwerstgepanzerte Kampffahrzeug des Zweiten Weltkriegs, doch war sein Motor zu schwach und unzuverlässig, sodass er wenig mehr als ein (kaum) beweglicher Bunker war.

gingen die Verteidiger zurück über den Salm. Bei Bastogne wurden die 101. Luftlande- und Teile der 10. Panzerdivision in das Gebiet verlegt und gruben sich um die Stadt herum ein. Manteuffels 2. Panzerdivision umging die Stadt und zog weiter, während die *Panzerdivision Lehr* die Amerikaner am 21. Dezember umzingelte. Bis 23. Dezember kam die 2. Panzerdivision in Sichtweite der Meuse-Brücken. Das war der Endpunkt des deutschen Vormarsches. Der Division ging das Benzin aus, der Vorstoß kam zu Stehen.

Die bemerkenswert harte amerikanische Gegnerschaft verdankte sich teils der geschickten Verteilung der amerikanischen Militärkräfte durch die alliierten Kommandeure. Bradley hielt die Offensive anfangs für eine sinnlose Attacke, doch Eisenhower nahm sie ernster und befahl die Verlegung der 7. und 10. Panzerdivision zur 1. US Army. Als sich die alliierten Kommandeure am 19. Dezember trafen, meinte Eisenhower zu seinen Untergebenen: „Die gegenwärtige Lage muss als Gelegenheit für uns, nicht als Desaster gesehen werden. An diesem Tisch soll es nur fröhliche Gesichter geben." Patton bemerkte extravagant: „Zur Hölle! Lassen wir die Hundesöhne doch den Weg nach Paris gehen. Dann werden wir sie wirklich abschneiden und zermalmen." Sein Vorschlag wurde natürlich ignoriert, doch die Achseln der Frontausbuchtung wurden verstärkt, sodass die Frontbreite immer geringer wurde. Patton sollte mit seiner Armee im Süden einen Gegenangriff im Gebiet von Bastogne führen. Er meinte: „Diesmal hat der Kraut den Kopf in die Fleischmaschine gesteckt, und ich habe die Hand am Hebel." Am 22. Dezember führte er den Gegenangriff. Brandenbergers 7. Armee leistete Widerstand, doch Patton machte Fortschritte. Am nächsten Tag klarte das Wetter auf, und die Alliierten konnten den Bastogne-Kessel mit Nachschub versorgen und die Luftüberlegenheit ausnutzen. Am 26. Dezember erreichten die Amerikaner Bastogne.

Nun hielten die deutschen Kommandeure ein Weitermachen für sinnlos, doch Hitler beharrte. Am Neujahrstag griff deshalb Manteuffels durch das 1. SS-Panzerkorps verstärkte Armee wieder bei Bastogne an. Fünf deutsche Divisionen attackierten den Kooridor, den Patton zur Bastogne-Straße gezogen hatte, und schnitten kurz Bastogne-Arlon ab, ehe es von amerikanischen Tanks wiedererobert wurde. Die unerfahrene 11. US-Panzerdivision erlitt schwere Verluste, konnte den Sturm aber zurückschlagen. Der Kampf dauerte noch ein paar Tage, und Eisenhower überredete Montgomery, der den Befehl über die 1. US Army übernommen hatte, aus dem Norden anzugreifen, um sich mit Patton zu verbinden. Inzwischen scheiterte am 4. Januar ein Angriff der *Hitlerjugend* und der 15. Panzergrenadierdivision auf Bastogne. Bis zum 11. Januar rückten die Alliierten langsam vorwärts, doch dann zwang eine massive sowjetische Winteroffensive Hitler, Kräfte an die Ostfront abzuziehen. Der Vormarsch der Alliierten gewann wegen des geringeren Widerstands an Tempo, und am 16. Januar verbanden sich die 1. und 3. US Army. Patton ließ erhebliche deutsche Kräfte aus dem Kessel entkommen, trotzdem hatten die Deutschen genug Verluste.

Der letzte Blitzkkriegsversuch war gescheitert. Es fehlte die Luftunterstützung. Die Amerikaner erwiesen sich als zähere, besser geführte Gegner Deutschlands als zuvor. Die Alliierten hatten bemerkenswert geschickt reagiert, die Mobilität und Flexibilität der US Army war der Schlüssel zum Erfolg. In vier Tagen hatte sie die Zahl der Infanteriedivisionen in den Ardennen verdoppelt, die der Panzer verdreifacht. Model und Rundstedt hatten das Scheitern der Operation vorausgesagt, sie behielten Recht. Die Deutschen verloren dabei etwa 100.000 Mann und fast alle eingesetzten Tanks und Flugzeuge, etwa 25 Prozent des Gesamtbestands.

Die Ardennen-Offensive vernichtete vitale Reserven an Männern, Tanks, Flugzeugen und Benzin. Die Alliierten hatten ähnliche Verluste, konnten sie aber leicht ersetzen, wenn auch der Schlussangriff auf Deutschland sich verzögerte.

DER RHEIN WIRD ÜBERSCHRITTEN

Die westlichen Alliierten hatten vor dem Sturm auf den Rhein eine enorme Streitmacht gesammelt. Den Hauptstoß sollte Montgomery führen, der zusätzlich zur 1. Kanadischen und 2. Britischen die 9. US Army erhielt. Die meisten amerikanischen Generäle ärgerte dies etwas, und sie gaben sich in ihren eigenen Sektoren große Mühe. Am 7. März brachen Tanks von Pattons 3. US Army aus den Ardennen aus und erreichten innerhalb von drei Tagen den Rhein nahe Koblenz. Doch die Brücken über den Rhein waren gesprengt. Im Norden war die 1. US Army glücklicher, sie nahm die Brücke von Remagen nahe Bonn ein. Reserven wurden herangeschafft und ein vitaler Brückenkopf gesichert. Bradley, der Kommandeur der Armee, meinte, diesen solle man ausnutzen. Doch dies passte nicht in Montgomerys Plan, und Eisenhower befahl Bradley, nicht zu viele Kräfte am Brückenkopf zu sammeln. Dieser schickte Patton südwärts, und bis zum 21. März hatte er einen langen Streifen am Westufer des Flusses gesäubert und konnte ihn fast ungehindert bei Oppenheim überqueren. Hitler war schockiert und verlangte einen sofortigen Gegenangriff, erfuhr aber, dass nur fünf Panzer aus einem nahe gelegenen Depot verfügbar waren. So ging der amerikanische Vormarsch fast ungehemmt weiter.

Inzwischen war Montgomery bereit, den Fluss in der Nähe von Wesel mit 25 Divisionen zu überschreiten. Ihm standen nur fünf schwache deutsche Divisionen gegenüber. Am 23. März wurde der Angriff mit dem Beschuss durch 3000 Geschütze und schweren Luftangriffen fortgesetzt. Die Infanterie errichtete bei geringem Widerstand Brückenköpfe. Die 9. US Army verlor nur 40 Mann. Montgomery erlaubte den allgemeinen Vormarsch erst, als alle Kräfte gesammelt waren. Haupthindernis für seine Panzer war der von den alliierten Bombern erzeugte Schutt, der sie mehr behinderte als die Deutschen. Tatsächlich ergaben sich die meisten deutschen Truppen den westlichen Alliierten lieber, als zu kämpfen. Dies stand in einem gewissen Gegensatz zu dem, was etwa gleichzeitig an der Ostfront geschah.

UNTEN: Der Churchill-Crocodile speit Feuer. Der Crocodile, eine von Hobarts „Kuriositäten" (ein Churchill Mk VII mit Flammenwerfer), wirkte verheerend gegen Graben- und befestigte Stellungen. Die Deutschen fürchteten ihn verständlicherweise. Dieser Crocodile der 79. Panzerdivision wird zu Kriegsende zur Säuberung des Konzentrationslagers Bergen-Belsen eingesetzt.

KAPITEL ACHT

STALINS RACHE

Nach der Panzerschlacht von Kursk brauchten die Tanks der Roten Armee weniger als zwei Jahre, um Berlin zu erreichen.

Die deutschen Erfolge bei Charkow im März 1943 waren ein seltener Fall der Rückkehr der schnellen Panzervorstöße, die die hitzigen Tage des Blitzkriegs charakterisiert hatten. Paul Haussers drei Elite SS Panzergrenadierdivisionen *(Leibstandarte, Das Reich* und *Totenkopf)* in Verbindung mit Hermann Hoths 4. Panzerarmee zerschlugen die sowjetische Südwestfront General Watutins und eroberten Charkow zurück. Im Frühling war der deutsche Vormarsch zu Ende, doch der brillante Gegenschlag hatte die Front stabilisiert und eine riesige russische Frontausbuchtung, 161 km breit und 113 km tief, mit dem Zentrum Kursk hinterlassen. Hier fand die größte Panzerschlacht der Geschichte statt, die den Kriesgverlauf änderte. Nach Kursk behielten die Sowjets ständig die Initiative.

LINKS: Ein T-34 brennt 1943 in der Sowjetunion, nachdem er von einer Tigerkolonne abgeschossen wurde. Bis Mitte 1943 hatten die Deutschen das 1941 durch das Erscheinen des T-34 entstandene qualitative Ungleichgewicht weitgehend beseitigt, obwohl sie noch viele PzKpfw IV und sogar III im Einsatz hatten. Die neue Generation deutscher Tanks, vor allem der Tiger und der Panther, waren rechtzeitig für die Erneuerung der deutschen Offensive im Sommer 1943 in ausreichender Zahl verfügbar.

OBEN: PzKpfw IV bei Kursk, ausgestattet mit der typischen „Schürzen"-Seitenpanzerung. Diese 5 mm starke Extrapanzerung bot einen gewissen Schutz gegen die sowjetischen Panzerbüchsen und die Hohlladung-Antipanzergeschosse, die 1943 eingeführt wurden. Die Tanks werden von gepanzerten SdKfz 251 Halbketten-Personenträgern begleitet, die die Panzergrenadiere der Division in den Kampf führen.

Nach zwei Jahren harten Kampfs war die Wehrmacht nicht in der Lage, im Osten eine umfassende Offensive zu starten. Es blieb aber die strategische Frage, welche Politik Deutschland 1943 einschlagen sollte. Heinz Guderian war im Februar als Generalinspekteur der Panzertruppe in den Dienst zurückberufen worden und hatte den beschädigten Panzerarm der Wehrmacht eifrig wieder aufgebaut. Starke neue Panzer, besonders der Tiger und der noch unerprobte Panther, wurden in Dienst genommen. Guderian wollte nicht, dass seine sorgfältige Arbeit vertrödelt wurde, und meinte im März 1943, Deutschland solle in diesem Jahr nicht mit einer strategischen Offensive vorangehen. Stattdessen dachte er langfristig, Deutschland brauche eine starke, wirksame Panzerreserve, die die Offensive vielleicht 1944 wieder aufnehmen könne. Auch Manstein verwarf einen Angriff. Er war für eine „elastische" Verteidigung, die die überlegene deutsche Stabsarbeit und mobile Taktik zu vernichtenden Gegenschlägen benutzte, sobald die Sowjets sich zu weit vorwagten.

Hitler jedoch hatte andere Ideen. Er brauchte 1943 einen Sieg, um sich seiner wankenden Verbündeten zu versichern. Sein Stabschef, Generaloberst Kurt Zeitzler, schlug etwas Derartiges vor. Doch Zeitzlers Plan, *Operation Zitadelle*, die Zerstörung der Kursk-Buchtung, hatte eine Hauptschwäche: Er war für jeden mit strategischem Grundverständnis offensichtlich. Manstein und Guderian wandten sich entschieden dagegen, ebenso Generaloberst Walter Model, dessen 9. Armee stark beteiligt sein würde. Doch Hitler billigte den Plan, obwohl er zu Guderian meinte: „Immer wenn ich an diesen Angriff denke, dreht sich mir der Magen um."

Nördlich der Frontausbuchtung sollte Models 9. Armee auf einer Linie zwischen der Straße und Bahnverbindung Kursk–Orel durchbrechen und dann südwärts nach Kursk ziehen. Für diese Aufgabe hatte Model 15 Infanteriedivisionen und sieben Panzer- und Panzergrenadierdivisionen zur Verfügung. Im Süden waren die besten Einheiten der Heeresgruppe Süd in Hermann Hoths 4. Panzerarmee und der Panzergruppe *Kempf* gesammelt worden, insgesamt neun Panzer- und Panzergrenadierdivisionen und acht Infanteriedivisionen. Hoths Kommando war die stärkste unter einem einzigen Kommandeur für eine Offensive versammelte Streitmacht in der deutschen Militärgeschichte. Sie bestand aus der *Großdeutschland-(GD-)*Division, dem 2. SS-Panzerkorps mit den SS-Panzergrenadierdivisionen *Leibstandarte*, *Das Reich* und *Totenkopf*, fünf Panzerdivisionen, der 10. Panzer-(Panther-)Brigade und zwei Infanteriedivisionen. Hoths

Armee stand an einer 48-km-Front zwischen Belograd und Gertsowka. Die Panzergruppe *Kempf* würde starken Flankenschutz geben. Insgesamt sammelten die Deutschen für Kursk 900.000 Mann und 2700 Panzerfahrzeuge.

Dem sojwetischen Oberkommando war die Möglichkeit eines Angriffs auf die Kursk-Buchtung klar. Und durch Spione im deutschen Oberkommando kannte Stalin den voraussichtlichen Tag für die Offensive und viele ihrer Details. Daher verwandelten die Sowjets die Buchtung langsam in eine undurchdringliche Festung.

Mit Hilfe einer riesigen Zahl von Zivilisten (im April 105.000, steigend auf 300.000 im Juni) wurden 4827 km Verteidigungsgräben gezogen, die ein Netzwerk von Bunkern, Panzerabwehrstellungen und Stützpunkten zur gegenseitigen Unterstützung verbanden. Die deutschen Panzer sollten durch sorgfältig platzierte Minenfelder ins sowjetische Feuer gelenkt werden. In der Kursk-Buchtung wurden 400.000 Minen in einer Dichte von 2500 Antipersonen- und 2200 Antipanzerminen pro 1,5 km Front gelegt. Die Russen zwängten sieben Armeen in die Buchtung, unterstützt von 20.000 Geschützen, ein Drittel davon Antipanzerwaffen. 150 km dahinter standen als Reserve eine Panzer- und zwei Infanteriearmeen. Diese bauten weitere Defensivgürtel. Als alles fertig war, standen 1.336.000 Mann, 2900 Flugzeuge und 3444 Tanks in oder hinter acht Verteidigungsgürteln, die sich 177 km weit zurückerstreckten. 75 Prozent der gesamten sowjetischen Panzerkraft waren bei Kursk versammelt. Oberbefehlshaber Marschall Schukows Strategie war, die deutschen Ressourcen zu erschöpfen und dann einen Gegenangriff durchzuführen.

DIE SCHLACHT VON KURSK

Die deutsche Offensive verzögerte sich bis 5. Juli, da Hitler mehr Tiger und Panther dabeihaben wollte. Nach Guderian war der Panther noch nicht kampfreif, doch Hitler war unerbittlich: Die Offensive sollte beginnen. Die sowjetischen Verteidiger wussten nicht genau, wann sie anfangen würde. Am Abend des 4. Juli bekam General Konstantin Rokossowski, Kommandeur der Zentralfront, die Models 9. Armee gegenüberstand, was er brauchte. Eine sowjetische Patrouille

UNTEN: Ein StuG III Ausf G Sturmgeschütz mit „Schürzen" zieht bei Kursk an eingegrabener Infanterie vorüber. Die frühen StuG III waren als Infanterie-Unterstützung gebaut, die späteren Modelle wie Ausf G waren mit einer L/48-75-mm-Kanone bewaffnet, die es mit Tanks aufnehmen konnte. Obwohl kein idealer Panzerjäger, war das turmlose StuG III zumindest einfach zu produzieren und fand sich daher mit fortschreitendem Krieg immer häufiger in Panzerverbänden, da es wirtschaftlich relativ günstig war.

UNTEN: Deutsche Panzer ziehen im Juli 1943 vor Beginn der Schlacht von Kursk an deutscher Infanterie vorüber. Kursk war die größte Panzerschlacht des Zweiten Weltkriegs, die letzte große deutsche Offensive im Osten. Nachdem sie an der harten Verteidigung scheiterte, lag die Initiative von nun an bei den Sowjets.

machte einen Gefangenen, der verriet, dass die Deutschen am folgenden Morgen um 3.30 Uhr angreifen würden. Rokossowski befahl daher seiner Artillerie, um 2.20 Uhr das Feuer auf die deutschen Stellungen zu eröffnen, um ihre Attacke ernsthaft zu stören und zu verzögern. Erst um 5 Uhr begannen Models Truppen im Norden der Buchtung vorzurücken. Anfangs verließ er sich stark auf seine Infanteriedivisionen und setzte in der ersten Welle nur die 20. Panzerdivision ein. Im Süden veranlasste der Vormarsch der 4. Panzerarmee den sowjetischen Kommandeur Watutin, um 2.30 Uhr ein Artilleriesperrfeuer anzuordnen. Eine Stunde darauf antworteten die Deutschen mit einem Sperrfeuer, bei dem angeblich mehr Granaten als im ganzen Polen- und Frankreich-Feldzug abgefeuert wurden. Um 4 Uhr ging die 4. Armee hierauf in die Offensive. Zwei Panzerkorps mit 700 Panzern rollten auf die sowjetische 6. Gardearmee zu.

Die Grundtaktik der deutschen Panzer bei Kursk war eine Reihe von Vorstößen rund um die Formation eines Panzerkeils. Schwere Tiger bildeten dabei die Spitze des Keils, und Panther (falls verfügbar), PzKpfw IV, PzKpfw III und Sturmgeschütze staffelten sich an den Flanken. Hinter den Panzern kamen Infanterie und schwere Verbände mit Mörsern und Artillerie. Wie Alan Clark in *Barbarossa,* seiner Geschichte des Kriegs an der Ostfront, bemerkt:

„Diese Taktik verwarf das traditionelle Prinzip der Panzerarmee als Schwert, das für einen tiefen, engen Stoß in den Rücken des Feinds benutzt wird, und ersetzte es durch eine Axt, die die gegnerische Front entlang einer erheblichen Strecke

niederschlagen sollte. Sie wurde den Deutschen durch die Kühnheit der Roten Armee, sich eng an den Seiten der Bresche zu halten, aufgezwungen, und durch die Verstärkung ihrer Feuerkraft im letzten Jahr, die unabhängige Aktionen für die Panzer zu gefährlich machte, zumindest im Frühstadium der Schlacht."

Basil Liddell-Hart schrieb, dass nach El Alamein Tanks nicht länger für tiefe, schnelle Stöße benutzt wurden. Der Panzerkampf wurde eher zum Sparring von Tanks und Infanterie mit Linien von Panzerabwehrstellungen. Für Kursk trifft dies weitgehend zu. Model im Norden und Manstein im Süden benutzten im Grunde dieselbe Taktik wie Montgomery in Nordafrika: von Tanks unterstützte Infanterie zum Eindringen in die feindliche Verteidigungslinie, in der Hoffnung, dass genügend Tanks zum Ausnutzen des Durchbruchs übrig bleiben würden. Das hatte bei Alamein bei erheblicher Materialüberlegenheit der Alliierten funktioniert, doch bei Kursk waren die Kräfte ungefähr gleich, und die sowjetische Verteidigung war so organisiert, dass sie viele ihrer Tanks für spätere Stadien der Schlacht zurückhalten konnte.

Die Deutschen trafen sofort auf harten Widerstand. Ein Mitglied einer Tiger-Crew erinnerte sich:

„Als wir vorrückten, pflügte die russische Artillerie die Erde um uns herum. Iwan hatte sich in gewohnter Schläue in den Wochen davor zurückgehalten, sogar an diesem Morgen, als unsere Geschütze auf ihn hämmerten. Doch jetzt war die ganze Front ein Gürtel von Blitzen. Wir schienen in einen Flammenring hineinzufahren. Viermal erzitterte unsere tapfere ‚Rosinante' unter einem direkten Treffer, und wir dankten dem Geschick für die Stärke des guten Kruppstahls."

Doch nicht immer widerstand der Stahl der sowjetischen Artillerie, und die Minenfelder waren nicht komplett geräumt. Dies und die Dichte der Panzerabwehrgeschütze der Roten Armee (geballt in bis zu 10 Kanonen unter einem Kommandanten, der jeweils einen Tank beschoss) ließ die Verluste unter den deutschen Tanks bald ansteigen. Und Mansteins Anweisung lautete, die Panzer sollten „unter keinen Umständen" stoppen und den kampfunfähig gemachten helfen. Die Crews dieser Tanks sollten aus statischer Position weiterfeuern. Das war für jene unglücklichen Männer wegen der Dichte der sowjetischen Antitankgeschütze und der großen Zahl entschlossener Panzerjäger-Staffeln fatal.

Die Akten der Panzergrenadierdivision *Großdeutschland* schildern den Kampf um den Durchbruch durch wohl vorbereitete sowjetische Stellungen:

„Das Panzer-Regiment GD und die Panther-Brigade sollten angreifen, doch sie fuhren in ein bis dahin nicht entdecktes Minenfeld – und das, noch ehe sie die bolschewistischen Gräben erreicht hatten! Es konnte einen krank machen. Soldaten wie Offiziere fürchteten, die ganze Sache würde schiefgehen. Die Panzer steckten fest, konnten nicht weiter, und dazu kam noch, daß der Feind mit Panzerbüchsen, Panzerabwehrkanonen und Artillerie auf sie schoß. Die Grenadiere rücken ohne Panzer vor – was können sie machen? Die Panzer folgen nicht. Kaum hat der Feind die prekäre Lage der Grenadiere erkannt, unternimmt er einen Gegenangriff, unterstützt von zahlreichen Flugzeugen. Die Infanteriekompanien des 3. Panzergrenadier-Regiments GD gingen geradewegs ins Verderben. Sogar die schwere Kompanie zählte in wenigen Stunden 50 Tote und Verwundete. Die

UNTEN: Munitionierung eines T-34 Modell 1943 (dem die Deutschen wegen seiner charakteristischen Form, wenn die Luken von Kommandant und Lader geöffnet waren, den Spitznamen „Mickymaus" gaben). Hier sieht man alle vier Mann der Crew, während die Munition der 76,2-mm-Kanone durch die Fahrerluke in die Munitionsbehälter am Boden des Rumpfes gereicht wird.

RECHTS: Der Angriff auf Ponyri während der Kursk-Offensive. Die Sowjets wussten, dass die Offensive kam, und konnten tiefe Verteidigungsstellungen vorbereiten. Minenfelder und Stacheldraht wurden gelegt, Tanks an defensiven Stützpunkten eingegraben und Artillerie auf wahrscheinliche Schlüsselstellen justiert. Als die Deutschen schließlich angriffen, verdankten sie es den Männer am Boden, dass sie überhaupt von der Stelle kamen.

UNTEN: Ein Panther und unterstützende Infanterie bereiten sich an der Ostfront auf den Vorstoß vor. Der Kampf mit allen Waffen und die Tank-Infanterie-Kooperation waren für die Panzerkriegsführung im Zweiten Weltkrieg entscheidend.

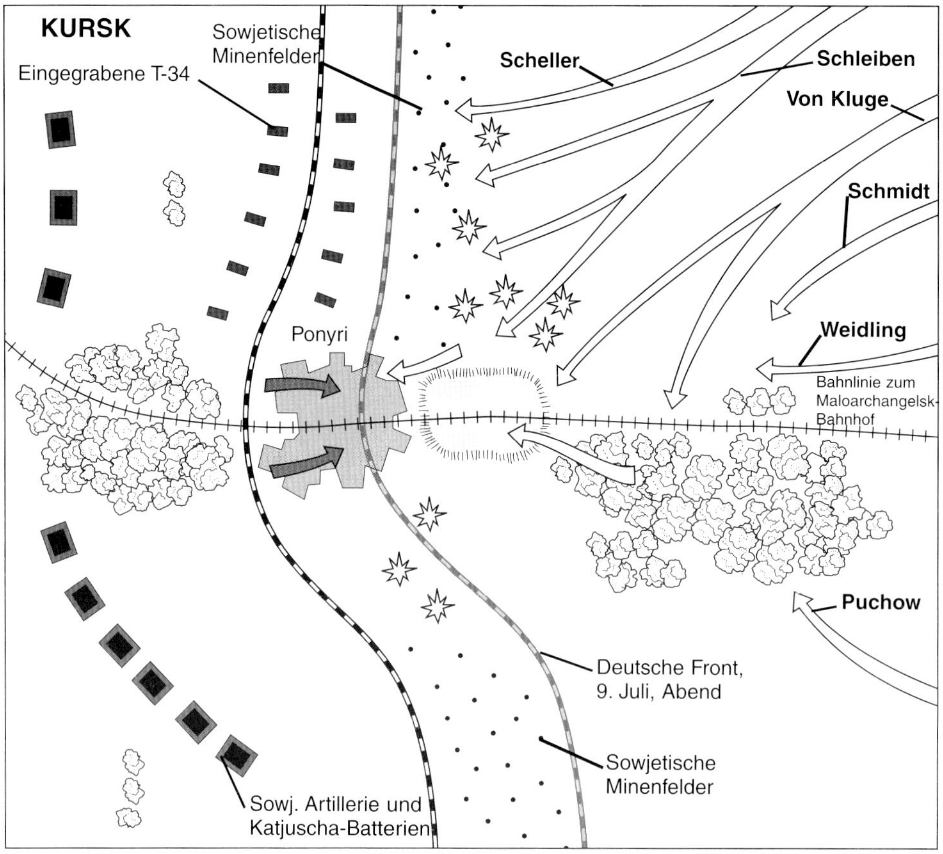

Pioniere wurden unverzüglich in Bewegung gesetzt und begannen einen Weg durch das minenverseuchte Terrain zu säubern. Zehn weitere Stunden vergingen, ehe die ersten Panzer und Selbstfahrlafetten durchkamen und die Infanterie erreichten."

Wurde die Infanterie von den Tanks getrennt, so gab es Probleme. Und wenn die Tanks (die rücksichtslos vorstürmen sollten) sich an die Spitze setzten, dann stieß die Infanterie auf sowjetische Maschinengewehrnester und Mörserstellungen, die die Tanks ignorierten.

Kein deutscher Erfolg

Während die Tiefe und Stärke der russischen Stellungen immer deutlicher sichtbar wurden, konnten die Deutschen ihre beabsichtigten Einfälle nicht durchführen. Am Nordrand der Buchtung machten die Infanteriedivisionen mit Unterstützung durch Tiger-Panzer und Ferdinands und die 20. Panzerdivision die größten Fortschritte, doch auch ihre Vorstöße geschahen unter erheblichen Verlusten. Im Süden zeigte das 2. SS-Panzerkorps große Zielstrebigkeit, als es die Verteidigungsgürtel durchschlug. Mit seinen 41 Tigern und dem erneuerten Elan der SS-Einheiten konnte es 20 km tief in die russischen Linien eindringen.

Wegen heftiger sowjetischer Gegenangriffe musste die 9. Armee immer mehr Panzer einsetzen, darunter die 9. und 18. Panzerdivision. Um Ponyri wurde der Kampf härter, und schließlich waren entlang einer 9,6-km-Front 1000 deutsche Tanks in Aktion. Wegen der Überlegenheit der 88-mm-Kanonen des Tigers hatte Rokossowski all seine Tanks, wo es möglich war, eingraben lassen. Der Kampf um das Dorf dauerte sechs Tage und erhielt den Namen „Stalingrad von Kursk". Am 9. Juli meldete Model Kluge, ein Durchbruch sei äußerst unwahrscheinlich, doch führte er den Angriff bis zum Ende der Operation vier Tage später weiter. Ein deutscher Panzerangriff nach dem anderen zerbrach an den eingegrabenen T-34-Tanks, Panzerabwehrkanonen und sowjetischer Panzerjäger-Infanterie. Schließlich waren alle Panzerdivisionen der 9. Armee beteiligt, doch der entscheidende Durchbruch gelang nicht.

Im Süden erkannte der sowjetische Kommandeur Watutin, dass die Deutschen, besonders das 2. SS-Panzerkorps, besser vorankamen als erwartet. Stalin verlegte Schlüsselkräfte, darunter die 1. Panzerarmee mit 640 Tanks, an Watutins Front. Dieser wollte anfangs einen Gegenangriff, wurde aber zum Eingraben der Tanks wie im Norden der Buchtung überredet. Trotzdem rückte die SS weiterhin hartnäckig vor. Auch das 48. Panzerkorps hatte Fortschritte, wenn auch verlustreiche, gemacht. Hoths Truppen konnten bis zum 11. Juli weitere 15 km vorstoßen. Am folgenden Tag durchbrach das 2. SS-Panzerkorps die letzte sowjetische Grabenlinie nahe dem Dorf Prochorowka. Watutin war klar, dass er durch die fast 900 Tanks (600 von Hoths Panzerarmee und 300 von Kempf), die sich seinen Stellungen vom Süden und Westen her näherten, stark gefährdet war. Die Deutschen würden vielleicht die ganze sowjetische Stellung im Süden der Kursk-Buchtung aufrollen können. Deshalb warf er den Großteil von Pawel Rotmistows 5. Garde-Panzerarmee in einen Gegenangriff gegen die SS-Panzergrenadierdivisionen.

An diesem Morgen trafen 600 Tanks von Haussers Korps um Prochorowka auf etwas weniger als 900 von Rotmistrows Armee. Die deutschen Tiger und Panther waren dabei technisch überlegen. Nicht alle Tanks der 5. Gardearmee waren T-34. Neben 501 T-34 gab es 264 leichte T-70 und 35 britische Churchills. Dazu gab es eine Reihe von SU-76-Regimentern, doch keines der starken SU-152, die den Deutschen erhebliche Probleme bereitet hatten. Die SS-Divisionen rückten in Panzerkeil-Formationen (Tiger flankiert von PzKpfw III und IV) in ein massives sowjetisches Sperrfeuer vor. Inzwischen zog Welle auf Welle von T-34 ungestüm schräg auf die deutsche Linie. Angesichts der Überlegenheit von Tiger und Panther auf weite Distanz hatte Rotmistrow seinen Tankcrews befohlen, sich dem Feind entgegen den üblichen Taktiken möglichst rasch zu nähern. Wie die offizielle sowjetische Geschichtsschreibung angab, half die Nähe im folgenden Handgemenge den Russen:

„Sie störte das Vermögen des Feinds, seine Einheiten und Untereinheiten zu kontrollieren. Der Nahkampf beraubte die Tiger ihres Vorteils, der in ihrer mächtigen Kanone und dicken Panzerung bestand, und sie wurden auf kurze Distanz erfolgreich von T-34 abgeschossen. Gewaltige Mengen von Tanks mischten sich überall auf dem Schlachtfeld. Es war weder Zeit noch Raum, Panzer abzuziehen und zu überholen. Aus kurzer Distanz abgefeuert, durchschlugen Granaten die vordere und seitliche Panzerung. Es gab ständig Explosionen, wenn Munition hochging und die Panzertürme meterweit wegschleuderte ... Auf der versengten schwarzen Erde brannten getroffene Tanks wie Fackeln. Man konnte schwer sagen, wer angriff und wer verteidigte."

Da der Rauch brennender Tanks und hochgewirbelter Staub das Schlachtfeld verdunkelte, wurde Luft- und Artillerieunterstützung bald unmöglich. Der sowjetische General Kiril Moskalenko erinnerte sich: „Es gab keinen Platz für Manöver. Die Männer mussten auf Kernschussweite feuern." Manche sowjetische Panzer rammten ihre Gegner, als ihnen die Munition ausging. Der heftige Kampf ging den ganzen Tag weiter, doch die Deutschen wurden gestoppt. Wie Rotmistrow bemerkte:

„Mehr als 700 Tanks wurden in der Schlacht auf beiden Seiten ausgeschaltet. Tote Körper, zerstörte Panzer, zerschmetterte Kanonen und Granattrichter übersäten das Schlachtfeld. Kein Grashalm war zu sehen, nur verbrannte, schwelende schwarze Erde auf dem ganzen Kampffeld – 12 Kilometer weit."

Es hatte ihn 50 Prozent der 5. Garde-Panzerarmee gekostet. Insgesamt kostete Kursk die Sowjetunion 50 Prozent ihrer Panzerstärke, obwohl viele der beschädigten Tanks vom Schlachtfeld geholt werden konnten. Für die Deutschen waren die Verluste verhältnismäßig weit größer: 300 Panzer, darunter 70 Tiger, gingen bei Prochorowka verloren. Diese konnten nicht leicht ersetzt werden. Manstein, Hausser und Hoth waren überzeugt, dass die Deutschen nicht weiter vorstoßen konnten. Deshalb und wegen der Landung der Alliierten in Sizilien blies Hitler am 13. Juli die Operation Zitadelle ab, ein strategischer Sieg für die Sowjets. Guderian fasste die Folgen von Kursk so zusammen:

„Das Scheitern von Zitadelle war für uns eine entscheidende Niederlage. Die mit so viel Mühe erneuerten und neu ausgerüsteten Panzerverbände hatten an Männern und Ausrüstung verloren und würden nun für eine lange Zeit nicht einsetzbar sein. Es war problematisch, ob sie rechtzeitig wiederhergestellt werden konnten, um die Ostfront zu verteidigen. Die Möglichkeit, sie zur Verteidigung der Westfront gegen die Landung der Alliierten, die im nächsten Frühling drohte, einzusetzen, war noch fragwürdiger. Die Russen nutzten ihren Sieg natürlich voll aus. An der Ostfront sollte es keine ruhigen Perioden mehr geben. Von nun an hatte der Feind fraglos die Initiative."

Die Säuberung der Sowjetunion

Aufgrund des deutschen Scheiterns bei Kursk bildete nun Charkow eine deutsche Frontausbuchtung, und Stalin befahl sofort ihre Eroberung durch die 5. Gardearmee Pawel Rotmistrows. Trotz wiederholter Bitten ihrer Verteidiger verbot Hitler, die Stadt aufzugeben. Trotzdem richtete die SS-Panzerdivision *Das Reich* Rotmistrows Eliteeinheit übel zu und zerstörte 420 Tanks. Auch noch nach dem Desaster von Kursk konnte die taktische und technische Überlegenheit der Deutschen den besten Einheiten der Sowjetunion schwere lokale Niederlagen zufügen. Doch *Das Reich* mit seinen Panthern und Tigern und die Infanteriedivisionen des 11. Korps der Wehrmacht konnten sich nicht gegen die schließlich gegen sie aufgebotenen vier sowjetischen Armeen halten. Am 22. August evakuierten die Deutschen Charkow.

Die Sowjets machten weiterhin Fortschritte, wenn auch etwas langsam, und gegen Ende August weitete sich die Offensive aus. Der Rhythmus der sowjetischen Offensiven in diesem Sommer – eine „abwechselnde Reihe von Schlägen an verschiedenen Punkten, jeder zeitweise aufgehoben, wenn sein Schwung durch stärker werdenden Widerstand abnahm, jeder mit dem Ziel, den Weg für den nächsten zu bahnen, und alle zeitlich aufeinander abgestimmt" – wurde von Liddell-Hart mit Fochs Generaloffensive von 1918 verglichen. Es gab Parallelen, etwa die Kombination von Manöver und Zermürbung, die ab 1943 den Panzerkrieg im Osten charakterisierte. Die Deutschen mussten (wie 1918) ihre Reserven rasch von einem Punkt an den anderen verlegen, während diese schrittweise ausdünnten. Wegen der geschickten deutschen Verteidigung (deutsche Panzer konnten entscheidend gegen die sowjetischen Flanken und rückwärtigen Gebiete schlagen) waren die sowjetischen Verluste

viel schwerer als die der Deutschen. Doch die Sowjets konnten sich das leisten. Die Abnutzung der Ressourcen der Wehrmacht beschleunigte sich noch durch Hitlers Rückzugsverbot.

Deutsche Erschöpfung und zunehmende operative Fähigkeiten der Sowjets beschleunigten den sowjetischen Vormarsch im Sommer 1943. Begabte sowjetische Kommandeure wie Watutin und Rokossowski konnten mit Hilfe wachsender Mobilität durch von den Amerikanern geliehene Lastwagen die schwachen Punkte der Deutschen ausnutzen. Dazu wurden neue sowjetische Tanks wie der T-34/85 mit einer ausgezeicneten 85-mm-Kanone in Dienst genommen, die das qualitative Verhältnis einigermaßen verbesserten. Der quantitative Vorsprung blieb weiterhin auf Seiten der Sowjets.

OBEN: Schwere Tiger bildeten die Speerspitze der Panzerkeile bei Kursk, während leichtere Panzer die Flanken deckten.

UNTEN: Die Zähigkeit der sowjetischen Panzerjäger-Infanterie bereiteten den Panzercrews große Probleme.

Die deutschen Panzerdivisionen agierten als „Feuerwehr" und wechselten von einem Krisenpunkt zum anderen. Dies war 1943 und 1944 ständig der Fall. Immer öfter gab es Einkreisungen, da Hitler seinen Einheiten jeden Rückzug verbot. Anfang 1944 gab es eine Reihe von Kesselschlachten, um diese Umzingelungen zu durchbrechen. Dabei führten die Panzerverbände stets den Gegenschlag westwärts an. Noch konnten die Deutschen den Sowjets betäubende Schläge zufügen. Im Januar 1944 versuchte ein Regiment mit 34 Tigern und 47 Panthern unter Oberstleutnant Franz Bäke den Vorstoß von fünf sowjetischen Panzerkorps auf Winniza zu stoppen und zerstörte dabei in fünf Kampftagen 267 Tanks und 156 Kanonen auf Kosten eines Tigers und vier Panther. Doch all das reichte nicht aus. 1944 produzierten die Deutschen 19.000 Tanks und Sturmgeschütze, die Sowjetunion alleine 29.000 Tanks und Selbstfahrlafetten. Dazu kam noch die riesige Produktionsmenge der westlichen Alliierten.

Der Zug nach Polen

Stalin hatte seinen Verbündeten zur Unterstützung der Kämpfe in der Normandie eine Offensive im Sommer 1944 versprochen. Er hielt Wort, und die Operation *Bagration,* wie der massive Angriff genannt wurde, zeigte, wie viel die Sowjets in drei Kriegsjahren gelernt hatten. Teile des Feldzugs ähnelten den „tiefen Operationen", die Tuchatschewski Anfang der 1930er skizziert hatte. Am 22. Juni 1944, dem Jahrestag von *Barbarossa*, begannen sowjetische Aufkärungseinheiten im Kielwasser von Partisanen- und schweren Luftangriffen die deutschen Stellungen zu testen. Drei sowjetische Fronten wurden gegen die Heeresgruppe Mitte geworfen. Man verzichtete zu Gunsten des Überraschungseffekts auf ein massives Einleitungssperrfeuer. Sowjetische Tanks und Infanterie und knapp dahinter Artillerie rückten vor und durchbrachen die deutschen Linien. Die sowjetischen Kommandeure hatten Befehl, Widerstandsnester zu ignorieren (wie es die Deutschen 1941 getan hatten) und rücksichtslos weiterzustoßen. Es folgte eine große Zahl von Kesselschlachten.

Nach etwas mehr als einer Woche erwies sich *Bagration* als großer Erfolg. Feldmarschall Model erhielt das Kommando über die Heeresgruppe Mitte, um den Zusammenbruch zu stoppen, doch sah er, dass er sich nur zurückziehen konnte. Hitler verbot dies und vergrößerte dadurch das Desaster noch. Ein 402 km breites und 160 km tiefes Loch wurde in die deutsche Front gerissen. Am 3. Juli fiel Minsk, und die Sowjets machten 300.000 Gefangene. Stalin fragte Schukow, ob er den Vormarsch bis nach Ostpolen zur Weichsel fortsetzen konnte. Schukow antwortet, das könne leicht geschehen. Eine Million Mann und 2000 Panzer wurden für den Zug auf die polnische Hauptstadt und den Zugang nach Berlin aufgeboten. Am 25. Juli 1944 erreichten die ersten sowjetischen Panzereinheiten den Fluss und errichteten zäh verteidigte Brückenköpfe auf der anderen Seite der Weichsel, wo die Offensive stoppte. *Bagration* zeigte die Güte der sowjetischen Armeen in Bezug auf Ausrüstung, Leitung und Kampfqualität. Es war eine der anspruchsvollsten und nachhaltigsten Operationen des Kriegs.

Stalin beschloss, das Verdienst um die Schlussoperationen gegen Deutschland solle ihm zukommen. Schukow erhielt die 1., Rokossowski die 2. Weißrussische Front. Diese beiden Formationen sollten den Zug ins Herz Deutschlands anführen. Als Stalin im November 1944 das Kommando übernahm, trennten nur noch etwa 800 km die entlang der Weichsel stehenden sowjetischen Armeen von ihrem Ziel.

Nach Monaten sorgfältiger Planung begannen die Sowjets am 12. Januar 1945 ihre zweite große Offensive. Die Weichsel-Oder-Operation führte über sechs Millionen Sowjets gegen zwei Millionen Deutsche und 190.000 von deren Alliierten. Viele deutsche Einheiten waren zusammengekratzte Regimenter aus Minderjährigen und Alten, verzweifelt knapp an Tanks, Benzin und Munition. Die 2. und 3. Weißrussische Front zogen nach Ostpreußen und begannen die baltische Küste zu säubern. Schukow fegte die Deutschen in etwas über zwei Wochen aus Zentralpolen. Am 29. Januar erreichte er die Ufer der Oder und hatte Berlin in Sichtweite. Zeitweise legten die sowjetischen Armeen 75 km pro Tag zurück, die Männer hängten sich an die T-34, während sie eine zunehmend demoralisierte deutsche Armee und Flüchtlingsströme vor sich hertrieben. Doch die Kämpfe

OBEN: Eine Kolonne von T-34/85 rückt durch die vom Krieg zerstörte Landschaft vor. Als die neuen deutschen Panther und Tiger 1943 auf dem Kampffeld erschienen, erwies sich die 76,2-mm-Kanonne des T-34 als unzureichend. Er erhielt daher eine 85-mm-Kanone und drei neue Türme für die Besatzung. Die Umstellung erfordete keine langen Planungen und unterbrach die Produktionslinien nicht wesentlich.

waren hart. Als sie deutschen Boden erreichten, stiegen die Verluste wieder an.

Schukow hielt aus mehreren Gründen an der Oder. Die sowjetischen Versorgungslinien waren überdehnt. Doch auch die Deutschen hatten erkannt, dass die Verteidigung der Oder vital war, und der Hauptteil der deutschen Verstärkung ging ostwärts. So wurde die Linie am Fluss gehalten, wenn auch nur zeitweilig.

FRÜHLINGSERWACHEN

Hitler suchte immer noch Gelegenheiten zur Offensive und beschloss, Budapest zu entsetzen. Am 18. Januar eröffnete das 4. SS-Panzerkorps (3. SS-Panzerdivision *Totenkopf* und 5. SS-Panzerdivision *Wiking*) eine Offensive gegen die ungarische Hauptstadt. Es legte am ersten Tag 64 km zurück und kam bis 24 km vor sein Ziel. Sogar als die Offensive durch starken Widerstand zum Halten gezwungen wurde, glaubte Hitler noch, der Sieg sei in Griffweite. Er verlegte Dietrichs 6. SS-Panzerarmee aus den Ardennen nach Ungarn. Guderian protestierte wieder einmal. Er meinte, Dietrichs mächtiger Verband würde bei weitem nützlicher gegen den russischen Hauptvorstoß in Polen eingesetzt.

Trotzdem verzeichnete die 6. SS-Panzerarmee, als sie angriff, Erfolge. Mit dem 1. SS-Panzerkorps an der Spitze machten die Deutschen am 17. Februar beträchtliche Fortschritte. Die 150 Panzer und Sturmgeschütze zerschlugen die sowjetische 7. Gardearmee, doch dies war der letzte deutsche operative Sieg. Die große Schlussoffensive, Operation *Frühlingserwachen*, sollte die 3. Ukrainische Front zerstören und Budapest zurückerobern. 877 Tanks und Sturmgeschütze aus 11 Panzerdivisionen wurden dafür zusammengekratzt. Der sowjetische Kommandeur Tolbikin hatte zwar nur 407 Tanks, doch die gleiche Zahl an Männern, und er kannte die deutschen Pläne. Er bereitete nach Kurker Art eine Verteidigung in die Tiefe vor, drei Verteidigungsgürtel von etlichen Kilometern Tiefe. Der Angriff begann am 5. März 1945. Die 2. Panzer-, 6. SS-Panzer- und 6. Armee attackierten über tief liegendem, von Wasser voll gesogenem Gelände, das von Entwässerungsgräben durchzogen war. Der Kampf entartete zu einer

OBEN: Reihen von gewaltigen, 70-tonnigen PzKpfw VI Tiger II bereiten sich auf die Operation Frühlingserwachen vor. Dieses schwere Fahrzeug war für jede verfügbare alliierte Panzerkanone fast unverwundbar. Es war mit einer KwK-L/71-88-mm-Kanone bestückt und daher eine schreckliche Defensivwaffe. Doch war es unzuverlässig, und es gab zu wenige davon, um den sowjetischen Vormarsch aufzuhalten.

Abnutzungsschlacht, wobei die Deutschen ihre Verluste schlechter verkraften konnten. *Frühlingserwachen* versandete zwischen dem 9. und 14. Februar. Die Deutschen rückten dabei nur etwas über 20 km von ihrer Startlinie aus vor. Sie verloren über 500 Panzer. Einige der besten Panzerverbände der Wehrmacht waren vergeudet worden.

DIE EROBERUNG BERLINS

Der sowjetische Plan zur Eroberung Berlins war geradlinig. Schukows 1. Weißrussische Front sollte von den Brückenköpfen an der Oder aus über die Seelow-Höhen die Stadt frontal angreifen, während Teile seiner Streitmacht sie im Norden einkreisten. Rokossowskis 2. Weißrussische Front würde im Norden Unterstützung leisten. Sie konnten sich dabei auf 2,5 Millionen Mann, 6250 Tanks und Panzerfahrzeuge und 7500 Flugzeuge stützen.

Am 16. April, vor der Dämmerung, begann Schukow seine Offensive mit einem Angriff auf die Seelow-Höhen. Trotz vorangegangenem Boden- und Luft-Bombardements trafen die sowjetischen Panzer auf harten deutschen Widerstand. Die selbstmörderische Tapferkeit einiger deutscher Verteidiger angesichts der riesigen Überzahl sowjetischer Tanks und Infanterie brachte den Angriff zum Stehen. Gruppen, die nur mit leichten Waffen, Panzerfäusten und Minen bewaffnet waren, kämpften trotz der Aussichtslosigkeit ihrer Lage weiter. Bis zum 18. hatten Schukows Panzer zwei größere Beulen in den deutschen Linien erzeugt, waren aber nicht durchgebrochen. Stalin befahl ihm, Berlin im Norden einzukreisen, während Rokossowski seine Kräfte zur Unterstützung heranbrachte. Inzwischen schritt Konew im Süden vorwärts.

Schukow hatte im ersten Sturm seine Panzerarmeen nicht eingesetzt. Nun warf er sie auf die deutschen Stellungen. Diese begannen schließlich zusammenzubrechen. Das 56. Panzerkorps hatte mit seinen wenigen Panzern die Hauptkraft von Schukows Stoß auf den Seelow-Höhen zwei Tage lang aufgehalten, doch

dann waren seine Kräfte erschöpft. Am 21. April erreichten drei Armeen Schukows den Außenverteidigungsring Berlins. Bis zum 25. war die Stadt umzingelt.

Berlin war nunmehr eine massive Festung, die von wenigen regulären Truppen, eingezogenen alten Männern und der Hitlerjugend verteidigt wurde. Die Deutschen kämpften um jede Straße und jedes Haus. Der Einsatz in einer Stadt ist für einen Tank äußerst gefährlich. Enge Räume, Schlupfwinkel und geringe Distanzen machen gepanzerte Fahrzeuge für Verteidiger mit Minen, Panzerfäusten und Molotow-Cocktails sehr verwundbar. Die Sowjets begegneten der Bedrohung durch die deutsche Panzerfaust, indem sie an ihren Tanks vorne Matratzen anbrachten, die den Aufschlag der Raketenköpfe abschwächen sollten. Enge Zusammenarbeit zwischen Panzern und Infanterie war entscheidend, um die Tanks vor deutschen Panzerjäger-Staffeln zu schützen. Die Sowjets setzten massive Feuerkraft ein, um ihren Vormarsch zu erleichtern, doch die Deutschen kämpften verbissen weiter.

Am 27. April erreichte die Rote Armee den Potsdamer Platz, nur wenige hundert Meter von Hitlers Bunker entfernt. Am 30. April stürmten die Sowjets den Reichstag, wo die Verteidiger fast bis zum letzten Mann und zur letzten Kugel kämpften. Am selben Tag erschoss sich Hitler. General Weidling, Berlins Militärkommandant, übergab die Stadt am 2. Mai. Am 7. Mai kapitulierte Deutschland.

1945 hatte sich die Rolle des Tanks erheblich verschoben. Er war immer noch die „Königin des Schlachtfelds" und der Bezugspunkt, nach dem man den Gegner einschätzte, doch nicht mehr die dominante Kraft der ersten Kriegsjahre. Seine scheinbare Unbesiegbarkeit war durch andere Kräfte verschwunden. Die Luftwaffe konnte ebenso entscheidend wirken, doch die wahre Veränderung lag bei der Verteidigungskraft. Die Panzerabwehrkanonen waren immer stärker geworden, und die Infanterie besaß nun tragbare Antipanzerwaffen wie die Bazooka und die Panzerfaust. Der Panzer hatte Probleme auf schwierigem Gelände wie in Italien, der Normandie und Städten wie Stalingrad und Berlin. Die Kraft der Verteidigung hatte den Vormarsch der Panzereinheiten in einen langsamen Zermürbungsschlagabtausch verwandelt. Selten konnten Tanks rasche Vorstöße durchführen, wie sie den Blitzkrieg und den Wüstenkrieg charakterisiert hatten. Viel typischer war das „unaufhörliche Sparring mit den Antipanzerstellungen" wie bei Kursk, Epsom, der Ardennen-Offensive und sogar den Seelow-Höhen. Panzer waren beim Durchbrechen der feindlichen Linien von der Infanterie abhängig. Das lernten die Alliierten langsam und wandten es in der Offensive an. Die Deutschen hatten es bereits gewusst.

OBEN: Dem Sieger die Beute. Der T-34 war ein wirklicher Kriegsgewinner. Hier sieht man zwei T-34, Modell 1943, nach Kriegsende im Juni 1945 durch Leipzig fahren. Der T-34 war ein so erfolgreiches und fruchtbares Panzermodell, dass er bei einigen Armeen des Warschauer Pakts bis in die 1970er Jahre an vorderster Linie im Einsatz blieb.

KAPITEL NEUN

DER KALTE KRIEG

Der nun folgende Kalte Krieg in Europa förderte die Entwicklung neuer Panzermodelle und -taktiken

Die deutsche Kapitulation am 8. Mai 1945 löste nicht alle Probleme Europas. Die sowjetischen und alliierten Panzerarmeen standen still, und eine Zeit lang wurde viel gefeiert. Doch die einstigen Verbündeten beobachteten einander argwöhnisch über den Ruinen Deutschlands. Die Sowjets dominierten Ost- und Mitteleuropa militärisch. Die Rote Armee stand 160 km westlich von Berlin und hatte die Osthälften Österreichs und der Tschechoskowakei besetzt. Auch auf dem Balkan dominierten die Sowjets. Stalin wollte die Eroberungen der Roten Armee als Sicherheitsgarantie behalten. Angesichts dessen, was die Sowjetunion erlitten hatte, verwundert es kaum, dass er in Osteuropa eine Pufferzone gegen jede zukünftige Aggression schaffen wollte. Wie Lenin einmal bemerkte: „Solange Kapitalismus und Sozialismus bestehen, können wir nicht in Frieden leben. Am

LINKS: Eines der letzten Modelle des Kalten Kriegs, der sowjetische T-80-Kampfpanzer. Er war eine Weiterentwicklung des erfolgreichen T-72 und mit einer 125-mm-Kanone bestückt, die AT-8-Songter-Antipanzerraketen verschießen konnte. In der zweiten Hälfte des 20. Jahrhunderts war Deutschland in zwei große Waffenlager geteilt, die jederzeit zum Panzerkrieg bereit waren. Die Panzerbauarten waren durch die Geografie des norddeutschen Flachlands und vom Bedürfnis bestimmt, in einer Umgebung voller Bedrohung zu überleben.

OBEN: Kalter Krieg in Stellvertretung – kubanische T-34/85 1975 in den Straßen der angolanischen Provinzstadt Huambo. Die Kubaner kämpften nach dem Abzug der portugiesischen Kolonialbehörden im Angolanischen Bürgerkrieg auf Seiten der kommunistischen MPLA. Trotz ihres Alters leisteten die T-34/85 gute und wirksame Dienste.

Ende wird der eine oder der andere siegen. Über der Sowjetunion oder über dem Kapitalismus wird ein Grablied gesungen werden."

Schon vor Kriegsende gab es auf westlicher Seite Männer, die ähnliche Ansichten vertraten. Dieses Misstrauen steigerte sich in den ersten Monaten des Friedens. George Kennan vom US-Außenministerium fasste die Bedrohung, die er in der Sowjetunion sah, so zusammen: „Sie haben gelernt, Sicherheit nur im geduldigen, doch tödlichen Zerstörungskampf gegen rivalisierende Mächte zu suchen, niemals in Verträgen und Kompromissen mit ihnen." Winston Churchill, nun nicht mehr an der Macht, teilte Kennans Ansichten, als er in einer Rede in Fulton (Missouri) im März 1946 erklärte, dass „von Stettin im Baltikum bis Triest an der Adria ein eiserner Vorhang über den Kontinent gezogen wurde". Er fügte noch hinzu: „Auf Grund dessen, was ich während des Kriegs von unseren russischen Verbündeten sah, bin ich überzeugt, dass sie nichts mehr als militärische Stärke bewundern und vor nichts weniger Respekt haben als vor militärischer

RECHTS: T-54 1956 in den Straßen Budapests. Die brutale Niederschlagung des Aufstands in Ungarn zeigte, dass Panzer auch wirksam als Mittel der Unterdrückung dienen konnten. Obwohl die ungarischen Straßenkämpfer kaum mehr als Molotow-Cocktails besaßen, töteten oder verwundeten sie im zweiwöchigen Kampf um Budapest 2200 sowjetische Soldaten.

Schwäche." Er drängte den Westen, auf sowjetischen Druck mit Festigkeit zu reagieren. Der US-Präsident Harry Truman machte die Eindämmung der sowjetischen Bedrohung für mehr als eine Generation zum Eckstein der US-amerikanischen Außenpolitik.

Von Eindämmung war leicht reden, denn Westeuropas militärische Stärke war durch den Zweiten Weltkrieg erschöpft. Truman stellte zur Verteidigung Europas amerikanische Militärkraft zur Verfügung und schuf im April 1949 gemeinsam mit Großbritannien, Frankreich, Belgien, Holland, Luxemburg, Norwegen, Dänemark, Italien, Portugal, Island und Kanada die *North Atlantic Treaty Organisation* (NATO). Sie sollte einen Angriff der Sowjetunion abwehren. Im Zuge der Berlin-Krise und des Koreakriegs steigerten die meisten ihrer Staaten, besonders die USA und Großbritannien, ihre Verteidigungsausgaben. Westdeutschland wurde wieder bewaffnet und trat 1955 der NATO bei. Als Reaktion darauf schuf die Sowjetunion im selben Jahr den Warschauer Pakt. Dieser umfasste die Satellitenstaaten der Sowjetunion in Ost- und Mitteleuropa: Ostdeutschland, Polen, Ungarn, Rumänien, Bulgarien, die Tschechoslowakei und Albanien (das 1961 austrat). Die Aufstellung für den Kalten Krieg in Europa erstarrte durch die beiden Organisationen, obwohl Frankreich die NATO später verließ und Griechenland, Spanien und die Türkei ihr beitraten.

Hauptstätte einer möglichen bewaffneten Auseinandersetzung war die Grenze zwischen West- und Ostdeutschland. Nach dem Beitritt der BRD zur NATO wollte die westliche Allianz im Fall einer sowjetischen Invasion den Krieg so nah wie möglich an der deutschen Grenze führen, nicht (wie nach den ersten Plänen) an eine natürliche Barriere wie den Rhein zurückgehen. Der Panzer blieb für NATO wie für Warschauer Pakt wichtig, doch in ihren Verteidigungskonzepten nahm er bald keine zentrale Stellung mehr ein. Stattdessen baute die USA ihre Strategie auf einem massiven Vergeltungsschlag auf, was zur Folge hatte, dass die NATO im Kalten Krieg hauptsächlich auf nukleare Abschreckung vertraute. Nuklearwaffen waren im Vergleich zu Panzern und Infanterie eine relativ billige Verteidigung. Die Truppen der USA und der NATO in Westdeutschland sollten eher als Stolperdraht denn als Schutzschild für Westeuropa fungieren. Der Draht würde im Fall eines sowjetischen Angriffs die US-Nuklearwaffen auslösen. Die sowjetische Militärplanung hatte sich in den frühen 1950ern ähnlich entwickelt. Als Teil ihrer Strategie wandte sich die Sowjetunion etwas von der Kriegsführung mittels Manövern, die sich in den letzten Jahren des Zweiten Weltkriegs gegen Deutschland so gut bewährt hatte, ab und vertraute für den Landkrieg mehr auf nukleare Feuerkraft.

Das Nuklearpotenzial beider Armeen hatte allerdings zur Folge, dass der Panzer in ihren konventionellen Arsenalen zentral blieb. Dies vor allem deshalb, weil ein

UNTEN: Hier sieht man verschiedene Methoden, einen Tank aufzuhalten. Gemeinsam mit wirksamen Antipanzerwaffen können auch physische Hindernisse einen Angriff stoppen.

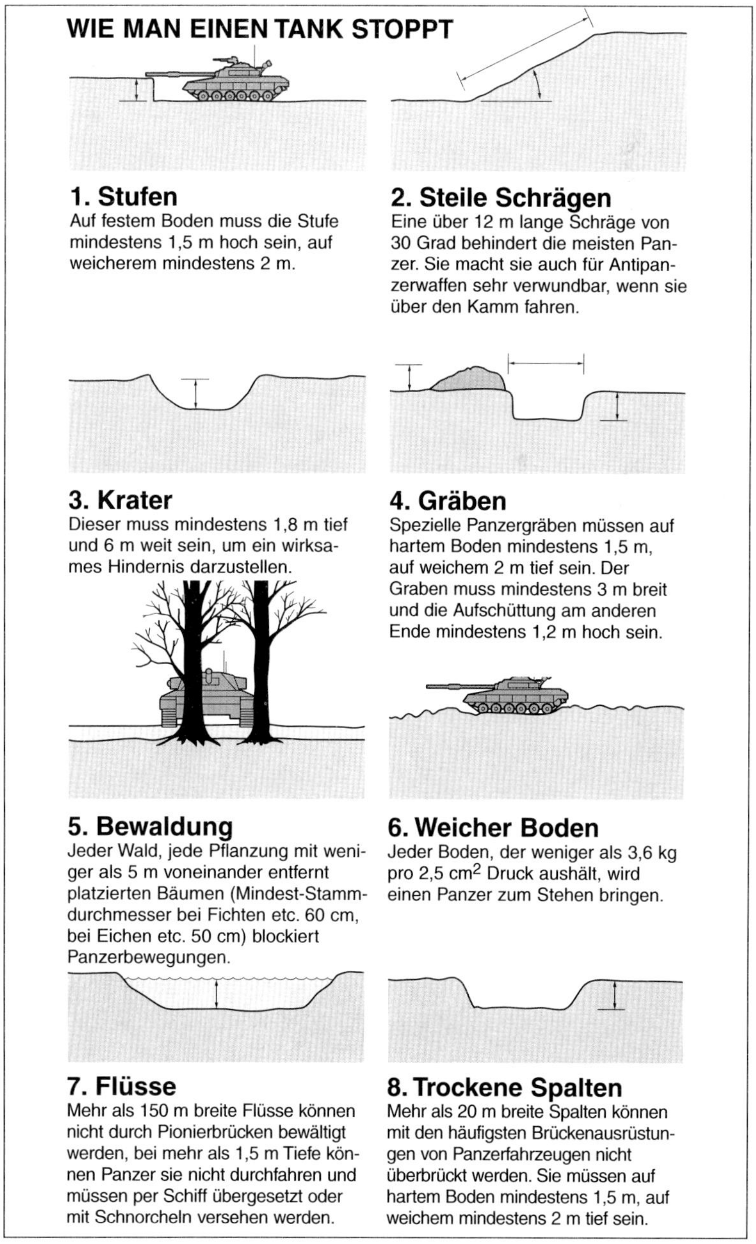

UNTEN: Polnische Warschauer-Pakt-Truppen in ABC-Schutzkleidung spritzen bei einer Übung T-54-Tanks ab. Trotz der Betonung von Atomwaffen im Kalten Krieg nahm der Panzer in der NATO und dem Warschauer Pakt eine zentrale Rolle ein. Er bot unter anderem den Truppen einigen Schutz vor den Auswirkungen chemischer und nuklearer Kriegsführung.

Panzer für seine Mannschaft einen Schutz vor den atomaren, chemischen und biologischen Gefahren darstellt, die in einem modernen europäischen Krieg auftauchen konnten. Der Panzerbau ging daher während des gesamten Kalten Kriegs weiter, und der Tank blieb, um den britischen Verteidigungsminister Denis Healey zu zitieren, „das Männlichkeitssymbol" der modernen Armeen. Wie schon gesagt, vereinigen Panzer Beweglichkeit, Feuerkraft und Schutz. Die großen Armeen zogen aus ihren Erfahrungen im Zweiten Weltkrieg unterschiedliche Schlüsse über das Verhältnis der drei. Auch spätere Konflikte wie der Korea- und die arabisch-israelischen Kriege hatten manche Veränderungen zur Folge. Die Sowjetunion, deren Strategie auf Angriff basierte, entschied sich für schnelle, wendige Panzer mit starker Feuerkraft. Die Schutzfunktion war sekundär, da bei einer Armee mit so großen Reserven an Männerverluste relativ gering zählten. Die Briten waren durch die Erfahrung, im Zweiten Weltkrieg schlechtere Tanks und Kanonen als ihre Gegner gehabt zu haben, ernüchtert. Das sollte nie mehr geschehen. Daher erhielt die Feuerkraft bei ihnen Vorrang, eng gefolgt von Schutz und weit dahinter Beweglichkeit. Als Folge davon waren die britischen Tanks

PANZER-SCHIESSTECHNIKEN

Standarddistanz-Justierung

Sieht man den Einschlag des Schusses nicht deutlich, so verwendet man Standarddistanz-Justierung, bis man das Ziel eingabelt. Die Standarddistanz-Justierung beträgt +/– 200 m bis zu 1500 m und +/– 400 m bei weiteren Entfernungen. Operiert ein Tankzug wie hier gemeinsam, kann er das Ziel rascher treffen, als wenn die Maschinen unabhängig kämpfen.

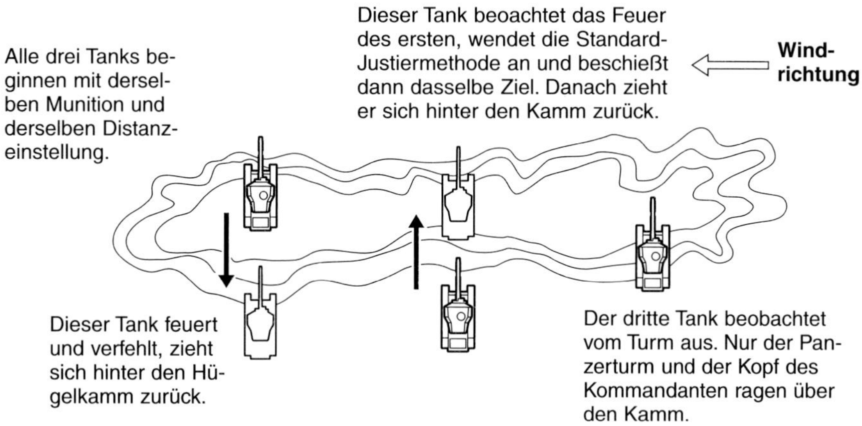

Direkte Zielmethode

Diese Methode ist schneller, da der Schütze ohne weiteren Bezug zum Panzerkommandanten operiert. Er beobachtet in seinem Zielgerät, wo die Granaten einschlagen, justiert neu und feuert wieder.

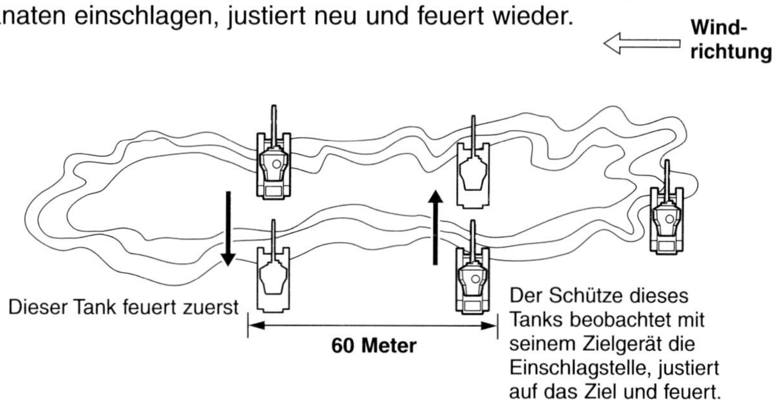

LINKS: Unter Ausnutzung von Terrain, hinter dem man sich verbergen kann, können moderne Kampfpanzer zum Abfeuern des Schusses „auftauchen“ und sich dann wieder in Deckung zurückziehen, während ihre weiterhin verborgenen Kameraden den Einschlag des Schusses beobachten.

während des Kalten Kriegs die schwersten im Einsatz. Die Amerikaner standen irgendwo in der Mitte. Geschwindigkeit und Manövrierfähigkeit standen an der Spitze, dann folgte Feuerkraft und schließlich Schutz. Angesichts der zahlenmäßigen Überlegenheit der Sowjets benötigten die NATO-Armeen einen erheblichen qualitativen Vorteil bei ihren Panzern.

DOKTRINEN DES LANDKRIEGS

Die Sowjetunion ging allmählich für den Landkrieg von der Doktrin der Nuklearwaffen als Mittelpunkt ab. Ab den 1970ern entdeckten die Kommandeure der Roten Armee die Vorteile des „tiefen

PANZERKERBE

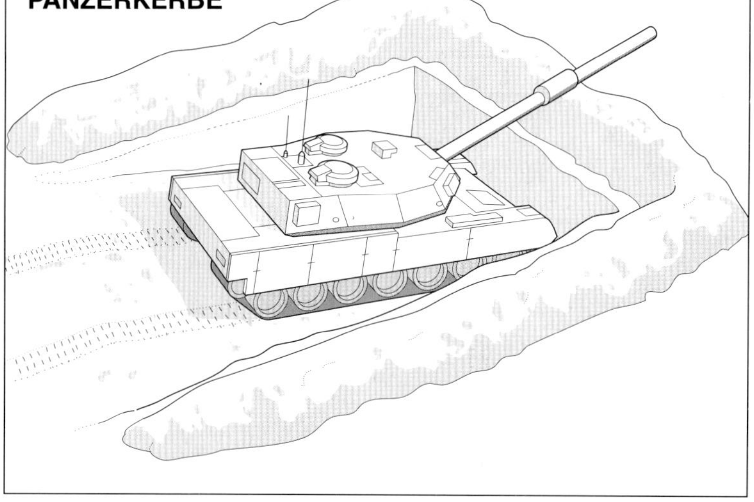

UNTEN: Beispiel einer vorbereiteten Verteidigungsstellung, einer „Panzerkerbe“, für einen Panzer. Jeder Tank hatte von der Pionierabteilung der Einheit gegrabene Spalten, zwischen denen er sich während eines feindlichen Angriffs bewegte. Nur der Turm war sichtbar. So war er schwer zu treffen.

UNTEN: Ostdeutsche GT-72 rasen bei einer Übung über das Land. Übungen des Warschauer Pakts in den 1970ern und 1980ern überzeugten die Kommandeure der Roten Armee, dass eine Rückkehr zur Manöverkriegsführung möglich war, und führten zur Wiedereinführung der „Manövergruppen" des Zweiten Weltkriegs, die Durchbrüche ausnutzen sollten.

Kampfes" wieder, da die Chancen für einen erfolgreichen, konventionell geführten Krieg in Europa stiegen. Die Sowjets experimentierten mit dem Konzept der Manövergruppe des Zweiten Weltkriegs. Die ersten Versuche mit der „operativen Manövergruppe" (OMG) gab es 1981 während der SAPAD-81-(West-81-)Manöver in Polen und der westlichen Sowjetunion. Diese waren ein Jahrzehnt lang die größten Übungen des Warschauer Pakts. 100.000 Mann waren beteiligt. Die OMG, eine wichtige Entwicklung der sowjetischen Landkriegsführung, bestanden aus verstärkten Panzerverbänden, die hinter der Front in Reserve gehalten wurden. Sie sollten durch die von anderen Einheiten geschaffene Lücke tief ins feindliche Hinterland eindringen und einen taktischen Erfolg in einen strategischen verwandeln.

Die sowjetische Rückkehr zur Manöverkriegsführung hatte Folgen für die NATO. 1967 führte sie die „flexible Antwort" als Basisstrategie ein. Diese sah von massiver nuklearer Vergeltung ab und erlaubte der NATO eine angemessenere und abgestufte Reaktion mit einer Reihe konventioneller und nuklearer Optionen auf sowjetische Aggression. Da man wieder mehr auf konventionelle Verteidigungsmittel vertraute, musste die NATO ihre Bodentruppen verbessern und eine Methode zur Abwehr eines sowjetischen Angriffs haben. Diese bestand zunächst im kämpfenden Rückzug an eine kontinuierliche Front, wobei möglichst wenig westdeutsches Gebiet aufgegeben und der sowjetische Angriff geschwächt werden sollte. Für die neue sowjetische Doktrin war dieser Plan anfällig. Daher wählten die USA, die sich traditionell auf Abnutzungsmethoden verließen, die Manöverkriegsführung. Nach der Niederlage in Vietnam suchten sie nach neuen Wegen, ihre technologische und Ausbildungsüberlegenheit für einen Sieg über die Sowjetunion auszunutzen. Ergebnis war der „Luft-Land-Kampf". Die USA führten ihn 1982 ein. Viele Ideen übernahmen sie dabei aus deutschen, sowjetischen und israelischen Erfahrungen in der Kriegsführung. Die US-Truppen sollten danach die des Warschauer Pakts durch Offensive ausmanövrieren. Dabei sollten Luftwaffe, Luftmobilität und Tanks auf einem „dreidimensional ausgedehnten Schlachtfeld" eingesetzt werden. Dies wurde in Europa nie getestet, war aber Basis der NATO-Doktrin, die sich vom Abnutzungskrieg zum Manöverkrieg hin bewegte.

PANZERKONSTRUKTION

Während des Kalten Kriegs hatten die sowjetischen Tanks die Initiative, der Westen reagierte. Die sowjetischen Konstrukteure waren innovativ und weniger konservativ als ihre westlichen Gegenspieler. Die Sowjets gingen mit ihrem kampferprobten T-34/85 in den Kalten Krieg, ergänzt durch den schweren IS-3 mit einer 122-mm-Kanone, der schwersten und stärksten Panzerwaffe jener Zeit. Beide waren eine starke Bedrohung, und der Westen produzierte eine Reihe von Tanks vor allem gegen den IS-3. Dieser wurde schließlich vom T-10, mit noch besserer Panzerung, Kanone und Motor, abgelöst, der Mitte der 1960er ausgemustert wurde. Der erste mittlere sowjetische Tank nach dem Krieg, der T-54, kam 1954. Er war bei allen Armeen des Warschauer Pakts im Einsatz und wurde etwa 30 Jahre lang produziert. Insgesamt wurden 95.000 T-54 und T-55 (eine verbesserte Version) gebaut. Sie stellten zu Ende des Kalten Kriegs immer noch 85 Prozent der Tanks des nichtsowjetischen Warschauer Pakts. Er war für seine Zeit gut gepanzert und bewaffnet. Seine Querfeldeinleistung war ausgezeichnet. Der T-62 war eine gestreckte Version des T-54/55 mit einer glattrohrigen (der ersten überhaupt) 115-mm-Kanone. Er war ein eher mittelmäßiger Tank. Nur die Rote Armee benutzte ihn. Der erste Tank einer neuen Generation war der T-64 mit einer glatten 125-mm-Kanone und einem Selbstlader, sodass eine Drei-Mann-Crew ausreichte. Er war lange die Hauptstütze der Panzertruppen des Warschauer Pakts. Parallel zum T-64 wurde der T-72 gebaut. Er war billiger und leichter zu halten und hatte stärkere Feuerkraft als der T-34. Der Letzte in dieser Familie war der T-80, ein wesentlich verbesserter T-64 mit einem völlig neuen Gasturbinen-Antrieb. Er wurde gegen Ende des Kalten Kriegs den Frontlinien der sowjetischen Panzereinheiten zugeteilt. Die sowjetischen Tanks wurden in großer Zahl gebaut und ständig verbessert und umgebaut. Wenn neue Modelle erschienen, wurden die alten, weniger wichtigen, Reserveeinheiten zugeteilt und schließlich in Depots gelagert. Die sowjetische Armee produzierte Tanks für einen Offensiveinsatz, daher um mindestens 10 Tonnen leichter als die westlichen Fahrzeuge. Es gab wichtige Verbesserungen wie den Selbstlader, den sie lang vor den gegnerischen Konstrukteuren perfektionierten. In Europa trafen sowjetische Tanks im Kampf nie auf westliche, und als sie es im Nahen Osten und in Asien taten, erwiesen sie sich meist als unterlegen. Doch diese Tanks hatten keine Crews des Warschauer Pakts, und die Lage hätte bei einem Einsatz gegen die NATO ganz anders sein können.

Vier NATO-Staaten (Frankreich, Westdeutschland, Großbritannien und die USA) entwarfen und bauten Tanks. Obwohl man viel über Gemeinschaftsprojekte und NATO-Standards sprach, gab es nicht den Grad der Standardisierung wie bei den Staaten des Warschauer Pakts. Alle NATO-Panzer, außer den in Frankreich gebauten, trugen die britische 105-mm-L7-Kanone. Der Koreakrieg zeigte den Amerikanern, dass sie ihre Veteranen aus dem Zweiten Weltkrieg, den M4 und den M26, ersetzen mussten. Der M47 und M48 wurden in Dienst genommen und zeigten erhebliche Probleme. Der M48 wurde umgebaut und verbessert und erhielt eine neue Bezeichnung. Als M60 diente er der Armee viele Jahre als mittlerer Standardpanzer. Nach dem Scheitern des deutsch-amerikanischen MBT70-Projekts wählte die US-Army ein Chrysler-Tankdesign, das als M1 Abrams gebaut und 1982 in Dienst genommen wurde. Dieser wurde inzwischen als M1A1 mit einer glatten 120-mm-Kanone der Deutschen Rheinmetall verbessert. Den Briten, die im Zweiten Weltkrieg nur mittelmäßige Tanks gehabt hatten, gelang zu Beginn des Kalten Kriegs mit dem Centurion ein Treffer. Er wurde schrittweise aufgerüstet, erhielt schließlich eine L7-105-mm-Kanone und war schwerer als all seine Zeitgenossen. Den Israelis leistete er ausgezeichnete Dienste.

1967 wurde der Centurion in der britischen Armee durch den Chieftain ersetzt, einen weiteren extrem schweren und gut bewaffneten Tank, bei dem es anfangs Probleme mit dem Motor und der Übersetzung gab. Er wurde durch den Challenger ersetzt, der ein neues Chassis und Gasturbinen-Antrieb, doch die gleiche 120-mm-Kanone hatte. Die westdeutsche Waffenindustrie baute im Kalten Krieg nur zwei Panzermodelle, doch beide waren herausragend: der Leopard I und der Leopard II. Der Leopard I wurde praktisch zum NATO-Standardpanzer, er rüstete die dänische, kanadische, holländische, norwegische, belgische, italienische und westdeutsche Armee aus. Der französische AMX-30 ging 1967 in Produktion. Er war erheblich leichter als andere NATO-Panzer und trug eine 105-mm-Bordkanone. In den späten 1980ern versuchten die Franzosen mühsam, einen Ersatz für den AMX-30 zu finden, obwohl der Leclerc kurz davor war, in Produktion zu gehen, als der Kalte Krieg zu Ende ging.

OBEN: Die niedrige Silhouette des schwedischen Stridsvagen 103 und daneben die höhere des Centurion der schwedischen Armee. Der Strv 103 war eine interessante Konstruktion. Um den Panzer so niedrig wie möglich zu halten, war die Kanone fest am Scheitel fixiert und wurde durch Schwenken des Fahrzeugs ausgerichtet und durch seine Aufhängung geneigt. Das war ein innovatives Design, doch der Strv 103 hatte wenig Einfluss auf die nachfolgenden Entwicklungen der Panzertechnologie.

Am Ende des Kalten Kriegs konnte die Sowjetunion auf strategischer Ebene zweieinhalbmal so viele Panzer aufbringen wie die NATO. Dieser Vorteil hätte sich natürlich nicht gleichmäßig verteilt, da die sowjetische Operativdoktrin die Massierung der Kräfte zur Erringung lokaler Überlegenheit vorsah. Das Übergewicht hätte sich also durch sorgfältige Planung und Vorbereitung von 1:2,5 in 1:6 oder gar 1:10 verwandeln können, wie es die Rote Armee zwischen 1944 und 1945 regelmäßig erreicht hatte. Nicht jeder Panzer der NATO wäre also dreien des Warschauer Pakts gegenübergestanden. Bei manchen wären es 10 oder mehr gewesen, bei manchen gar keiner. Die Frage war, ob die Qualität der NATO-Panzer dieses Übergewicht ausgleichen konnte. In der Geschichte besiegten kleinere Armeen manchmal größere mit mehr Tanks. 1943 zerstörten deutsche Panzer sowjetische im Verhältnis 5:1. In Korea erreichten die USA eine ähnliche Rate. Die israelische Armee hat immer wieder größere Panzerkräfte besiegt. Qualität kann über Quantität siegen, und darauf verließ sich offenbar auch die NATO, da ihre Panzer anspruchsvoller als die sowjetischen und ihre Mannschaften besser ausgebildet waren. Die Panzerstrategie der NATO betonte Kämpfe über weite Distanzen, um die feindlichen Tanks ausschalten zu können. Ihre Panzer hatten daher bessere Entfernungsmesser und Feuerleitsysteme als die Tanks ihrer sowjetischen Gegner.

ENTWICKLUNGEN DER KONSTRUKTION

Der traditionelle Schwerpunkt bei der Panzerkonstruktion liegt auf Feuerkraft, Beweglichkeit und Schutz. Es lohnt daher, die Entwicklung der Panzer der NATO und des Warschauer Pakts im Kalten Krieg in diesen Bereichen zu analysieren. Bis zu den 1970ern bestand die Panzerung, wie zuvor, aus homogenem Stahl, am stärksten an der Front. Abgeschrägte Panzerung hatte sich weiter verbreitet, seit sie im Zweiten Weltkrieg am T-34 benutzt worden war. Der zunehmende Einsatz von Mehrkomponenten-Sprengköpfen, vor allem in Antipanzerraketen, führte zur Einführung von nichtmetallischer Panzerung. Dieser Prozess wurde von den Briten in den

OBEN: Ein britischer Infanterist spricht im August 1978 über Telefon, das hinten am Panzer angebracht ist, mit dem Kommandanten eines Chieftain-Tanks. Der Chieftain war ein extrem schwerer, gut bewaffneter Tank und auf einen Defensivkampf in Europa spezialisiert.

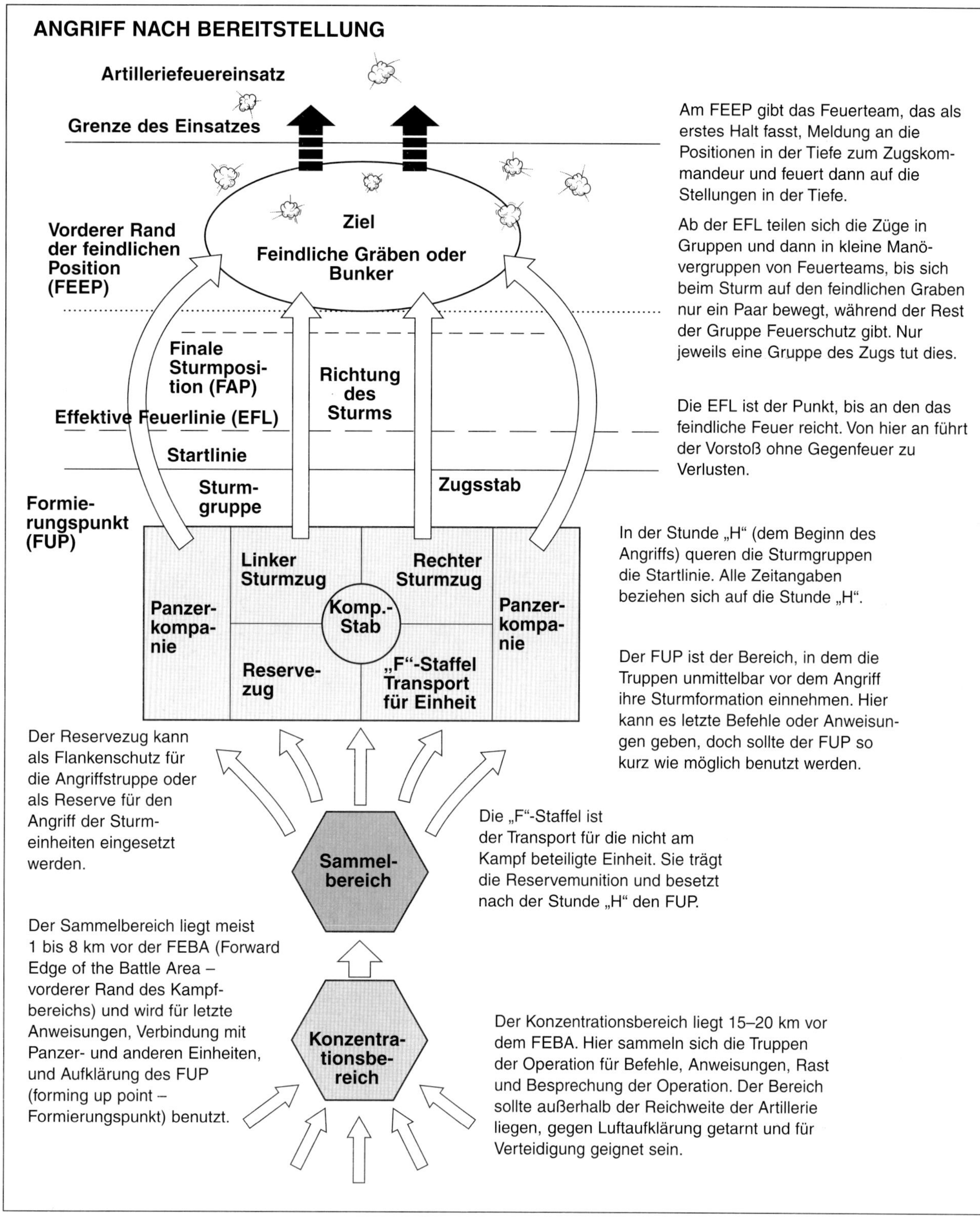

späten 1960ern und frühen 1970ern mit ihrer Chobham-Panzerung angeführt, die eine Verbundpanzerung aus Metallen und Keramik darstellt und der Bedrohung durch HEAT-Geschosse wirksam begegnet. Gegenwärtig hat die letzte Generation von NATO-Panzern wie der M1A1 Abrams, der Challenger und der Leopard 2 eine Chobham-Panzerung. Doch beeinflusst dies nicht den Kampf Panzer gegen Panzer, wo große Mengen panzerbrechender Geschosse zum Einsatz kommen. Die Sowjets führten Anfang der 1980er ein ähnliches System ein. Eine billigere Lösung war reaktive Panzerung, die erstmals 1982 bei israelischen Panzern erschien. Diese besteht aus kleinen, explosiven Blöcken, die beim Aufschlag

OBEN: Offensivplan im Kalten Krieg für einen begrenzten Angriff auf eine fixe gegnerische Stellung durch eine Infanteriekompanie, unterstützt von zwei Panzerkompanien.

OBEN: Westdeutsche Leopard I zeigen beim Durchfahren eines Flusses in Westeuropa ihre Fähigkeiten. Der Leopard I war das erste deutsche Panzermodell nach dem Zweiten Weltkrieg. Eine Reihe von NATO-Mitgliedern rüstete ihre Panzertruppen mit ihm aus.

eines Geschosses detonieren. Die Sowjets erhielten von den Syrern Exemplare des israelischen Systems und statteten Mitte der 1980er den T-64, T-67 und T-80 mit reaktiver Panzerung aus. Die „fortschrittlichste" Tankpanzerung ist die amerikanische mit abgereichertem Uran, bei der sich in der Panzerung zwischen Stahlschichten ein Netz aus Uran befindet. Wahrscheinlich wird der Abrams mit ihr ausgerüstet werden. Insgesamt war die letzte Panzergeneration der NATO besser durch Panzerung geschützt als ihre sowjetischen Gegenspieler.

Bei der Feuerkraft der Panzer wurden hauptsächlich Massivgeschosswaffen oder Explosivgeschosse verstärkt. Beim Angriff mit Massivgeschossen wurde immer dichteres Material benutzt – zunächst Stahl, dann Wolframkarbid und schließlich Uran – und die Mündungsgeschwindigkeit immer mehr vergrößert. Bis zum Ende des Kalten Kriegs hatten die Kanonen der NATO und des Warschauer Pakts (meist Kaliber 120 bis 125 mm) ungefähr dieselbe Durchschlagskraft. Die NATO hatte die Führung bei den Feuerleitsystemen und der Stabilisierung der Hauptwaffe. Panzer wie der Leopard 2, der M1 Abrams und der Challenger können Ziele auf 2000 m Distanz während voller Fahrt präzise unter Feuer nehmen. Als Zielvorrichtung benutzen die meisten Panzer optische Entfernungsmesser. Die Briten bauten ein einfaches System, bei dem ein zum Hauptgeschütz koaxial montiertes Maschinengewehr zur Distanzmessung benutzt wurde. Der Einsatz moderner Laser-Zielvorrichtungen hat die Genauigkeit der Panzerkanonen stark erhöht.

BENZIN ODER DIESEL

Zu Beginn des Kalten Kriegs benutzten alle sowjetischen Tanks Diesel, alle westlichen Benzin. Benzin ergibt zwar ein besseres Gewicht-Leistungs-Verhältnis als Diesel, doch der Treibstoffverbrauch war hoch und verkürzte so die Reichweite der Tanks. Auch ist es leichter entflammbar. In den folgenden Jahren ging die NATO zu Diesel oder Turbodiesel über, was Reichweite und auch Sicherheit vergrößerte. In den 1980ern führte die US-Army für den M1 Abrams einen Gasturbinenmotor ein, der für seine Größe beträchtliche Leistung gab. Die Tanks in den 1980ern folgten dem Beispiel. Diese neuen Motoren halfen das wachsende Gewicht moderner Tanks auszugleichen.

Im Kalten Krieg hatten die NATO-Tanks gewisse qualitative Vorzüge, die

OBEN: Der Höhepunkt der Panzerkonstruktion des Kalten Kriegs, der M1 Abrams. Der M1 ging in Europa in den 1980ern in Dienst und stellte gegenüber seinem Vorgänger, dem M60, einen erheblichen Kapazitätssprung dar. Auch seine Verbundpanzerung, und (an der späteren Version M1A1) die glatte 120-mm-Kanone, überlegene amerikanische Elektronik und Sichtgeräte machten ihn seinen sowjetischen Rivalen überlegen.

ihnen wohl gegenüber den Warschauer-Pakt-Panzern ein überlegenes Abschussverhältnis gebracht hätten. Wie weit dies die quantitative Überlegenheit des Warschauer Pakts ausgeglichen hätte, bleibt offen. Panzer hätten nicht allein gekämpft und den Ausgang eines Kriegs in Europa bestimmt. Bei der Überlegung, was geschehen wäre, wenn der Kalte Krieg zu einem heißen Krieg geworden wäre, darf man die Tanks nicht isoliert von anderen Waffensystemen betrachten.

M1-ABRAMS-CREW-SCHUTZSYSTEM

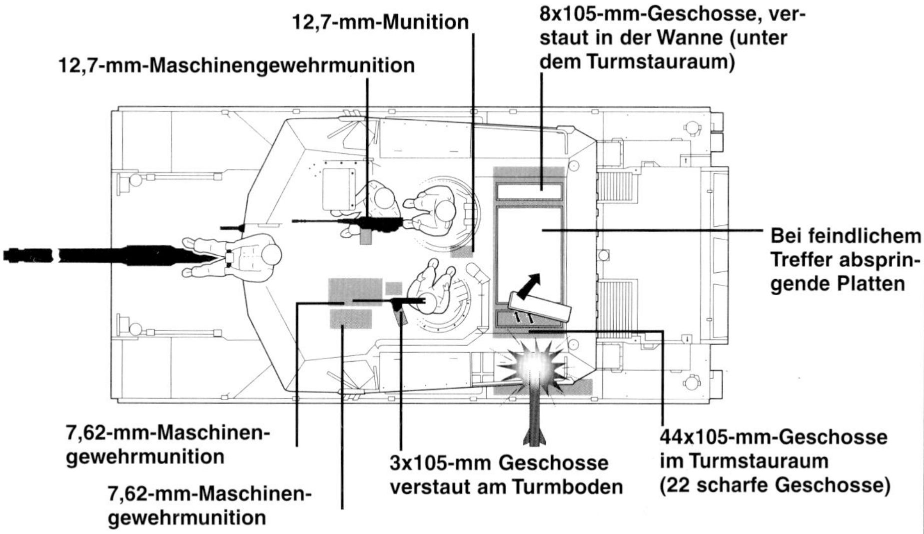

Der Besatzungsraum ist vom Haupt-Munitionsstaubereich durch gepanzerte Gleittüren abgetrennt. Schlägt eine Granate ins Munitionslager ein, so sprengt sie spezielle Deckplatten weg, und die Crew ist sicher – vorausgesetzt, die gepanzerten Türen sind geschlossen.

LINKS: Moderne Kampfpanzer sind mit vielfältigen Hilfsmitteln ausgerüstet, die ihre Widerstandsfähigkeit steigern. Der M1 Abrams macht da keine Ausnahme.

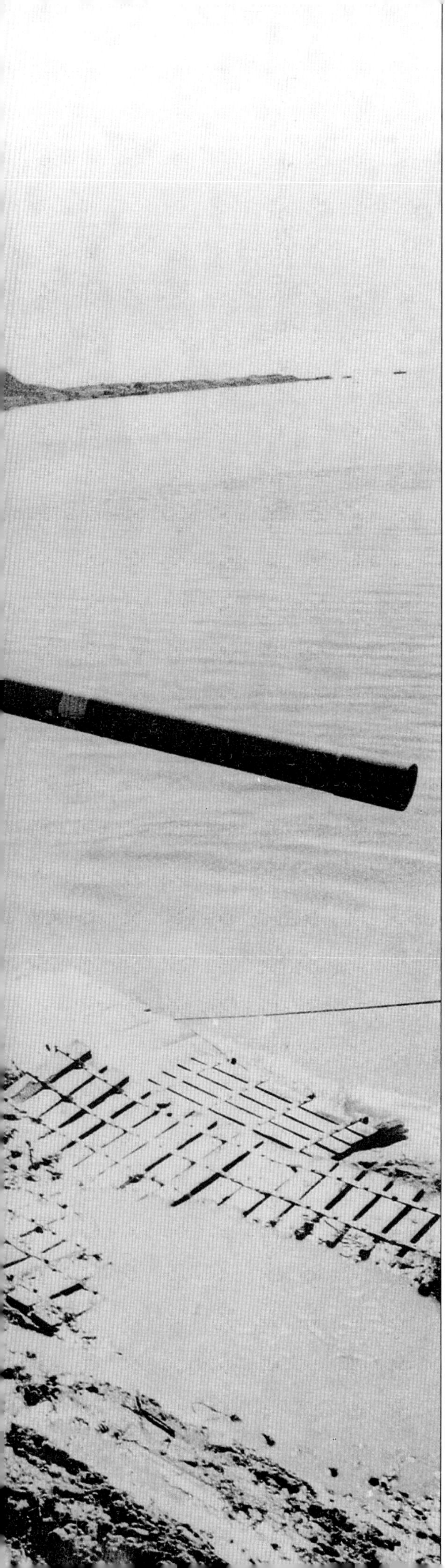

KAPITEL ZEHN

KRIEGE NACH 1945

Die Idee des Blitzkriegs überlebte den Zweiten Weltkrieg und wurde von den Israelis in den Nahostkriegen angewandt.

Der Nahe Osten sah in der Nachkriegszeit wahrscheinlich mehr Konflikte und Unruhen als jede andere Region. Die Spannungen hier konzentrieren sich auf Israel und seine arabischen Nachbarn. In der Reihe von Kriegen, die es seit der Gründung Israels gab, spielte der Panzer eine zentrale Rolle. Die Region erwies sich gewissermaßen als Prüfstand für westliche und sowjetische Technologie, da der Westen, besonders die USA, Israel stützte und die arabischen Staaten weitgehend von der Sowjetunion mit Waffen versorgt wurden. Viele neue Waffensysteme gaben bei diesen Konflikten ihr Debüt, besonders die Panzerabwehrrakete, die im Jom-Kippur-Krieg von 1973 ihren spektakulären und wirksamen Auftritt hatte. Die Erfahrungen im Panzerkrieg führten in Israel zu Innovationen in der Tankkonstruktion, die im wichtigsten und einflussreichsten Panzerdesign der Nachkriegszeit, dem *Merkava*, kulminierten. Das wechselnde Geschick des Nachkriegspanzers und die Änderungen in der Panzertaktik

LINKS: Ein israelischer M-48 Patton quert 1973 im Jom-Kippur-Krieg den Sueskanal. Die Querung des Kanals erlaubte den Israelis, tief ins ägyptische Hinterland zu ziehen und die Raketenstellungen zu bedrohen, sodass die Ägypter um Frieden bitten mussten. Trotz ihres Mangels an neuester Ausrüstung waren die Israelis Experten in der Panzerkriegsführung und konnten im 20. Jahrhundert ihre arabischen Gegner trotz deren zahlenmäßiger Überlegenheit besiegen. Ihre Erfolge gegen die sowjetische Ausrüstung der Araber wurden von der NATO genau studiert.

OBEN: Eine Kolonne französischer AMX-13 der Israelis rollt 1956 durch die Wüste. Wegen ihrer beschränkten Reserven an Männern kaufte die israelische Armee leichte Panzer und rüstete sie auf, wie sie es schon mit anderen Tanks, die sie aus verschiedenen Quellen bezogen hatte, getan hatte.

zeigen sich im Blitzkrieg der Israelis von 1967 und im 1973 voreilig angekündigten „Tod des Panzers".

DIE ERSTE RUNDE

Die Briten regierten Palästina vom Ersten Weltkrieg bis 1948 unter dem Mandat des Völkerbunds. Da sie der Differenzen zwischen Juden und Arabern nicht Herr wurden, beschlossen sie eine Teilung, doch als sie 1948 abzogen, gab es keine Einigung. Trotz der Bemühungen der neu gebildeten UNO hatte die Unversöhnlichkeit aller Seiten zur Folge, dass Israels Nachbarn den neuen Staat sogleich vernichten wollten. Die israelische Panzerwaffe war noch nicht die gut ausgebildete und ausgerüstete Truppe der späteren Kriege. Die Israelis hatten eine breite Auswahl von Tanks gestohlen, organisiert und gekauft: Cromwells gestohlen oder organisiert aus britischen Be-

RECHTS: Eine sowjetische Su-100-Selbstfahrlafette der Ägypter, zerstört von britischen Fallschirmjägern beim englisch-französischen Versuch, 1956 den Sueskanal einzunehmen. Der Angriff wurde in Verbindung mit einem israelischen Zug in die Sinaiwüste unternommen. Militärisch war die Operation erfolgreich, politisch aber für Briten und Franzosen, die ohne amerikanische Unterstützung operierten, ein Desaster.

ständen, leichte französische Vorkriegs-Hotchkiss-Tanks illegal importiert und alte Shermans von Italien und den Philippinen gekauft. Diese formten sie zur 8. Panzerbrigade unter Jizhak Sabeh. Diesem Verband standen die viel besser ausgerüsteten Panzertruppen des Libanon, Syriens, Jordaniens, Ägyptens und des Irak gegenüber.

Die 8. Panzerbrigade führte im Unabhängigkeitskrieg eine Reihe von Operationen durch. Sie schlug den jordanischen Vorstoß entlang der Jerusalem-Straße zurück. Die Jordanier besaßen eine der besseren arabischen Armeen und konnten als Einzige während des Kriegs etwas erreichen. Die israelische Panzertruppe nahm das von den Briten gebaute Fort Suweidan in der Wüste Negev ein. Zwei Bataillone stießen in den Sinai und wehrten als Teil einer Operation, die die ägyptische Armee im Gazastreifen einkreiste, einen ägyptischen Gegenangriff ab. Während des Unabhängigkeitskriegs wurde eine zweite Panzerbrigade, die 7., gebildet und hastig mit Panzerwagen und Halbkettenfahrzeugen ausgerüstet. Sie nahm an den Operationen zur Sicherung Galiläas teil. Die Invasion ägyptischen Gebiets zwang die Araber an den Verhandlungstisch. Die Friedensverhandlungen führten zu einem vergrößerten Israel, doch trotz der jordanischen Gewinne westlich des Jordan und des Faktums, dass Ägypten den Gazastreifen erhielt, blieb viel Unmut bestehen.

Die Sueskrise

Die Israelis verbesserten ihre Panzertruppe und entwickelten eine eigene Panzerdoktrin, basierend auf Beweglichkeit, Angriff und Überraschung. Von feindlichen Völkern umgeben, plante die Israelische Verteidigungsstreitmacht (IDF) einen kurzen, heftigen Zerstörungskrieg gegen einen viel größeren Gegner. Wegen der Größe Israels konnte es keine nachhaltige Verteidigung in die Tiefe geben. Ironischerweise beriefen sich die Israelis, besonders der stellvertretende Kommandeur der 7. Panzerbrigade, Oberstleutnant Uri Ben Ari, auf die Kriegserfahrungen deutscher Panzerkommandeure. Mitte der 1950er gab es ein Wettrüsten. 1955 versorgte die Tschechoslowakei die Ägypter mit großen Mengen Ostblock-Ausrüstung. Da Ägypten antifranzösische Kräfte in Algerien unterstützte, rächten sich die Franzosen, indem sie Israel 250 Shermans und leichte Tanks lieferten. Die Israelis rüsteten einige ihrer Shermans mit französischen CN-75-50-Kanonen auf.

Die Spannung zwischen Israel und dem ägyptischen Führer Gamal Abdel Nasser wuchs 1956 und steigerte sich im Oktober 1956 zum offenen Krieg, wobei die Israelis in die Halbinsel Sinai eindrangen. Briten und Franzosen ermutigten die israelische Aktion. Sie waren wegen Nassers vorangegangener Nationalisierung des Sueskanals erzürnt. Dank der Franzosen besaß die IDF normale Shermans (eine Vielzahl von Modellen, unter anderem den M4A1 und M4A2), aufgerüstete „Super-Shermans“, Shermans mit französischen FL10-Türmen (ähnlich den auf dem AMX-13) und leichte französische AMX-13. Die Ägypter besaßen unter anderem Shermans und Centurions (und ältere britische Modelle wie den Valentine), doch den Hauptteil der ägyptischen Panzerwaffe bildeten 230 T-34/85. Zusätzlich zu den T-34 sandte die Tschechoslowakei einige IS-3, 200 BTR-152, gepanzerte Truppentransporter, und 100 SU-100-Selbstfahrlafetten.

In den Panzerschlachten 1956 auf dem Sinai wurden die ägyptischen Panzer von

OBEN: Ein israelischer Sherman in der Wüste. Die Israelis waren stets knapp an Panzern und mussten eine gemischte Auswahl von Modellen benutzen, von denen sie die meisten aufrüsteten, auch die Shermans, damit die alten Typen im Kampf gegen die neueste sowjetische Ausrüstung eine Chance hatten.

den israelischen total deklassiert. Verantwortlich dafür war die bessere israelische Ausbildung, Motivation und Taktik. Beim ersten Angriff auf den Sinai wurden die Panzer ausgespart. Doch Ben Ari, der nun die 7. Panzerbrigade kommandierte, drängte auf eine aktivere Rolle. Seine Truppe half der Infanterie bei der Einnahme des stark verteidigten Dorfs Kusseima und zog dann rasch ins ägyptische rückwärtige Gebiet, wobei sie in einer Stunde das Äquivalent von drei Infanteriebrigaden zerstörte. Der israelische Kommandeur Moshe Dayan war etwas beunruhigt, als seine Panzer in Verfolgung des Feinds westwärts verschwanden, doch, wie er bemerkte, war es besser „den edlen Hengst zu zügeln, als ein sich sträubendes Maultier anzustacheln". Dayan nutzte also die Gelegenheit und beschleunigte die ganze Sinai-Operation, um mit Ben Aris Panzern Schritt zu halten. Sie erreichten in 100 Stunden den 250 km entfernten Sueskanal, kämpften sich dabei durch ägyptische Verteidigungsstellungen und schlugen eine ägyptische Panzerbrigade. Briten und Franzosen unterstützten sie durch die Zerstörung der ägyptischen Luftwaffe am Boden. Trotzdem war es ein bemerkenswerter Sieg im Blitzkrieg-Stil. Beim Angriff zur Eroberung des Sinai schalteten die Israelis 26 T-34/85, einen T-34-Kommandotank, sechs SU-100, 40 Sherman Mk 3 und 12 MS/FL10, 15 Valentine, 40 Archer und 60 BTR-152 aus. Die ägyptischen Tanks, die beim Rückzug an den Sueskanal eine verzweifelte Nachhutaktion kämpften, litten auch unter den israelischen Luftschlägen, die die T-34 und SU-100 auf dem offenen Gelände der Sinaiwüste übel zurichteten.

In Verbindung mit dem israelischen Angriff drangen britische und französische Truppen in Ägypten ein. Einem anglofranzösischen amphibischen und Luftangriff auf Port Said am Nordende des Sueskanals folgte ein britisch-französischer Stoß den Kanal hinunter. Die Briten und Franzosen trafen bald auf ägyptische, das Gebiet verteidigende Truppen. Sie sorgten sich wegen der Wirkung, die schwere Panzer wie der IS-3 auf die britisch-französischen Kräfte haben könnten. Zum einzigen Panzerkampf kam es schließlich am 5. November, als britische Fallschirmjäger vier SU-100 der ägyptischen 53. Artilleriebatterie ausschalteten.

DER „SECHS-TAGE-KRIEG" VON 1967

Dayan nutzte die Erfahrung von 1956. Die IDF wurde als völlig motorisierte Truppe mit dem Panzer als Zentrum der israelischen Doktrin und Taktik umorganisiert. Neue Panzerbrigaden wurden geschaffen und ein Neuausrüstungsprogramm gestartet. Die Shermans wurden mit einer französischen 105-mm-Kanone aufgerüstet. Generalmajor Israel Tal war wegen des Verlusts von Panzercrews besorgt und bestand auf dem Kauf schwer gepanzerter britischer Centurions.

So war die israelische Panzertruppe für den Krieg von 1967 weit besser gerüstet als 1956: Sie hatte Centurions, M-48 Pattons, Shermans und AMX-13. Die Crews waren aufgrund von Tals Reformen besser ausgebildet. Auch profitierten sie von den Erfahrungen von 1956. Dies sollte sich im „Sechs-Tage-Krieg" zeigen,

UNTEN: Eine Reihe von „Super-Shermans" mit 105-mm-Kanone hinter einem Kamm in Begleitung einer der einflussreichsten technologischen Nachkriegsentwicklungen, eines Helikopters. Obwohl dieser Sikorsky vor allem zur Nachrichtenübermittlung, Truppenverlegung und Evakuierung von Verletzten eingesetzt wurde, hatte die Ära von Angriffshelikoptern schon begonnen.

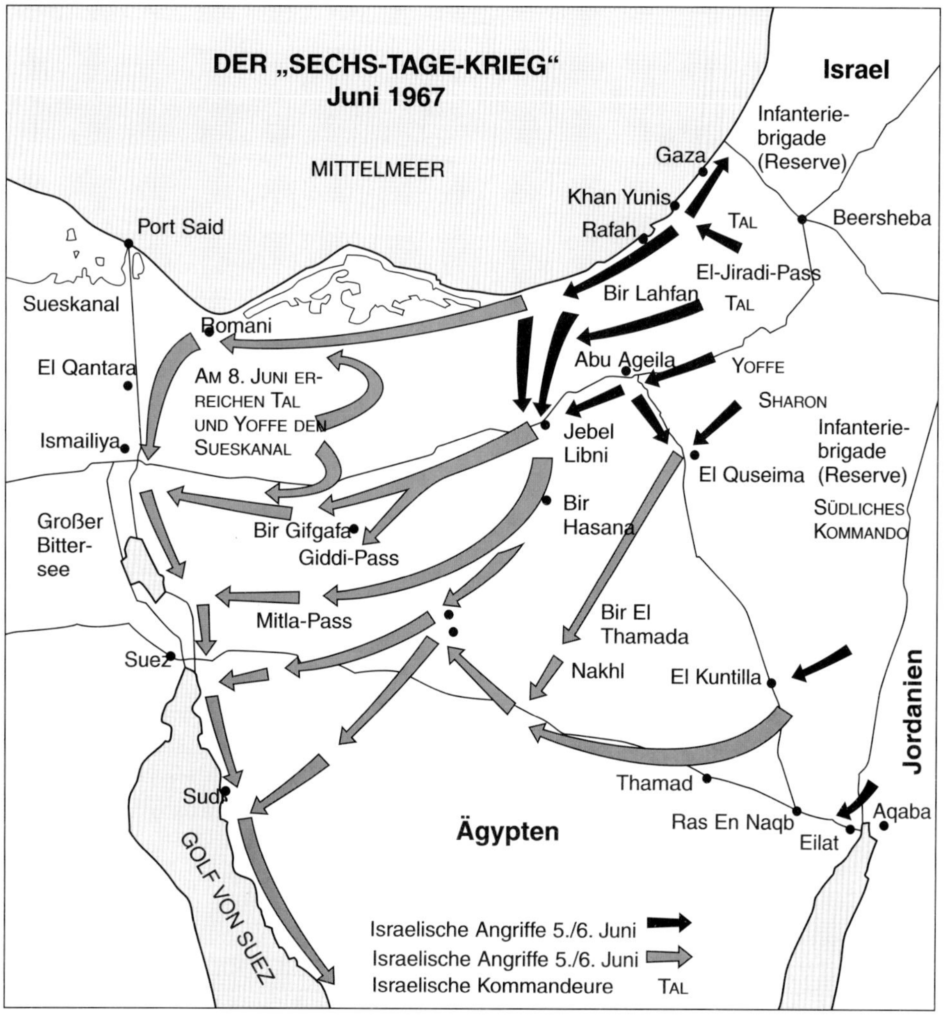

LINKS: Der „Sechs-Tage-Krieg“ von 1967 brachte einen bemerkenswerten israelischen Sieg. Er kam einem arabischen Angriff auf Israel zuvor. Die israelischen Panzertruppen, die harmonisch mit der Luftwaffe zusammenarbeiteten, krachten mit der ägyptischen Armee zusammen und erreichten innerhalb von Tagen den Sueskanal.

UNTEN: Versammelte israelische Tanks (AMX-13 und amerikanische M3-Halbkettenfahrzeuge) in Gaza. Die israelischen Generäle ließen sich von den deutschen Theorien des Blitzkriegs inspirieren. 1967 hatten sie eine voll motorisierte Truppe mit mobiler Infanterie.

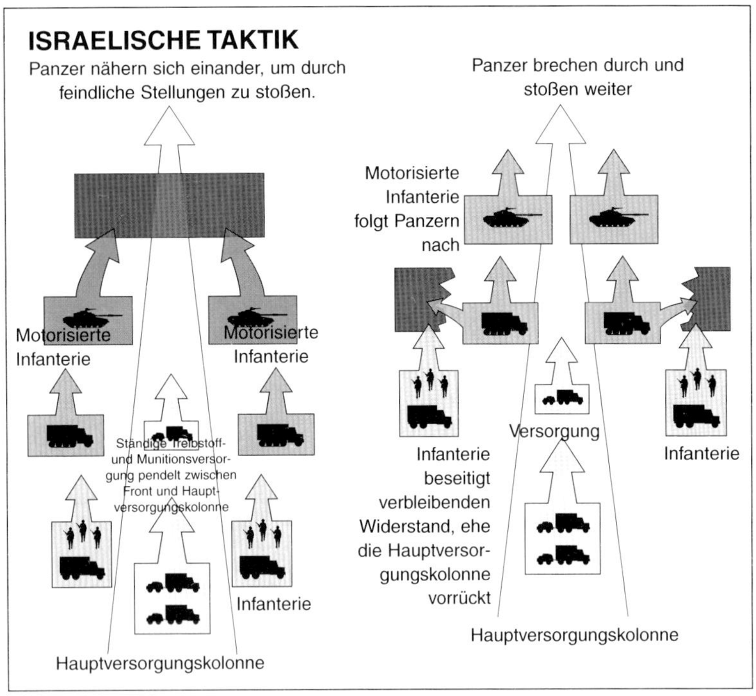

OBEN: Das Diagramm zeigt, welche Bedeutung die Israelis der Versorgung der Front beimaßen. Durch diese Strategie mussten die Panzer ihren Vormarsch nicht verlangsamen, während sie auf Neumunitionierung und Neubetankung warteten. So blieb der Druck auf den Gegner aufrecht.

als die israelischen Truppen in nur fünfeinhalb Tagen drei arabische Armeen vernichtend schlugen.

DREI ARABISCHE ARMEEN

Im nächsten arabisch-israelischen Krieg (dem berühmten „Sechs-Tage-Krieg") stand Israel Ägypten, Syrien und Jordanien gegnüber. Ägypten und Syrien hatten inzwischen neue T-54, doch die alten T-34/85 bildeten immer noch die Hauptstütze der Panzertruppe der Araber. Auf dem Sinai, entlang der ägyptisch-israelischen Grenze, verfügte die ägyptische 7. Infanteriedivision, die Rafah ver-teidigte, über 100 T-34/85 und IS-3. Die 2. Infanteriedivision hielt mit 100 T-34/85 und T-54 den wichtigen Knotenpunkt Abu Agheila. Die 3. Infanteriedivision nahe Dschebel Libni hatte weitere 100 T-34/85 und T-54 und die 6. Motorisierte Division im Süden war ebenfalls mit einer Mischung von T-34/85 und T-54 ausgerüstet.

Als der Krieg am 5. Juni 1967 begann, stürmte eine israelische Offensive durch die ägyptischen Verteidigungsstellungen am Sinai. Davor hatte ein israelischer Luftschlag die arabische Luftwaffe am Boden zerstört, und dies ließ die arabischen Bodentruppen ohne Luftdeckung. Die israelischen Tanks machten in einem Umfassungsmanöver mit den IS-3 und den moderneren T-54 kurzen Prozess. Sie konnten so die schweren sowjetischen Tanks von hinten angreifen. Im mobilen Krieg auf dem Sinai fegten die Israelis die Panzer der ägyptischen Armee beiseite und stießen rasch zum Sueskanal vor. An einem Punkt verfilzten sich israelische und ägyptische Tanks so sehr, dass General Abraham Yoffe seinen Tanks befahl, auf die rechte Straßenseite zu fahren und auf alles zu schießen, was am Platz blieb. In weniger als vier Tagen war alles vorüber.

RECHTS: Ein ägyptischer T-34/85 zieht im Oktober 1973 in die Schlacht gegen die Israelis. Der T-34/85 war 1956 die Hauptstütze der ägyptischen Panzertruppen gewesen. Zu jener Zeit war er so gut wie jeder Panzer im israelischen Arsenal. Doch 1973 war er für den Einsatz an der Front nicht mehr geeignet.

Basil Liddell Hart meinte, der Sechs-Tage-Krieg sei der „perfekte Blitzkrieg" gewesen und die „vorzügliche und subtile" Operation eine Bestätigung seiner Theorien. Von den 935 ägyptischen Tanks zu Beginn des Kriegs waren am Ende der Feindseligkeiten 820 verloren (291 T-54, 82 T-55, 251 T-34/85, 72 IS-3, 51 SU-100, 29 PT-76 und 50 Shermans und M4/FL10). Die Israelis büßten 122 Panzer ein, von denen viele repariert werden konnten, da die Israelis das Schlachtfeld beherrschten.

An der Golan-Front erwiesen sich die syrischen Tanks als kein Gegner für die moderne israelische Panzertruppe. Die syrische Panzertruppe, die die Golanhöhen verteidigte, bestand aus der 14. und 44. Panzerbrigade und besaß PzKpfw IV, T-34, T-54 und SU-100. Am 9. Juni griffen die Israelis die syrischen Stellungen an, doch anders als an der Sinai-Front verloren sie bei der Einnahme des hügeligen, schwierigen Geländes der Golanhöhen viele Panzer.

Der Jom-Kippur-Krieg von 1973

Um das Ostufer des Sueskanals zu schützen, errichteten die Israelis eine Linie von Befestigungen, die Bar-Lev-Linie. Manche sprachen sich sehr dagegen aus. Tal und der Fallschirmjäger-General Ariel Sharon meinten, eine so fixe Verteidigungsstellung widerspräche der israelischen Doktrin der mobilen Kriegsführung. Die Panzertruppen sollten besser für einen Gegenangriff auf jede Überquerung des Kanals zurückgehalten wer-

UNTEN: Die nächste sowjetische Panzergeneration – ein ägyptischer T-62 1973 auf dem Sinai. Die Araber wurden von den Sowjets stark mit Ausrüstung versorgt, die Israelis vom Westen, besonders von Frankreich und den USA.

OBEN: Eine Kolonne mittlerer israelischer M48 zieht im Jom-Kippur-Krieg südwärts zum Sueskanal. Der Kampf von 1973 war anfangs für die Israelis ernüchternd. Sie unterschätzten die Ägypter und unternahmen hastige Gegenangriffe. Dabei erlitten sie durch die ägyptische Infanterie, die mit sowjetischen Panzerabwehrraketen ausgerüstet war, schwere Verluste.

UNTEN: Die „Schwert und Schild"-Taktik, die die Ägypter 1967 anwandten, beruhte auf dem Rat sowjetischer Militärberater.

den. Tal und die israelischen Panzerexperten waren überzeugt, Israel könne sich keinen Zermürbungs-Verteidigungskrieg leisten. Es würde unweigerlich verlieren. „Deshalb gaben wir der Offensive Priorität", sagte Tal und fuhr fort:

„Das Instrument zur Führung eines offensiven Landkriegs, besonders im Nahen Osten, ist der mobile Panzerverband. Wir waren daher durch die Gegebenheiten der Natur gezwungen, die Methoden des Blitzkriegs anzuwenden. Auch wenn es keine Theorien darüber gegeben hätte, hätte uns die Lage dazu gezwungen."

Trotzdem mussten zu Beginn des Kriegs 1973 die israelischen Truppen an der Bar-Lev-Linie häufiges Bombardement ihrer Defensivbunker ertragen. Als die Syrer und Ägypter im Oktober gleichzeitig angriffen, sahen sich die Israelis in verzweifelte Verteidigungskämpfe verwickelt und mussten nach Tal „einzelne Gegenangriffe gegen große, gut organisierte Truppen unternehmen – in direktem Widerspruch zur Panzerkriegsführung". Der Erfolg von 1967 hatte die Israelis selbstgefällig gemacht, doch die Syrer und Ägypter hatten den Angriff von 1973 sorgfältig vorbereitet. Sie waren nicht die zweitklassigen Gegner, für die sie die Israelis hielten.

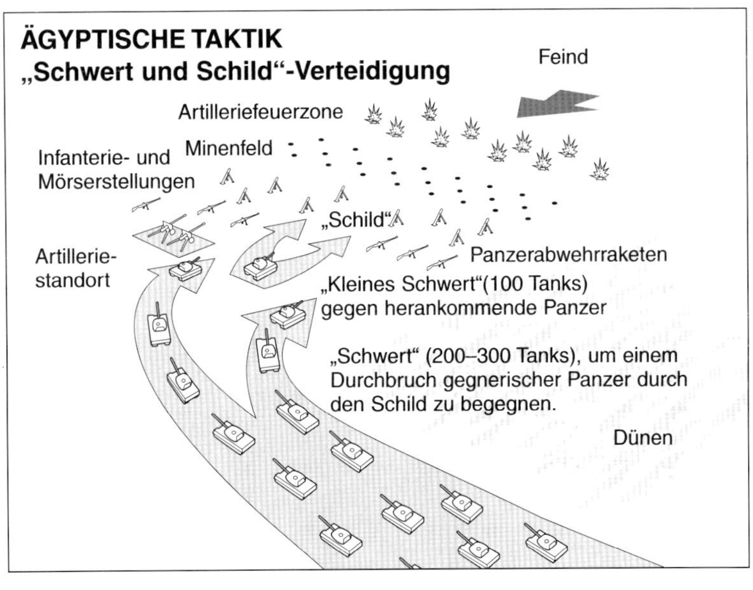

DER TAG DER VERSÖHNUNG

Am 6. Oktober, dem Jom Kippur (jüdischer Versöhnungstag), 1973 griffen Syrer und Ägypter gleichzeigt an. Die Syrer attackierten über die Golanhöhen, die Ägypter querten den Sueskanal, griffen die Bar-Lev-Linie an und brachen auf die Sinaihalbinsel durch. Beide arabischen Armeen führten ihre Anfangsoperationen geschickt durch. Die Syrer hatten ihre große Panzertruppe am Berg Hermon vor den Israelis versammelt, doch da sie ihre Tanks in verdeckten Verteidigungsstellungen einsetzten, glaubten die Israelis, der Aufmarsch verfolge keine offensiven Absichten.

Am 6. Oktober griffen drei syrische motorisierte Divisionen, die 5., 7. und 9., an. Sie waren mit ihren 600 sowjetischen T-54-, T-55- und T-64-Panzern gut bestückt. Vorangegangen waren Artilleriefeuer und Luftschläge. Ihnen folgten die 1. und 3. Panzerdivision mit ihren drei motosisierten bzw. Panzerbrigaden, die die syrische Stärke um nochmals 1000 Kampfpanzer erhöhten. Ein israelischer Panzerkommandant meinte später: „Ich hatte gar nicht gewusst, dass es so viele Panzer auf der Welt gibt.“

Die drei syrischen Brigaden sollten als Speerspitze die israelische Verteidigung sprengen, damit die Panzerdivisionen in die galiläischen Hügel jenseits davon durchbrechen konnten. Sie trafen auf starke israelische Verteidigung, vor allem einen 4,5 m tiefen Panzergraben und ausgedehnte Minenfelder. Die Syrer benutzten die ganze Breite spezialisierter Panzer – gepanzerte Bulldozer, Brückenlegepanzer und „Dreschflegel“-Tanks –, um die israelische Linie zu brechen. Gegen Luftangriffe wurden sie durch Fliegerabwehrraketen geschützt. Doch das Überraschungsmoment und die neue Bewaffnung reichten nicht aus. Wie Oberstleutnant Avigdor Kahalani, Kommandeur des 77. Bataillons der berühmten 7. Panzerbrigade über den neuen T-62 sagte: „Dieses neue Gespenst im sowjetisch-syrischen Arsenal war ebenso zerstörbar wie seine Vorläufer, der T-54 und T-55.“

Obwohl die 50 Centurions der 7. Panzerbrigade hoffnungslos in der Unterzahl waren, leisteten die Israelis außerordentlichen Widerstand. Moshe Dayan hatte der Brigade befohlen, bis zum Letzten zu kämpfen. Ihr Kommandeur Oberst Ben Gal profitierte von der guten Zusammenarbeit von Panzergrenadieren und Artilleriefeuer. Die mit dem britischen Feuerleitssystem, das die Nebenwaffe als Vorspiel des Bordkanonenfeuers benutzte, ausgestatteten Centurions schalteten etliche Gegner aus weiter Distanz aus. Doch weiterhin kamen fast endlose Mengen Syrer heran, und die Israelis feuerten fast auf Kernschussweite. Nach vier Tagen verzweifelten Kämpfens konnte Kahalani an Ben Gal berichten: „Wir haben sie aufgehalten. Das ist ein Anblick! Das Tal ist voll von brennendem und aufgegebenem Gerät.“ In der Tat konnten die Israelis, nachdem sie Verstärkung herangeschafft hatten, zur Offensive übergehen, durch den anfänglichen Vorstoß der Syrer verlorenes Gebiet zurückerobern und schließlich in Syrien selbst eindringen. Nur 177 israelische Panzer hatten 1400 syrische Maschinen besiegt.

UNTEN: Der Super-Sherman im Oktober 1973 an der syrischen Front. Diese Veteranen des Zweiten Weltkriegs waren der IDF im Großteil der zweiten Hälfte des 20. Jahrhunderts sehr nützlich. Der Tank trug eine französische 105-mm-Kanone und stand im Jom-Kippur-Krieg seinen Mann.

Die ägyptische Streitmacht, die den Sueskanal querte, war mit 1700 Panzern und 2500 Panzerfahrzeugen noch größer, Auch sie konnte ihren Angriff unbemerkt vorbereiten. Am 5. Oktober begannen sie einen amphibischen Angriff über den Sueskanal und nahmen die iraelische Bar-Lev-Linie ein. Mit Hochdruck-Wasserwerfern und Bulldozern beseitigten die Ägypter die von den Israelis zur Verteidigung am Ostufer des Kanals errichteten Sanddämme, und bis 7. Oktober hatten erhebliche Mengen Infanterie und Panzer mittels sowjetischer Pontonbrücken und Fähren den Kanal überquert.

Begrenzter Vormarsch

Bis zum 8. Oktober hatten die Ägypter die 2. und 3. Armee, etwa 100.000 Mann und über 1000 Panzer, über den Kanal gesetzt und entlang des Ostufers eine Verteidigungsstellung errichtet. Inzwischen gaben die integrierten ZSU (ein russisches mobiles Fliegerabwehrsystem) SAM-(Boden-Luft-)Luftverteidigungssysteme Schutz und begegneten den gefürchteten israelischen Luftschlägen. Der Einsatz drahtgelenkter Panzerabwehrraketen (wie dem „Snapper" und dem „Sagger") schwächte die traditionelle israelische Überlegenheit bei den Tanks. Wie der ägyptische Stabschef Saad el Shazly bemerkte, war die israelische Panzerantwort „der erste Kampf zwischen aus dem Zweiten Weltkrieg stammenden Konzepten des Tanks und den Infanteriewaffen der nächsten Generation".

Die Israelis unternahmen am 8. Oktober auf dem Sinai einen Gegenangriff mit zwei Panzerdivisionen, gerieten aber in einen ägyptischen Hinterhalt und erlitten schwere Verluste. Im ägyptischen TV sah man gefangene Panzercrews. Nun trafen die Israelis Gegenmaßnahmen gegen die arabischen Raketen und SAM-Batterien, doch zunächst waren die Araber durch diese billigen, tragbaren Waffen militärisch im Vorteil. Die Israelis verloren in zwei Tagen 260 Tanks. Ein israelischer Panzerkommandant berichtete über sein erstes Treffen mit den neuen Waffen. Er bemerkte etwas, das er für alte, über die Dünen verstreute Baumstämme hielt. Doch es waren Männer, und er fragte

UNTEN: Eine Kolonne israelischer M-48 und Jeeps rollt bei der Rückkehr vom Ostufer des Sueskanals nach dem Jom-Kippur-Krieg an Infanterie vorüber. Die IDF ist der beeindruckendste Anwender der Panzerkriegsführung nach dem Zweiten Weltkrieg.

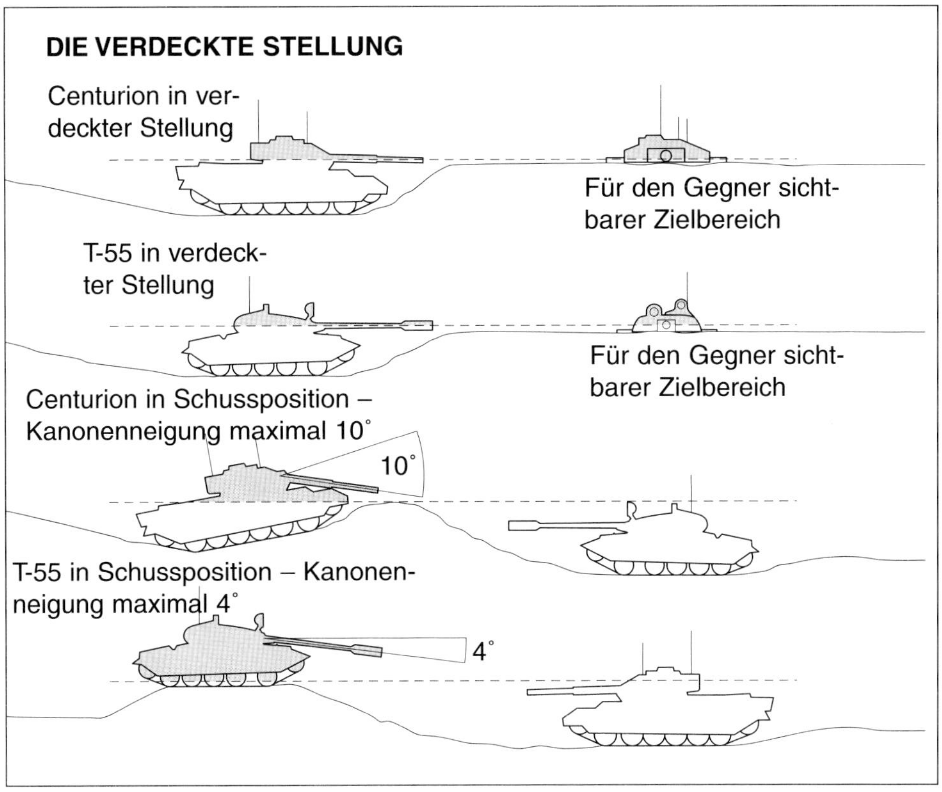

LINKS: Dieses Diagramm zeigt, wie die Fähigkeit des israelischen Centurion, seine Kanone um 10 Grad zu senken, ihm einen bedeutenden Vorteil gegenüber den ägyptischen und syrischen T-55 verschaffte. Der Centurion konnte aus der verdeckten Stellung die arabischen Panzer wirksam bekämpfen, ohne seine verwundbareren Teile zu exponieren.

sich, warum sie stillstehend einzeln die heranrasenden Panzer erwarteten. Dann „wurde plötzlich ein Sperrfeuer von Raketen auf uns abgefeuert. Viele unserer Tanks wurden getroffen. Mit so etwas hatten wir es noch nie zu tun gehabt."

Der arabische Erfolg vom 6. Oktober überraschte den ägyptischen Präsidenten Anwar el Sadat und verleitete ihn zu weiteren Militäraktionen. Er wollte weiterstoßen und noch mehr Gebiet erobern. Shazly meinte, weitere Vorstöße auf dem Sinai würden die ägyptischen Bodentruppen außer Reichweite ihrer SAMs bringen und sie israelischen Luftangriffen aussetzen, oder wie er sagte: „Tanks ohne Luftdeckung sind lahme Enten."

Die zweite Phase des Oktoberkriegs begann am 14. Oktober mit Sadats schlecht beratener Offensive. Die Ägypter starteten auf dem Sinai eine riesige Panzeroffensive. 2000 Tanks waren auf beiden Seiten beteiligt. Nur bei Kursk gab es mehr. Die Israelis hatten Panzerverstärkung von den Golanhöhen hierher verlegen können. So war das Verhältnis nur zwei zu eins zu Gunsten der Ägypter. Dies wurde zusätzlich noch durch die bessere Qualität der israelischen Tanks abgeschwächt. Auch kannten die Israelis die Gegend, und ihre Luftwaffe sollte nun eine wichtige Rolle spielen.

Die israelischen Verteidiger stoppten beide Flanken des ägyptischen Vorstoßes. Die ägyptischen Kommandeure mussten daher den Großteil ihrer Reserven einsetzen. An jenem Tag warfen sie fast 1000 Tanks in den Kampf und verloren mindestens die Hälfte davon. Doch die Israelis mussten den Krieg rasch beenden und wollten daher über den Kanal angreifen, um die ägyptischen Armeen von hinten zu nehmen und die SAM-Stellungen in

UNTEN: Ein syrischer P-55-Minenräumpanzer nach dem Waffenstillstand von 1974. Der P-55 war ein adaptierter T-55 mit verstärkten Metallwalzen, die alle Minen auf seinem Weg sprengten.

OBEN: Ein Centurion der IDF 1982 in einer Überwachungsstellung im Südlibanon nach der israelischen Invasion in diesem Land. Der Centurion, ein britisches Modell aus den letzten Tagen des Zweiten Weltkriegs, wurde mit einer 105-mm-Kanone aufgerüstet. Wie der Sherman diente der Centurion jahrzehntelang in der Israelischen Verteidigungsstreitmacht.

diesem Bereich zu säubern. Am 15. Oktober zog Generalmajor Ariel Sharon mit seinen Truppen in Richtung Kanal. Eine seiner Brigaden traf auf die Südflanke der ägyptischen 21. Panzerdivision, und ein Panzerkampf entwickelte sich in einem bei den Israelis als „Chinesische Farm“ bekannten Gebiet. Sharon konnte einige seiner Panzer und eine Fallschirmjägerbrigade über den Kanal bringen. Danach folgten große Mengen israelischer Panzer, die ins ägyptische rückwärtige Gebiet zogen. Der ägyptische General Shazly meinte: „Rasche Panzerstöße mit Luftunterstützung gegen unvorbereitete Gegner. Darin übertreffen die Israelis alle.“ Die ägyptische 3. Armee wurde bei Sues umzingelt und abgeschnitten. Als Sadat einen Waffenstillstand schloss, zogen die Israelis bereits nordwärts, um die ägyptische 2. Armee abzuschneiden.

Der Jom-Kippur-Krieg brachte also einen israelischen Sieg, doch um den Preis von 830 Kampfpanzern. Viele westliche Kommentatoren sahen den Krieg als Beweis für den „Tod des Panzers“. Die neuen Panzerabwehrraketen wie die *Sagger* („Brennkapsel“) und die RPG 7 hätten sich als äußerst wirksam erwiesen und ein Drittel der israelischen Panzerverluste am Kanal verursacht. Dies war Wunschdenken. Der Panzer behielt seine dominante Stellung im Bodenkrieg. Er war die Waffe, mit der die Israelis die Initiative zurückeroberten, und trug zu ihrem Sieg über die Ägypter und Syrer bei. Die israelische Armee dachte nicht daran, die Rolle des Tanks in Zukunft zu verringern. Sie schuf ein neues Modell, den Merkava, und wandte auf ihn die Erfahrungen an, die sie im Krieg von 1973 gemacht hatte.

DER MERKAVA

Die Israelis konnten den Verlust ihrer Panzercrews schlecht verkraften. Daher beschlossen sie den Bau eines Tanks, der die Überlebenschancen der Crew erhöhte. Nach Patrick Wright stellt der Panzer eine „dreieckige Versöhnung dreier, teilweise widersprüchlicher Parameter dar: Feuerkraft, Beweglichkeit und Schutz. Er ist zwangsläufig ein Kompromiss, denn die Steigerung eines Parameters führt oft zum Abnehmen eines anderen. Jede Tanks produzierende Nation hat ihr eigenes Dreieck entwickelt, da ihre Konstrukteure mit dieser schwer handhabbaren Tatsache fertig werden mussten.“

Beim neuen israelischen Panzermodell, dem Merkava, hatte der Schutz Vorrang. Generalmajor Israel Tal allerdings lehnte das ganze Konzept des Dreiecks ab. Er hielt den Merkava für einzigartig, weil er auf der Ansicht beruht, dass Schutz nicht als gesonderter Parameter neben Mobilität und Feuerkraft betrachtet werden sollte: „Wir sagen, dass ein Panzer eine Synthese oder ein Kompromiss von Feuerkraft und Mobilität ist,

OBEN: Der beste Panzer der Welt? Der überragende Merkava. Er wurde im Lichte der Erfahrungen des Jom-Kippur-Kriegs konstruiert, wo die IDF ernste Verluste an hoch ausgebildeten und äußerst kostbaren Panzercrews erlitt. Der Merkava ist ein höchst zähes Panzerfahrzeug, bei dem der Schutz der Mannschaft absolut im Mittelpunkt steht. Deshalb befindet sich der Motor vorne im Panzer (einzigartig bei modernen Tanks), um zusätzlichen Schutz zu bieten.

nicht eine Synthese dreier Parameter." Er betonte, dass „man versucht, eine Maschine zu bauen, die Feuerkraft und Mobilität bietet. Schutz ist nur ein Nebenprodukt wie die Kanone, der Motor und alles andere." Nach Tal ist dies „unser eigener Zugang und der wichtigste Unterschied zwischen unserem Modell und denen des Restes der Welt".

Die traditionelle Panzerkonstruktion sieht den Schutz vor allem als eine Sache der Panzerplatten, die die Crew und die Betriebssysteme des Tanks abschirmen. Die Israelis aber fassten den Begriff des Schutzes neu. Schutz trägt zur Mobilität bei (er erlaubt dem Tank, dem Gegner nahe zu kommen) und auch zur Feuerkraft, da die meisten Waffensysteme aus kürzerer Distanz wirksamer sind. Nochmals Tal: „In dieser Hinsicht hängt eine hohe Feuerkapazität des Panzers nicht nur von der Kanone, sondern auch vom Schutz ab, ob er nämlich viele direkte Treffer aushält und dem Feind nahe kommen kann. Seine Feuerkraft erhöht sich und gleichermaßen natürlich auch seine Mobilität. Dies ist die grundlegendste Sache, die den Merkava von jedem anderen Tank unterscheidet."

Die Israelis teilten das Konzept des Schutzes. Die Panzerung des Tanks schützt ihn selbst und seine Systeme sowie die Mannschaft. Nach Tal „unterscheiden sich diese beiden Parameter völlig. Wir können den Männern im Inneren des Panzers viel, viel mehr Schutz bieten als dem ganzen System, das wir Panzer nennen." Der Merkava wurde unter Berücksichtigung dieser Faktoren konstruiert. Das Überleben der Crew war der wichtigste Faktor. Die Mannschaft befindet sich im Zentrum des Fahrzeugs, der Motor vor ihr bietet zusätzlichen Schutz. Man schätzt, dass 75 Prozent des Gewichts des Merkava dem Schutz der Crew dienen, während es bei herkömmlichen Panzern nur 50–55 Prozent sind. Das Ergebnis ist ein sehr zäher Tank, der nur schwer in Flammen aufgeht, was traditionell die häufigste Todesursache bei Panzermannschaften ist. Die IDF schätzte, dass 26 Prozent von im Kampf verwundeten Soldaten Verbrennungen erlitten, doch der Merkava soll dies vermeiden. Der Kampfbereich ist völlig trocken, wird elektrisch gesteuert, und die Mannschaft hat keinen Kontakt mit Treibstoff, nicht einmal mit hydraulischem Öl.

DER LIBANON

Nicht einer der 50 im Merkava im Libanon verwundeten Soldaten erlitt Verbrennungen. Die Panzer erhielten im Libanon zahlreiche Treffer, doch keiner drang durch. Der Merkava ist ein aufgrund der Erfahrungen von Soldaten gebauter Tank. Im Libanon leistete er gute Dienste. Er stand an der Spitze der Invasion von 1982 und leistete seinen Beitrag zum Sieg über die syrische 1. Panzerdivision.

KAPITEL ELF

BEGRENZTE KRIEGE AB 1945

Offene Kriegsführung ist seit 1945 selten geworden, doch Tanks mussten oft begrenzte Kriege kämpfen, die eigenen Regeln folgen.

Bisher haben wir uns auf den Einsatz des Panzers in intensiven, oft, wie beim Ersten und Zweiten Weltkrieg und eventuell den israelisch-arabischen, totalen Kriegen befasst. Doch der Tank wurde auch in vielen kleineren Konflikten und begrenzten Kriegen benutzt. Die Theorie des begrenzten Kriegs entstand aus der Abkehr der USA von der Strategie der massiven Vergeltung, einer etwas starren Doktrin, bei der sich eine Krise verschlimmern und zu einem Nuklearkrieg führen konnte. Die US-Außen- und Militärpolitik versuchte es daher mit mehr Flexibilität, und um die kommunistische Expansion zu zügeln, schuf sie die Theorie des „begrenzten Kriegs". Man beschränkte sich in Hinsicht auf politische Ziele, Mobilisierung von Ressourcen, Geografie und Bewaffnung. Die im Folgenden erwähnten Kriege passen in dieses Muster, zumindest was die Beteiligung der USA

LINKS: Meister des Schlachtfelds – der M1A1 Abrams im Golfkrieg von 1991. Während des Kriegs gegen die irakischen Truppen Saddam Husseins behauptete sich die amerikanische Panzertechnologie und -konstruktion nachdrücklich. Ausgeklügelte Computertechnologie erlaubte es Panzern, Flugzeugen und Raketen im kombinierten Einsatz, die Iraker auszuschalten. Ein irakischer Bataillonskommandeur sagte: „Als ich nach Kuwait ging, hatte ich 39 Tanks. Nach sechs Wochen Luftbombardement hatte ich 32. Nach 20 Minuten Kampf gegen die M1 hatte ich keinen."

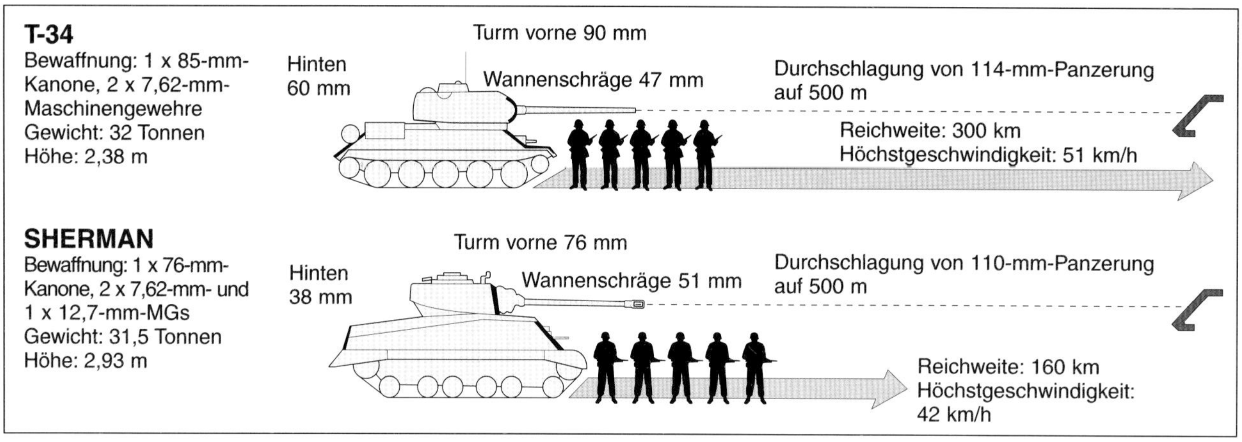

OBEN: Ein Vergleich der Hauptfiguren des Koreakriegs. Die Nordkoreaner waren mit dem ausgezeichneten T-34/85 ausgerüstet, doch ihre Taktik war mangelhaft.

betrifft. Das heißt nicht, dass die Kriege für die Menschen in Korea oder Vietnam nicht totale waren. Der Tank wurde nach dem Weltkrieg ausgiebig eingesetzt. Wir können nicht seine Rolle in allen Konflikten beleuchten. So gehen wir auf die verschiedenen Kriege in Afrika, den indisch-pakistanischen Konflikt von 1971 (bei dem es starken Panzereinsatz gab – in zwei Tagen wurden 45 pakistanische M-47 Pattons und 15 indische Centurions zerstört), auf Chinas zahlreiche Kriege gegen seine Nachbarn und den iranisch-irakischen Krieg nicht ein.

Der Koreakrieg

Für die USA war der Koreakrieg ein sehr begrenzter Krieg, was ihren Einsatz an Männern und Waffen einschränkte. Doch kam es dabei zum ersten Aufeinandertreffen von US- und sowjetischen Tanks. Es kamen hauptsächlich Panzermodelle zum Einsatz, die während des Zweiten Weltkriegs in Dienst genommen wurden. Das Terrain des gebirgigen Landes war für Panzeroperationen ungeeignet. Im Juni 1950 griffen 100.000 kommunistische nordkoreanische Soldaten Südkorea an und nahmen am 28. Juni die Hauptstadt

UNTEN: Ein Sherman der US Army auf rauem, gebirgigem Terrain in Korea. Die Geografie Koreas war nicht für ausgedehnte Panzeroperationen geeignet.

Seoul ein. Die nordkoreanische Armee, an der Spitze ihre sowjetischen T-34/85, stieß südwärts, um die restlichen feindlichen Truppen von der Halbinsel zu vertreiben. Tanks der nordkoreanischen 105. Brigade bildeten die Angriffsspitze. Mit drei Regimentern von je 40 T-34 war die 105. Brigade (ab Mai 1949 so genannt) 1947 in Sadong als 115. Panzerregiment gebildet worden. Sie war die Eliteeinheit der nordkoreanischen Armee und trug den Spitznamen „Die Sadong-Einheit der Tigerhöhle". Mit diesem Panzerverband konnten die Nordkoreaner die südkoreanische Armee schlagen. Doch dieser kamen rasch die US-Truppen unter General Douglas MacArthur zu Hilfe. Nordkoreanische Panzer wurden gegen amerikanische Tanks aufgeboten, als diese den Vorstoß zunächst zu stoppen und dann zurückzuschlagen versuchten.

Zur Bekämpfung der T-34 hatte die US Army den M-26 Pershing mit einer 90-mm-Kanone und Zweite-Weltkriegs-Shermans. Zunächst trafen die T-34 auf wenig echten Widerstand. Die südkoreanische Armee war schlecht ausgerüstet, und die Nordkoreaner fegten alles aus dem Weg. Am ersten Treffen der Amerikaner mit den nordkoreanischen T-34 waren leichtere M-24 („Chaffees") der 24. US-Infanteriedivision beteiligt. Im Juli 1950 fochten drei M-24 eine Verzögerungsaktion gegen eine starke Gruppe von T-34. Bei dem ungleichen Kampf gingen zwei M-24 verloren, schalteten aber zuvor einen T-34 aus. Diese frühen Treffen hinterließen bei den Amerikanern das unangenehme Gefühl, der T-34 sei für ihre Waffen undurchdringlich.

Der M-26 Pershing hatte für das hügelige Terrain der koreanischen Halbinsel zu wenig Leistung, und die Amerikaner mussten gegen die Nordkoreaner zunächst auf ihre Shermans vertrauen. Doch die Verbesserung des M-26 und der Shermans (M4A3) brachten sie schrittweise in Vorteil. Bei einer Reihe von

UNTEN: Ein Sherman der 2. US-Infanteriedivision gibt im Juli 1952 in Korea Feuerunterstützung. Die Erlangung der Luftüberlegenheit durch UNO-Truppen und die Überlegenheit der amerikanischen Panzerausbildung und -taktik führte dazu, dass die UNO-Tanks im Kampf vor allem Feuerunterstützung für die Infanterie lieferten.

UNTEN: Ein amerikanischer Infanterist inspiziert einen zerstörten nordkoreanischen T-34/85. Obwohl er für jene Zeit ein sehr starker Panzer war, konnten die nordkoreanischen Crews der T-34/85 damit nicht solche Erfolge erzielen wie die Rote Armee fünf oder sechs Jahre zuvor gegen die Deutschen.

Kämpfen am Obang-ni-Kamm und in einem Tal nahe Taegu wurde eine große Zahl von T-34 durch Flugzeugangriffe, M-26-Panzer und 88-mm-Raketen zerstört. Dies stellte das amerikanische Selbstvertrauen wieder her und beseitigte die Legende von der Unbesiegbarkeit des T-34. Bei Kriegsende zeigte sich die Überlegenheit amerikanischer Panzer und Ausbildung über die der Nordkoreaner: Das Verhältnis der Verluste betrug etwa fünf zu eins. Allerdings hatten die Nordkoreaner und ihre chinesischen Verbündeten wegen der Luftbeherrschung durch die USA ihre Tanks nicht zu konzertierten Operationen massieren können. Die amerikanischen Tanks und auch die ihrer UNO-Alliierten, etwa die neuen Centurions der Briten, dienten hauptsächlich als direkte Feuerunterstützung für die Infanterie.

VIETNAM

Auch Vietnam entsprach der US-Theorie vom begrenzten Krieg. Politisches Ziel war die Erhaltung des südvietnamesischen Regimes. Der Versuch, den kommunistischen Norden zu stürzen, hätte auch die Sowjetunion und China in den Krieg ziehen können. Das militärische Engagement der USA war geografisch streng auf den Süden beschränkt, mit gelegentlichen Einfällen in Kambodscha und Laos. Außerdem benutzten die USA nicht all ihre Waffentypen. Nuklearwaffen kamen nicht zum Einsatz, dafür aber eine begrenzte Zahl von Panzern.

Wie in Korea bot sich das Gelände nicht für Panzeroperationen an. Die Franzosen hatten zwischen 1946 und 1956 im zehnjährigen Kampf gegen kommunistische Aufständische mit begrenztem Erfolg Tanks benutzt. Eine Reihe von leichten Chaffee-Tanks hatte 1954 bei der katastrophalen Niederlage der Franzosen bei Dien Bien Phu Feuerunterstützung geleistet, und französische mobile Operationen waren ähnlich erfolglos. Als die Verpflichtung der USA gegenüber Südvietnam in den frühen 1960ern wuchs, da der Druck aus dem Norden zunahm, zweifelten deshalb US-Militärs ernsthaft an der Nützlichkeit von Tanks. Die südvietnamesische Armee benutzte M-24-Chaffee-Tanks und M-113 gepanzerte Mannschaftsträger, doch die USA hätten keine Panzer eingesetzt, hätten nicht zwei Bataillone des Marinekorps 1965 ihre Tanks mitgebracht. Der Dschungel, in dem der Vietnamkrieg weitgehend ausgefochten

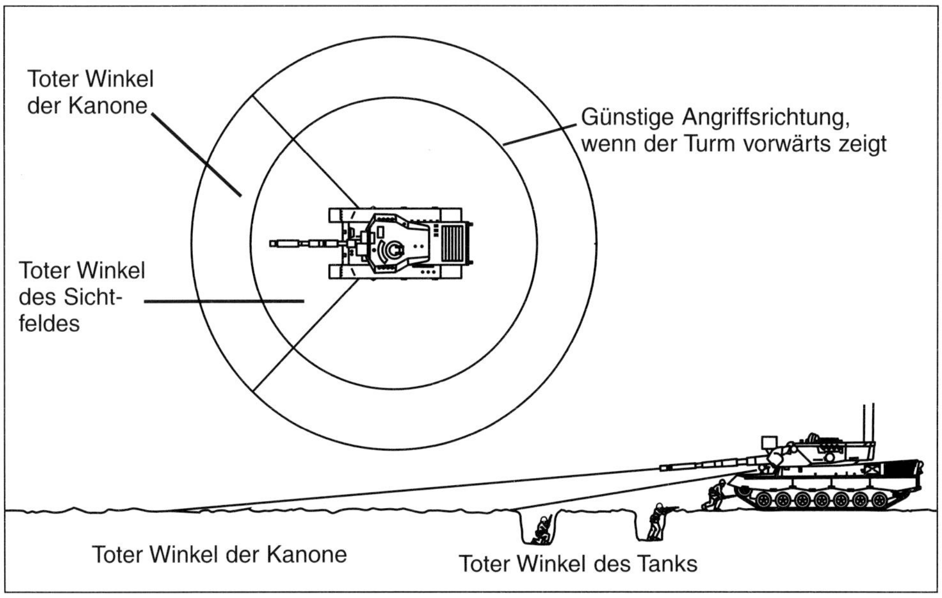

LINKS: Ein moderner Kampfpanzer kann für Infanterie mit Antipanzerwaffen verwundbar sein. Die Sichtverhältnisse aus einem Tank sind schlecht, und verborgene Soldaten können warten, bis er sich ahnungslos nähert. Eine beliebte Taktik der Infanterie war im Zweiten Weltkrieg, den Panzer vorbeifahren zu lassen und ihn sodann an der schwächer gepanzerten Hinterseite anzugreifen.

wurde, schloss ihren ausgedehnten Einsatz aus, doch der mittlere M48A3 Patton erwies sich in bestimmten taktischen Situationen als nützliche Ergänzung im US-Arsenal. Tanks wurden zum Schutz von Konvois benutzt und als schnelle Eingreiftruppe, falls Konvois oder Patrouillen in Probleme gerieten. Auch an vielen Such- und Zerstöreinsätzen waren sie beteiligt. Sie waren eine nützliche Ergänzung der Verteidigung der Randstellungen der US-Basen. Bei städtischen Operationen wie dem Kampf um Hue gab der Patton direkte Feuerunterstützung. Seine 90-mm-Kanone wirkte gut gegen Bunker, doch führten die Crews wegen der Art ihrer Einsätze wenig panzerbrechende Geschosse mit sich. Die Hauptgranaten waren HE, weißer Phosphor und eine „Bienenstock" genannte

UNTEN: Infanterie der 3. US-Division begleitet im August 1954 in Südkorea einen M26/46 Pershing. Der Pershing ersetzte bei den US-Streitkräften den Sherman.

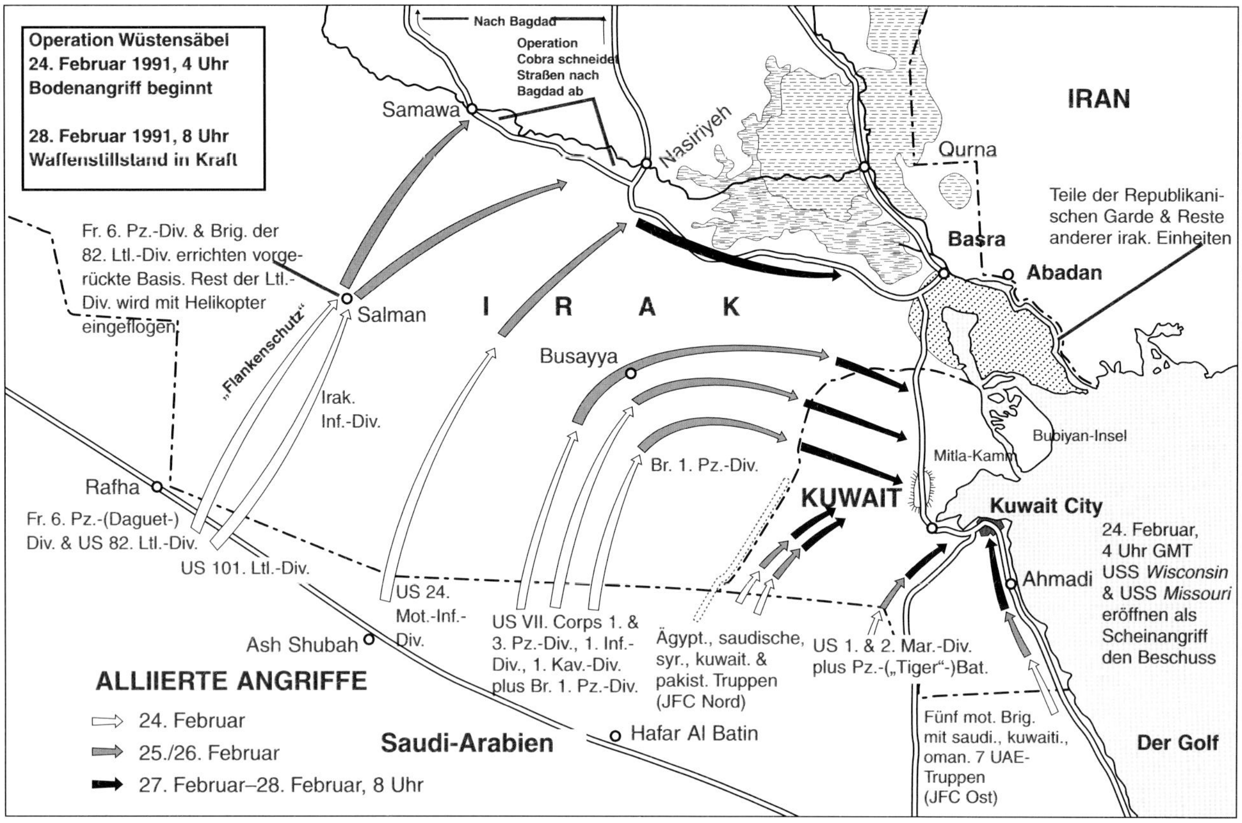

OBEN: Der Golfkrieg von 1991 fand auf idealem Panzergelände statt. Das weite Sichtfeld, gute Wetter und flache Terrain gab den anspruchsvolleren Tanks der Alliierten erhebliche Vorteile gegenüber den sowjetischen Fahrzeugen der Iraker. In einem klassischen Hakenmanöver umging die Operation Wüstensäbel die irakischen Verteidiger und zerschlug die Reste ihrer Verteidigungsstellungen vom rückwärtigen Gebiet aus.

Antipersonen-Hohlladung. Die wichtigsten Panzerabwehrwaffen der Kommunisten waren tragbare Systeme wie das RPG-7 (gegen das der Patton halbwegs sicher war, der M113 viel weniger), das rückstoßfreie Geschütz und Minen. Panzer-gegen-Panzer Kämpfe gab es nicht.

1969 wurde der neue, äußerst unbeliebte amerikanische leichte M551 Sheridan in den Kampf geschickt. Er war unzuverlässig, fing bei Treffern leicht Feuer und war relativ anfällig für Minen, doch verfeuerte seine 152-mm-Kanone/Raketenwerfer äußerst wirksame Hohlladungen. Das australische 1. Panzerregiment benutzte den schwer gepanzerten Centurion, der gegen fast alle nordvietnamesischen Gegenmittel immun war. 1969 setzten die USA und ihre Alliierten über 600 Panzer in Vietnam ein. Militärisch gesehen konnte diese Feuerkraft zwar dem Gegner massive Verluste zufügen, doch politisch konnte sie den Krieg für die USA nicht gewinnen.

DER GOLFKRIEG 1990/1991

Die Erfahrungen der USA in Vietnam ließen die USA die Strategie des begrenzten Kriegs neu überdenken. Sie wandten sich von der Zermürbungstaktik, die sie in diesem Krieg benutzt hatten, ab und griffen die Doktrin des „Manöverkriegs" (charakterisiert durch „Luft-Land-Schlachten") auf, bei dem die US-Truppen um einen Sieg innerhalb von politisch gesetzten Parametern kämpfen sollten. Saddam Husseins irakische Armee überfiel am 2. August 1990 Kuwait. Gestützt auf UNO-Resolutionen gingen die USA gemeinsam mit einer breiten Koalition aus westlichen Alliierten, arabischen Staaten und Nationen aus der ganzen Welt daran, die Luft-Land-Schlacht in die Praxis umzusetzen. Das begrenzte Ziel war die Befreiung Kuwaits, nicht das Eindringen in den Irak und der Sturz von dessen Führer.

Die Iraker besaßen eine große und auf dem Papier gewaltige Armee von 955.000 Mann und 5500 Kampfpanzern. Diese waren T-55, T-64 und 1000 moderne T-72. Ein großer Teil davon stand drohend an der saudi-arabischen Grenze. Am 9. August trafen die ersten amerikanischen Truppen in Saudi-Arabien ein, und innerhalb eines Monats hatte die UN-Koalition 665.000 Mann und 3600 Panzer auf dem Schauplatz versammelt. Aus militärischer Sicht hätte Saddam Hussein besser weiter angegriffen, ehe die Koalition ganz zur Stelle war, und ihr eine unannehmbare Zahl von Verlusten zugefügt.

Aus politischer Perspektive hätte er vielleicht aus Kuwait abziehen und die Bubiyan-Insel und einige der nördlichen Ölfelder behalten sollen. Doch er verlegte einfach weiter Truppen nach Kuwait, bis sich 43 Divisionen entlang der Grenze eingegraben hatten. Auch viele der älteren irakischen Tanks wurden an dieser Verteidigungslinie eingegraben. Saddam Hussein hielt seinen besten Verband, die Republikanische Garde, zurück. Sie war bereit zum Angriff auf die vom Durchbruch durch seine eingegrabenen Divisionen verschlissenen Koalitionstruppen.

Man erwog ernsthaft einen Frontalangriff gekoppelt mit amphibischen Landungen, doch der Kommandeur der Koalition, der US-General Normann Schwarzkopf, entschied sich dagegen. Er bevorzugte eine umfassende Einkreisung des Hauptteils der irakischen Truppen durch einen Stoß seiner besten Panzertruppen durch die schwächer verteidigte irakische Grenze im Westen, ehe sie sich hinter den Gegner wandten. Doch vor dem Einsatz seiner Truppen sollten die Irakis durch Bombardement zermürbt werden. In der Nacht des 16. Januar 1991 begann daher ein langes Vorbereitungsbombardement aus der Luft. Die Alliierten errangen rasch die Luftherrschaft und schwächten dann die irakische Kampfkraft. Präzisionsraketen zerstörten Kommando- und Kontrolleinrichtungen, und Nacht für Nacht legten B-52 Bombenteppiche auf die irakischen Stellungen. Trotz des Manöverkriegs war dies eine klassische Form von Zermürbung.

UNTEN: Ein mittlerer M48 leistet in Vietnam amerikanischen Bodentruppen Feuerunterstützung. Da es fast keine Panzer-gegen-Panzer-Kämpfe gab, war das in diesem Krieg die Hauptfunktion der US-Tanks. Daher hatten die Tanks HE, Phosphor und Hohlladungen anstatt konventioneller panzerbrechender Granaten als Munition.

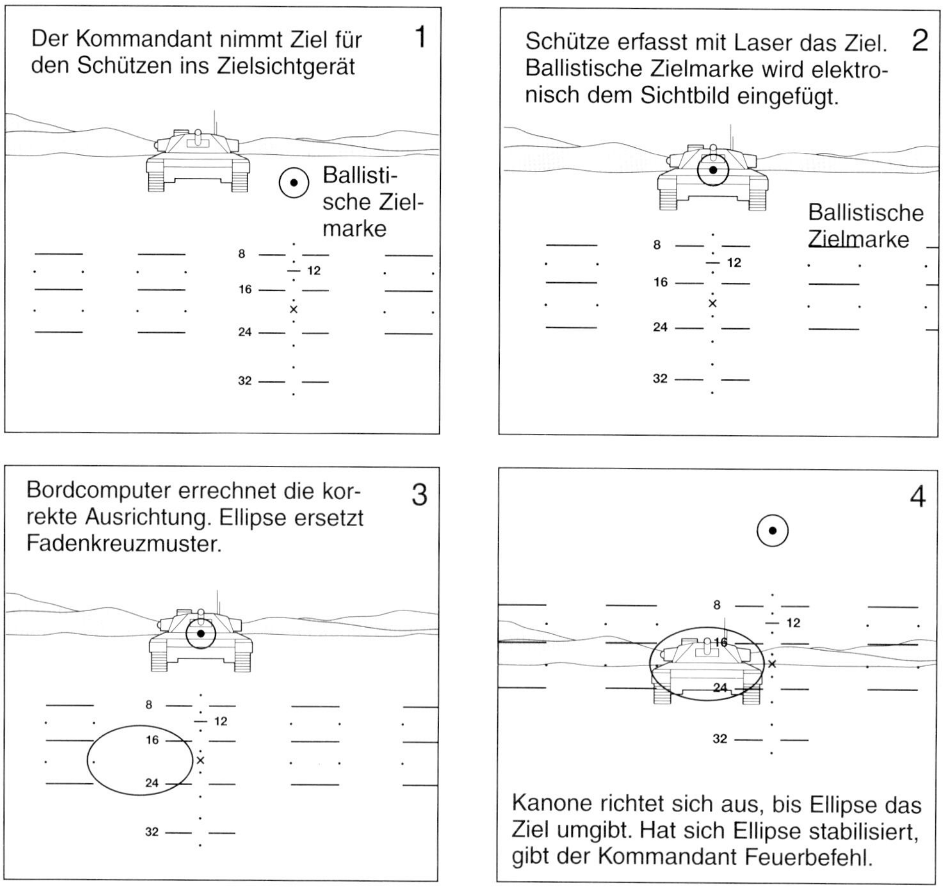

RECHTS: Vorgang des Zielens und Abfeuerns der Hauptwaffe des Panzers. Nachdem der Schütze das Ziel mit dem Laser erfasst hat, berechnet der Bordcomputer die nötige Abweichung und richtet die Kanone automatisch im korrekten Winkel aus. Der Schütze muss sie nur noch auf Anweisung des Kommandanten abfeuern.

Um Saddams Truppen am Platz zu halten, stellte Schwarzkopf die motorisierten und Panzerkräfte Kuwaits, Saudiarabiens, Omans, Qatars und der Vereinigten Arabischen Emirate sowie zwei US-Marinedivisionen und eine Brigade der 2. US-Panzerdivision vor dem Hauptteil der irakischen Armee in Kuwait auf. Den Hauptpanzerschlag sollten das VII. US-Korps (1. und 3. US-Panzerdivision), die 1. Panzer-Kavallerie-Division, 1. Infanteriedivision (Motorisiert) und die britische 1. Panzerdivision ausführen. Noch weiter westlich würde das XVIII. US-Luftlandekorps, bestehend aus der französischen 6. Leichten Panzerdivision, der 82. US-Luftlande-, 101. Luftlande- und 24. (Motorisierten) Infanteriedivision und dem 3. Panzer-Kavallerie-Regiment unter Einsatz seiner Luftlande- und Bodenmobilität so rasch wie möglich durch irakisches Territorium ziehen, um am Euphrat eine Blockadestellung zu errichten.

DER ANGRIFF AUF KUWAIT

Der Bodenangriff begann am 24. Februar. US-Marines und arabische Mitglieder der Allianz attackierten irakische Stellungen in Südkuwait. Im Westen drang das XVIII. Luftlandekorps tief in den Irak ein. Am Ende des Tags hatte die 101. Luftlandedivision eine Stellung 80 km jenseits der Grenze eingenommen. Der Hauptpanzerstoß durch General Fred Franks' VII. Korps begann vorzeitig am Nachmittag, da Schwarzkopf Informationen erhielt, nach denen die Iraker unter Zerstörungen aus Kuwait City abzuziehen begannen. Die 1. US-Infanteriedivision schlug ein Loch in die irakische Linie, und die britische 1. Panzerdivision, die nach sowjetischer Art wie eine operative Manövergruppe vorging, zog durch den amerikanischen Verband, um die Lücke auszunutzen. Gemeinsam mit den amerikanischen Divisionen zog sie nordwärts und dann ostwärts, um auf den Hauptteil der irakischen Armee zu treffen.

Es gab fast keinen irakischen Widerstand. Die demoralisierten Truppen waren von den Luftstreitkräften der Koalition praktisch in die Kapitulation gebombt worden. Kommando- und Kommunikationsstrukturen und, noch wichtiger, der Zusammenhalt der Einheiten waren zusammengebrochen. Die Iraker ergaben sich scharenweise. Nur die Republikani-

sche Garde leistete etwas organisierten Widerstand, doch die Divisionen, die sich gegen die Tanks des VII. Korps stellten, wurden prompt zerstört. Die in Südkuwait eindringenden Truppen hatten wenig Probleme, die gebrochenen irakischen Verbände zu überwinden. Major Richard Shirreff von der mit Challengern ausgerüsteten B-Staffel von den 14./20. Kings Hussars der britischen 1. Panzerdivision

OBEN Die britische 1. Panzerdivision am Golf – Challenger-Tanks, Warrior-Truppenträger und verschiedene Hilfsfahrzeuge.

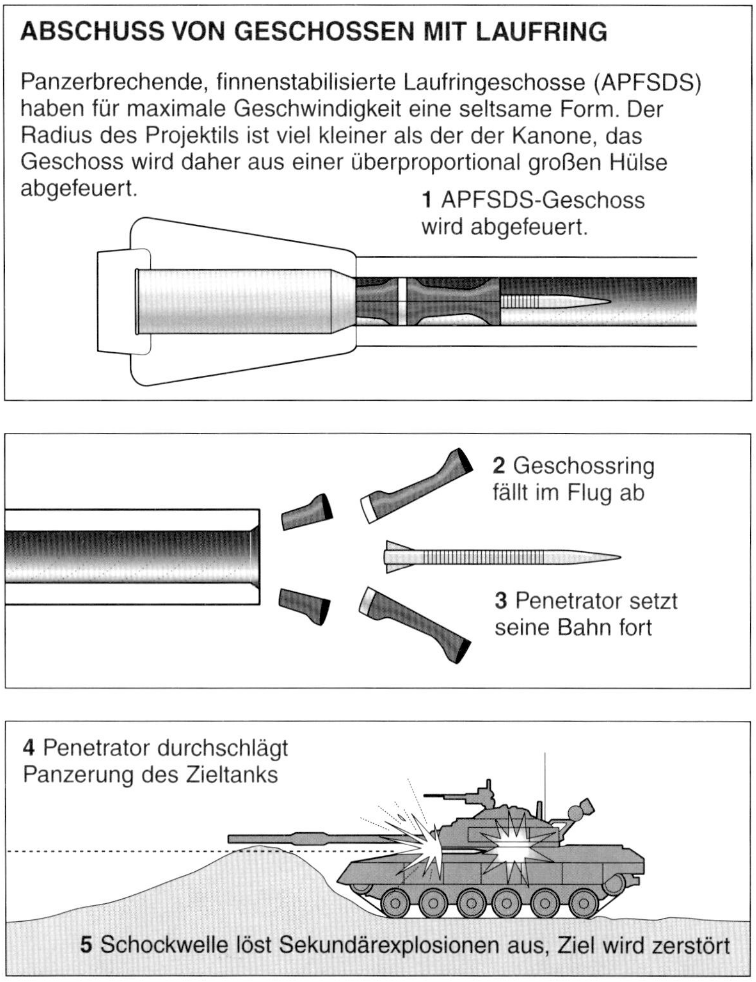

gibt eine ausgezeichnete Beschreibung des Golkriegs von 1991:

„Bei Tagesanbruch (26. Februar) konnten wir das Werk, das wir nachts vollbracht hatten, klarer sehen. Brennende Panzerwracks und die Trümmer der Schlacht bedeckten die Wüste. Trostlose Gruppen von Irakern wanderten herum und suchten jemand, dem sie sich ergeben konnten! Alle vom B-Bataillon mit APFSDS oder HESH zerstörten T-55 waren südwärts zeigend eingegraben, die Kanonen nach rechts geschwenkt, als sie die plötzliche Bedrohung von der Seite erkannten. Einige waren zerstört worden, als sie aus ihren Löchern zu fahren versuchten. Selten war das Risiko, Panzer als mobile Bunker einzugraben, deutlicher gezeigt worden."

Die 24. US-(Mot-)Infanteriedivision erreichte das Südufer des Euphrat und schnitt die Truppen in Kuwait ab, außer auf der Straße nach Basra, auf der die Iraker, bombardiert von der Luftwaffe, flohen. Als die Koalitionstruppen die Straße erreichten, erschraken sie über die Zerstörungen. Obwohl wichtige ihrer Teile vor dem Waffenstillstand vom 26. Februar entkommen konnten, war die irakische Armee entscheidend besiegt. Insgesamt wurden 42 irakische Divisionen zerstört.

OBEN: Moderne Antipanzermunition ist meist vom Penetrator-Typ, der auf Grund purer Geschwindigkeit das Ziel zerstört. Der Aufschlag des soliden Wolfram-Penetrators zerschlägt die Panzerung und löst Schockwellen aus. Finnen verleihen dem Penetrator größere Stabilität.

RECHTS: Panzer der ägyptischen 3. Panzerbrigade benutzten Phosphor, um einen Rauchschirm zu erzeugen, der ihren eigenen Vorstoß durch die irakische Wüste tarnt.

OBEN: Ein M-60, ausgerüstet mit Schaufel und reaktiven Panzerplatten, am Golf. In einer Wiederkehr von Hobarts „Seltsamkeiten" des Zweiten Weltkriegs setzten die Koalitionstruppen eine Reihe von spezialisierten Tanks ein, um durch die stark verteidigten Verteidigungsstellungen zu brechen, hinter denen der Hauptteil der irakischen Truppen stand.

Geschätzte 25.000 bis 100.000 Iraker fielen – meist wird eine Zahl von etwa 60.000 angenommen. 80.000 gerieten in Gefangenschaft, 3700 Tanks wurden erbeutet oder zerstört. Die Verluste der Koalition waren mit 150 außerordentlich gering. Die westlichen Panzer, besonders der M1 Abrams und der Challenger, bewiesen nachdrücklich ihre Überlegenheit über die von den Irakern eingesetzten sowjetischen Tanks. Besonders wichtig war ihre Kampfkraft in der Nacht. Auch die westliche Panzertaktik wurde bestätigt, obwohl es beim Luft-Boden-Kampf am Golf auch viele Elemente von Zermürbung gab. Es war ein Blitzkrieg mit allen Waffen, äußerst wirksam und mit minimalen Kosten für den Angreifer.

DIE ZUKUNFT

Schon oft wurde die Ablösung des Tanks vorhergesagt. Von seinem mittelmäßigen Debüt an der Somme über die drastische Beschränkung der strategischen Rolle des Panzers zu Ende des Zweiten Weltkriegs bis zum Einsatz von Panzerabwehrraketen im Jom-Kippur-Krieg signalisierte die Stärke der Antipanzerwaffen das Ende der Herrschaft des Tanks auf dem Schlachtfeld. Der Kampf zwischen Panzer und Gegenmittel geht weiter, keine Seite erreichte einen klaren Vorteil. Verbundpanzerung, als erste die Chobham, haben die Wirksamkeit vieler HEAT-(High Explosive Anti-Tank) und HESH-(High Explosive Squash Head – Sprengmunition mit Quetschkopf)Geschosse benutzender Antipanzerwaffen verringert, die Basis aller Antipanzerraketen und mancher Panzerkanonen. HEAT-Geschosse haben einen Kegel auf einem Sprengsatz, um die Panzerplatten zu durchschmelzen. Sie benutzen die konzentrierte Energie von heißem Gas, flüssigem Kupfer oder Plasma. HESH beruht auf plastischem Sprengstoff, der sich beim Aufprall verteilt und so die Kontaktfläche zwischen Sprengstoff und Panzerplatte vergrößert. Durch die Panzerung wird eine Schockwelle geschickt, die scharfe Splitter aus der inneren Oberfläche reißt. Explosive Reactive Armour (ERA – explosive Reaktivpanzerung) bietet billigen zusätzlichen Schutz. Die meisten großen Panzerarmeen benutzen sie zusätzlich zur

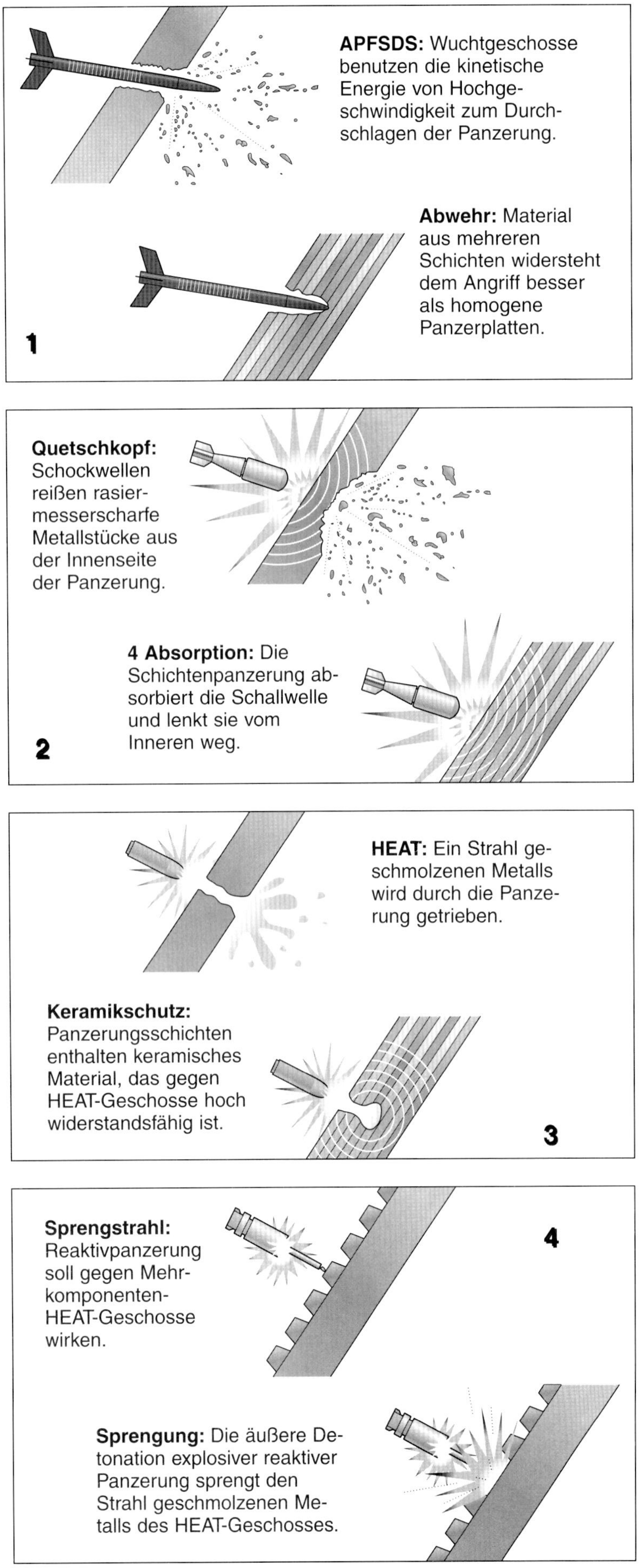

modernen Verbundpanzerung. Zusammen reduzieren diese Panzerungen die Wirksamkeit der heutigen von Infanterie und Helikoptern benutzten Antipanzer-Waffensysteme. Doch in diesem Bereich gehen gerade neue Waffen gegen reaktive Panzerung in Dienst. Diese sind tandemförmige Raketen mit zwei Sprengköpfen, die nacheinander einschlagen und reaktive oder Verbundpanzerung durchschlagen können, aber wahrscheinlich nicht beide. Die Wirksamkeit dieser Waffen ist noch nicht bewiesen, und sie sind viel schwerer als traditionelle Waffen mit Mehrfachladung, also auch für Soldaten schwieriger mitzuführen.

Für den Kampf gegen Tanks benutzen die meisten Panzerkanonen die kinetische Energie (KE) von Wuchtgeschossen. KE-Angriffe sind am erfolgreichsten. Die beste Verteidigung dagegen bleibt die dicke Panzerplatte, die abgeschrägt sein kann. Die Rheinmetall-120-mm-Kanone mit glattem Rohr benutzt APFSDS, bei denen die Geschwindigkeit des Geschosses durch Laufringfinnen, die durch den Luftwiderstand abgestreift werden, erhöht wird. Es erscheint dann ein langer, dünner Metallpfeil aus Hartmetall (meist Wolfram oder abgereichertes Uran), der die Energie der Kanone konzentriert und die Durchschlagskraft erhöht. Diese Rheinmetall-Kanonen, montiert auf M1A1 und M1A2 Abrams der US Army, erreichen eine Mündungsgeschwindigkeit von 1650–1700 m/s). Dies konnte die irakischen T-72 auf extreme Distanzen ausschalten.

Neue Panzerungen

Für solche Geschwindigkeiten braucht man große, schwere Kanonen, nichts, was Infanterie und Helikopter mit sich führen können. Als Reaktion wird die nächste Tankgeneration wahrscheinlich eine Panzerung aus abgereichertem Uran tragen, falls nicht gesundheitliche Bedenken dies verhindern. Die Forschungsabteilung der US Army arbeitet an einer noch revolutionäreren Panzerung gegen KE-Angriffe, die auf der MTA-(Momentum Transfer Armour – Stoßverlagerungs-Panzerung) Technologie beruht. MTA ähnelt der üblichen ERA, doch will man den Sprengstoff, der normalerweise bei der ERA benutzt wird, durch elektromagnetische Energie ersetzen. Die Forschungen darüber stehen erst am Anfang.

Andere moderne Waffen zielen auf den Bereich des Tanks, wo seine Panzerung am schwächsten ist, etwa oben. Zu solchen Angriffen dienen Luftprojektile, die sich in Submunition aufteilen (kleinere Projektile oder kleine Bomben). Sie werden einzeln durch Motorwärme, Infrarot- oder Radarsignale des Tanks ins Ziel gelenkt. Doch diese Munition ist extrem teuer und kann durch einfache Maßnahmen (ein Metallblatt über dem Motor schirmt seine Infrarotsignale ab) abgewehrt werden. Diese Submunition beruht auf dem Prinzip der Mehrfachladung und kann durch Reaktivpanzerung abgewehrt werden. Man sieht, dass immer noch weder Panzerung noch Antipanzerwaffen einen klaren Vorteil haben. Seit seiner Einführung in die Kriegsführung gab es nie eine Zeit, zu der der Panzer völlig unverwundbar war. Dies bleibt so, und man sollte seine Verwundbarkeit oder Unverwundbarkeit nicht allzu sehr betonen.

Andere Systeme kamen auf und wetteiferten mit dem Panzer um die Vorherrschaft auf dem modernen Kampffeld, am offensichtlichsten der Kampfhelikopter. Der Tank kann durch die Waffensysteme, die der Helikopter trägt, extrem gefährdet sein. Doch obwohl der Helikopter große Mobilität und Feuerkraft besitzt, hat er nicht die Widerstandskraft des Panzers. Er benötigt ständiges Nachtanken, kann nicht für längere Phasen herumfahren und kein Terrain besetzen. Für die Praxis der Manöverkriegsführung bleibt ein mobiles, widerstandsfähiges Landfahrzeug mit hoher Feuerkraft unentbehrlich.

NEUE GENERATION

Die gegenwärtige und absehbare nächste Panzergeneration unterscheidet sich nicht stark von ihren Vorläufern. Der Abrams M1A2 sieht sehr wie der M1A1, auf dem er aufbaut, aus. Die Unterschiede sind vor allem innere und elektronische. Nach dem Golfkrieg entdeckten die Amerikaner etliche Fälle von Feuerwechseln zwischen Verbündeten. Diese unglücklichen Vorfälle resultierten aus einem Mangel an „Überblick über die Situation", was noch durch weite Kampfdistanzen erschwert wurde. General Gordon Sullivan bemerkte: „Als wir diese Straße hinunter starteten, merkten wir, dass wir mittels digitaler Technologie einen fast perfekten Überblick über die Situation haben konnten." Durch Kontrolle aus der Luft und mit Satelliten war eine Integration mit allen anderen Waffenteilen möglich. Die Truppen konnten sich mittels der Defence Mapping Agency und dem Topographic Engineering Centre mit dem Terrain der

GEGENÜBER: Die moderne Technologie hat auf defensive wie auf offensive Systeme großen Einfluss. Keramik- oder Schichtenpanzerung kann eine wirksame Abwehr gegen die meisten Formen von Panzermunition sein, und explosive Reaktivpanzerung ist ein billiger Weg, den Schutz des Tanks zu erhöhen. Reaktive Panzerung findet man oft an älteren Fahrzeugen als Ausgleich für die fehlende Schichtenpanzerung.

UNTEN: Ein britischer Challenger II 1996 im Kulen-Vakuf-Gebiet Bosniens. Obwohl Panzer bei Konflikten wie in Vietnam und Afghanistan nur von begrenztem Nutzen waren, übt die Anwesenheit von schweren Tanks der friedenserhaltenden Truppen bei Operationen wie am Balkan auf die Streitparteien eine beruhigende Wirkung aus.

RECHTS: Französische Leclerc werden im Januar 1996 vom GIAT Industries Roanne-Werk an die französische Armee geliefert. Der Leclerc ist ein ausgezeichneter Kampfpanzer, doch nach dem Ende des Kalten Kriegs wird die Rolle des Tanks in der modernen Kriegsführung in Frage gestellt, und die großen Panzerflotten, die einst Mitteleuropa beherrschten, sind alle aufgelöst oder verkauft worden.

Schauplätze vertraut machen, ehe sie etwa nach Bosnien oder Somalia gingen.

Die USA sind entschlossen, mit Clausewitz' „Nebel des Kriegs" aufzuräumen. Der M1A2 wird einen größeren Computerspeicher erhalten und mit einem weiteren Kampf-Managementsystem operieren können. Die Amerikaner wollen ihn auf allen Ebenen einführen, ebenso bessere Panzerung. Er soll jahrzehntelang in Dienst bleiben, doch, wie die Challenger II, Leopard II, Leclerc und T-90-Versionen, im nächsten Vierteljahrhundert ständig aufgerüstet werden. Wahrscheinlich wird er durch den M1A3 ersetzt werden. Bei der britischen

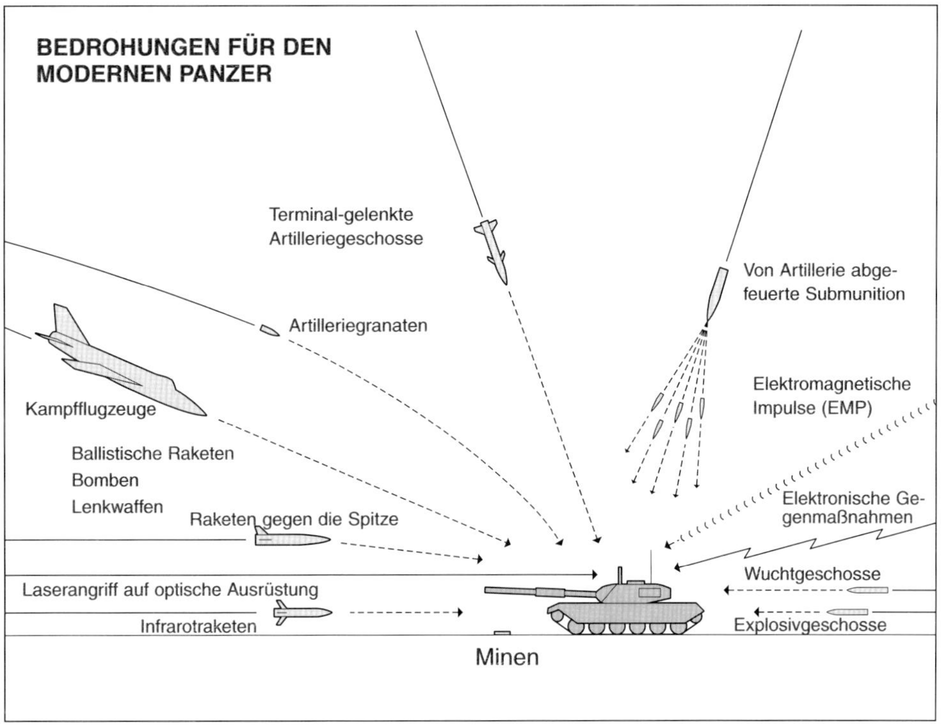

OBEN: Der M1A2 Abrams – die neueste Generation amerikanischer Tanks. Aufgrund der Erfahrungen im Golfkrieg hat der M1A2 eine Menge elektrischer und elektronischer Systeme, um den „Überblick über die Lage" zu gewährleisten und Feuerwechsel zwischen Verbündeten, wie im Golfkrieg, zu vermeiden.

LINKS: Das Kampffeld ist heute für den Tank so reich an Bedrohungen, dass viele seinen Wert für die moderne Armee anzweifeln. Trotzdem erscheint es wahrscheinlich, dass er noch für einige Zeit Teil des Arsenals jeder professionellen Armee bleiben wird.

Firma Vickers wurde ein leichter, elektrisch angetriebener Kunststofftank in Auftrag gegeben, wie die Presse im März 2000 erfuhr. Die Amerikaner sprechen von ihrem zukünftigen Hauptkampfpanzer als „auf einem elektromagnetischen Kissen fahrend". Er bleibt aber, in Sullivans Worten, ein „mobiler Schutzraum mit Feuerwaffe", mit anderen Worten, ein Tank. Die Zukunft der Militärtechnologie liegt vielleicht in der Nanotechnologie und Robotik, doch für absehbare Zeit (das 21. Jahrhundert) wird das Konzept des 20. Jahrhunderts, ein Waffensystem, das Mobilität, Feuerkraft und Schutz bietet, der Panzer, bleiben.

REGISTER

Kursiv gesetzte Zahlen beziehen sich auf Abbildungen und Abbildungstexte.